U0302813

蛋白质工程

（第二版）

主　　编　汪世华
副 主 编　高江涛　于洪巍　杨建明
编　　委　（以姓氏拼音为序）

高江涛　福建农林大学
顾佳黎　湖州师范学院
侯晓敏　青岛农业大学
黄加栋　济南大学
贾坤志　福建农林大学
刘　素　济南大学
刘华伟　西北农林科技大学
汪世华　福建农林大学
王　宇　福建农林大学
王志林　内蒙古农业大学
肖莉杰　黑龙江八一农垦大学
杨建明　青岛农业大学
杨素萍　华侨大学
于洪巍　浙江大学
袁建琴　山西农业大学
张吉斌　华中农业大学
张彦丰　福建农林大学

科学出版社

北　京

内 容 简 介

  蛋白质工程是蛋白质基础理论研究与应用的结合,围绕这个中心,本书详细地介绍了蛋白质工程领域的相关基础知识、主要方法技术及该学科的最新发展与具有典型意义的研究实例。本书内容上不仅包括蛋白质分子基础、蛋白质分子设计、蛋白质的修饰和表达,以及蛋白质的理化性质、结构测定和应用等,还对生物信息学和现代生物技术在蛋白质工程中的应用、蛋白质的分离纯化与鉴定做了介绍。旨在使本科生了解现代蛋白质工程理论的新进展,并为相关学科提供基础知识和技术。通过学习,学生可以掌握蛋白质工程科学的基本原理、基础知识和基本技能,熟悉从事蛋白质科学与工程研究的主要方法和技术。

  本书适合作为高等院校生物科学、生物工程和生物技术及相关专业的本科生教材,也可供相关专业研究生、教师和科研人员参考。

图书在版编目(CIP)数据

蛋白质工程/汪世华主编 . —2 版. —北京:科学出版社,2017.1
ISBN 978-7-03-051212-3

Ⅰ.①蛋…　Ⅱ.①汪…　Ⅲ.①蛋白质-生物工程-高等学校-教材
Ⅳ.①TQ93

中国版本图书馆 CIP 数据核字(2016)第 321325 号

责任编辑:丛　楠 / 责任校对:郭瑞芝
责任印制:赵　博 / 封面设计:铭轩堂

科学出版社 出版
北京东黄城根北街 16 号
邮政编码:100717
http://www.sciencep.com
北京市金木堂数码科技有限公司印刷
科学出版社发行　各地新华书店经销
*
2008 年 2 月第 一 版　开本:787×1092 1/16
2017 年 1 月第 二 版　印张:15 1/4
2025 年 1 月第六次印刷　字数:368 000
定价:49.80 元
(如有印装质量问题,我社负责调换)

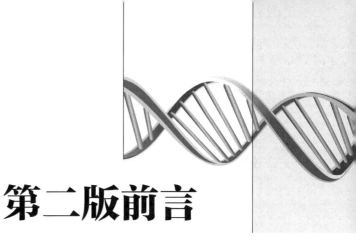

第二版前言

蛋白质是目前所知一切生命活动存在的物质基础和唯一形式,因此它成为诊断和治疗疾病的物质基础。目前研究显示,蛋白质不但在数量上远超过基因,而且蛋白质的可变性和多样性导致蛋白质研究技术远比核酸技术要复杂和困难得多。因此蛋白质已然成为后基因组时代的研究热点,具有无限广阔的研究前景。蛋白质工程是以天然蛋白质大分子的结构信息及其生物功能为基础,通过现代化学、物理学、生物学和信息学的手段进行基因水平的修饰或合成,对天然蛋白质的结构和功能实现定向改造,从而满足人类对生产和生活的需求。蛋白质工程融合当代分子生物学等学科的一些前沿领域的最新成就,将蛋白质的研究推进到一个崭新的阶段,为蛋白质在工业、农业和医药方面的应用开拓了诱人的前景。蛋白质工程开创了按照人类意愿改造并创造符合人类需要的蛋白质的新时代。

多门类交叉学科的发展极大地促进了蛋白质工程的飞跃。蛋白质工程自诞生之日起就与基因工程密不可分,基因工程是通过基因操作把外源基因转入适当的生物体内,并在其中进行表达,它的产品是该基因编码的天然蛋白质;而蛋白质工程是通过基因重组技术改变或设计合成符合人类需要,并具有特定空间结构和生物学功能的蛋白质。结构生物学尤其是结构基因组学近年来正迅速崛起,它以生物大分子高级结构作为手段,研究生物大分子的结构与功能的关系,探讨生物大分子的作用机制和原理。人体有十多万种不同的蛋白质,大概有数千种结构类型。但目前蛋白质数据库中的蛋白质结构,还远不能满足人们对结构和功能的需要,也就无法满足人们对生命现象阐明的需要。因此,基因组学、蛋白质工程、生物信息学、结构基因组学等学科的迅速发展,将使人类在分子水平上真正认识生、老、病、死。蛋白质工程是这个链条中的关键一环,对一些基本生物学问题的研究解决,以及结合基因工程改造天然蛋白质、制造全新蛋白质等,都必将大有作为。

为推动生命科学及蛋白质工程的发展,满足高等学校教学、科研的需要,2008年我们编写了《蛋白质工程》的第一版。近几年随着生物信息学及结构生物学的迅猛发展,蛋白质工程也在如火如荼地发展。为了适应教学和科研的需要,我们编写了《蛋白质工程》第二版。本书在介绍蛋白质工程基本内容的同时,兼顾学科发展动向,着重涉及当今蛋白质工程的应用,旨在使本科生了解现代蛋白质工程理论的新进展,并为相关学科提供基础知识和技术。

全书共12章。第一章是绪论部分,由汪世华、贾坤志编写;第二章介绍蛋白质的结构基础,由袁建琴编写;第三章介绍蛋白质的表达,由杨建明编写;第四章介绍蛋白质的修饰,由王志林编写;第五章主要介绍蛋白质的物理化学性质,由黄加栋、刘素编写;第六章介绍蛋白质的结构解析,由张彦丰、王宇编写;第七章介绍蛋白质结构预测,由刘华伟编写;第八章介绍蛋白质分子设计,由于洪巍、顾佳黎编写;第九章介绍现代生物学技术在蛋白质工程中的应用,由张吉斌编写;第十章介绍蛋白质的分离与鉴定,由侯晓敏编写;第十一章对蛋白质组学作了介绍,由杨素萍编写;第十二章介绍了蛋白质工程的应用情况,由肖莉杰编写。高江涛在教材的整体设计、审稿、图表绘制、文字校对等方面做了大量的工作。

由于编者水平有限,书中难免有疏漏之处,敬望广大读者批评斧正。

编　者

2015 年 08 月于福州

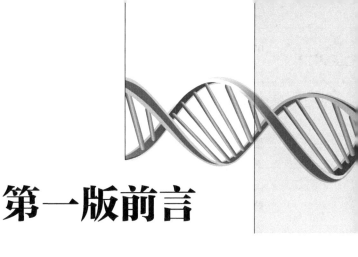

第一版前言

蛋白质工程是随着生物化学、分子生物学、结构生物学、晶体学和计算机技术等的迅猛发展而诞生的,也与基因组学、蛋白质组学、生物信息学等的发展密切相关。蛋白质工程诞生于20世纪80年代,基因工程的诞生及80年代分子生物学和分子遗传学的发展为基因的修饰和改造提供了重要的工具,蛋白质工程也就应运而生了。蛋白质工程在带动生物工程进一步发展并推动与生产、生活关系密切相关的科学发展方面有着广阔的应用前景。

蛋白质是生命的基础物质之一,在生物体中起着至关重要的作用。基因工程的研究与开发是以DNA为内容的。对DNA的研究与开发促进了另一个生物大分子即蛋白质的研究与开发,从而促使了蛋白质工程的产生。蛋白质工程自诞生之日起就与基因工程密不可分。基因工程是通过基因操作把外源基因转入适当的生物体内,并在其中进行表达,它的产品是该基因编码的天然蛋白质。蛋白质工程则更进一步根据分子设计的方案,改造天然蛋白质以适应人类的需要,它的产品是经过改造的且更加符合人类需要的蛋白质。

蛋白质工程就是通过基因重组技术改变或设计合成具有特定生物功能的蛋白质。从广义上来说,蛋白质工程是通过物理、化学、生物和基因重组等技术改造蛋白质或设计合成具有特定功能的新蛋白质。蛋白质工程主要有两个方面的内容:根据需要合成具有特定氨基酸序列和空间结构的蛋白质,确定蛋白质化学组成、空间结构与生物功能之间的关系。在此基础之上,实现从氨基酸序列预测蛋白质的空间结构和生物功能,设计合成具有特定生物功能的全新蛋白质,这也是蛋白质工程最根本的目标之一。

结构生物学尤其是结构基因组学近年来正在迅速崛起,生命科学与技术也在酝酿着新的突破,一个全新的世纪将展现在我们面前。基因组学、蛋白质工程、生物信息学等学科的发展将使人类在分子水平上真正认识生、老、病、死。蛋白质工程作为这个链条中的关键一环,对一些基本生物学问题的研究解决,以及结合基因工程改造天然蛋白质,制造全新的蛋白质等,都必将大有作为。

本教材作为生命科学本科生通用教材,在介绍蛋白质工程基本内容的同时,兼顾学科发展动向,着重涉及当今蛋白质工程的应用。内容不仅包括蛋白质分子基础、蛋白质分子设计、蛋白质的修饰和表达以及蛋白质的理化性质、结构测定和应用等,还对生物信息学和现代生物技术在蛋白质工程上的应用、蛋白质的分离纯化与鉴定作了介绍。旨在使本科生了解现代蛋白质工程理论的新进展,并为相关学科提供基础知识和技术。

全书共十章。绪论部分由汪世华编写,林善枝审稿;第一章介绍蛋白质的基本结构,由徐虹编写,汪世华审稿;第二章介绍蛋白质分子设计,由黄友谊编写,李永进审稿;第三章介绍蛋白质分子修饰和表达,由周亚凤、郭永超编写,李永进审稿;第四章主要介绍蛋白质的物理化学性质,由黄加栋、张建斌编写,王新军审稿;第五章介绍测定蛋白质结构的主要方法,由陈佳、汪世华编写,薛李春审稿;第六章介绍生物信息学在蛋白质工程中的应用,由刘华伟、黄碧芳编写,汪世华审稿;第七章对蛋白质的分离纯化与鉴定方法作了介绍,由张少斌编写,苏国成审稿;第八章介绍了现代生物学技术在蛋白质工程中的应用,由张吉斌编写,董艳杰审稿;第九章对蛋白质组学作了介绍,由毕利军、张鸿泰编写,李永进审稿;第十章介绍蛋白质工程的应用情况,由肖莉杰编写,游凡审稿。同时,杨燕凌、刘丽华、王荣智、林玲、林志伟、刁苗、连惠芗、张峰、张成、张薇、杨新、刘晓雷、张晓鹏、王磊、焦航宇、郑嘉熙在图表绘制、文字校对和排版方面做了大量的工作。

由于蛋白质工程学科的边缘性,其所包含内容没有统一的结论,以及编者水平有限,书中难免有疏漏之处,敬请广大读者批评指正。

编　者

2007 年 11 月于福州

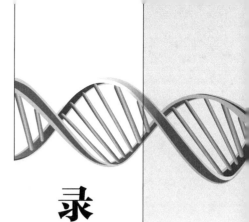

目　　录

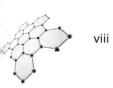

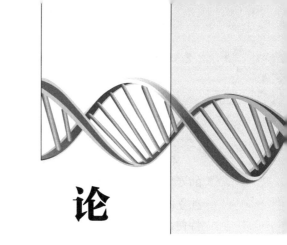

1 绪 论

美国 Gene 公司的 Ulmer 博士于 20 世纪 80 年代初,在 *Science* 上发表以"Protein Engineering"为题的专论,明确提出蛋白质工程的概念,标志着蛋白质工程的诞生。蛋白质工程是在分子生物学、结构生物学、生物信息学等学科的基础上,利用基因工程技术手段,改造现存蛋白质性能,使其符合社会生产生活的需要。

从学科诞生开始,蛋白质工程就肩负着改造蛋白质的使命。在研究蛋白质结构与功能之间关系的基础上,科学家发现,蛋白质的氨基酸序列决定了蛋白质的空间结构,而其空间结构决定了蛋白质的生物学功能。因此,改造蛋白质的关键在于改变蛋白质中关键的氨基酸,从而改变蛋白质的生物学性质。

经过近 30 多年的发展,蛋白质工程研究领域取得了令人瞩目的成就。从最初的通过简单多肽合成来探索蛋白质结构与酶活性的关系,到今天科学家大规模突变蛋白质中的氨基酸,从中筛选符合人类需要的蛋白质突变体,蛋白质工程的内容呈现多层次、高通量及应用广的发展势态,学科知识也与现代科学技术相互渗透融合。为了更好地了解蛋白质工程的发展,本书对蛋白质工程所涉及的知识做一个初步的梳理,希望能为本学科的发展起到一定的推动作用。

1.1 蛋白质工程的起源

从几千年前开始,人们就在长期的生产实践中发展并使用酿造技术,如酿酒、酿醋等。这些酿造过程就是最早的传统发酵技术。到了 20 世纪 40 年代,人们成功地进行了青霉素的大规模制备,这标志着现代发酵工程技术的正式建立。随着科学的发展,20 世纪 70 年代以来,基因工程技术的发展使定向改造生物的性状和功能成为可能。在不断的科学实践中,科学家利用基因工程技术和细胞杂交技术选育出一大批生长速度快、代谢能力强且易于大量表达外源产物的新菌种,使发酵工业不断产生新变革。

酿造的过程实际就是利用微生物体内有用的代谢酶来获得人们所需的产品,只不过当时人们并不知道产生作用的是哪些代谢酶。1898 年,Buchner 兄弟研究发现,酵母的无细胞抽提物可通过糖发酵生产乙醇,揭示了酶可以在细胞外进行催化作用,促进了酶学的研究。人们逐渐认识到发酵过程实际上是代谢酶的催化过程,进一步的酶学研究促使酶工程逐渐成为一门独立而又与发酵工程密切联系的学科。

长期的发酵实践使得人们迫切需要了解酶的本质,而不断的科学探索使人们认识到酶的本质是蛋白质这一重要事实。因此,人类的发酵实践过程被认为是蛋白质工程诞生的土壤,而对蛋白质的研究和改造又可以直接促进发酵工业和酶工业的发展,同时可能导致新兴生物产业的诞生。

1.2　蛋白质工程的研究内容

　　20 世纪 80 年代,基因工程技术的突破促使蛋白质工程的诞生;随着生命科学和工程技术的发展,蛋白质工程有了快速的发展,逐渐形成了相对独立和比较成熟的科学体系。作为一门独立的学科,蛋白质工程成立之初就肩负着为改善人类生活质量、满足人类生产生活需求的独特使命。蛋白质工程的内容主要分为四大部分,分别是蛋白质的基础知识、蛋白质的物质准备、蛋白质的研究方法和蛋白质的改造应用。

1.2.1　蛋白质的基础知识

　　蛋白质的基础知识包括蛋白质的结构、理化性质及生物功能等有关的内容。

　　1. 蛋白质的结构　　蛋白质一般是由多肽链组成的,有不同的结构层次:一级结构、二级结构、三级结构和四级结构等。其中蛋白质的一级结构由 20 种氨基酸通过肽键连接而成,它包含了蛋白质分子形成复杂结构所需要的全部信息,利用这些信息可以对蛋白质进行高级结构的分析、蛋白质同源性的比较及蛋白质功能的预测等。蛋白质的二级结构是多肽链主链折叠并依靠不同肽键之间形成的氢键维系而成的稳定结构。蛋白质的三级结构是多肽链在二级结构的基础上进行进一步折叠和卷曲而成的球状分子结构,是二级结构的组装。蛋白质的四级结构是寡聚蛋白的结构形式,一般由两个或多个亚基通过非共价作用结合形成的聚合体。

　　2. 蛋白质的理化性质　　蛋白质有多层次的结构,蛋白质结构的特点决定了蛋白质的各种理化性质,如热稳定性、可溶性等。而蛋白质各层次结构的形成又依赖于构成蛋白质的基本单位——氨基酸残基之间的作用力,这种作用力包括静电相互作用、范德华力、氢键、疏水相互作用、二硫键及离子键等。破坏蛋白质的氨基酸残基之间的作用力就会破坏蛋白质的结构,导致蛋白质理化性质发生改变。能够使蛋白质残基之间作用力形成的过程是蛋白质结构形成的过程,这个过程伴随着蛋白质分子能量的逐步降低。

　　3. 蛋白质的生物功能　　蛋白质是生命活动的物质基础,具有多种多样的生物学功能。蛋白质功能的多样性体现在以下几个方面:生物催化功能、调节功能、运输功能、运动功能、机体的结构成分、防御和保护功能及营养物质等。另外,蛋白质是人体必需的营养物质,蛋白质的水解产物氨基酸可作为一些生理反应的原料及重要的中间代谢物,而且蛋白质还可在必要时提供生物体急需的氮、硫、磷、铁等元素。

　　4. 蛋白质的结构与功能的关系　　蛋白质的功能与其结构紧密相关,一级结构相似的蛋白质,其功能往往相似;从不同生物体分离出来的同一功能的蛋白质,其结构同源性也往往较高。在蛋白质的一级结构中,处于特定构象关键部位的残基,对蛋白质的生物学功能往往起决定性作用。例如,弹性蛋白酶、胰蛋白酶和胰凝乳蛋白酶有十分相似的三维结构,它们底物结合特异性的差别只是由于活性部位的少数残基不同。由于蛋白质的结构与其生物功能的高度相关性,在有些情况下,即使在整个蛋白质分子中仅一个氨基酸残基发生异常,该蛋白质的功能也会受到显著的影响,甚至导致机体发生病变。例如,在镰状细胞贫血症患者中,由于血红蛋白的两条 β 链的第 6 位上的谷氨酸(Glu)转变为缬氨酸(Val),在血红蛋白表面形成了一个疏水区,导致血红蛋白聚集成不溶性的纤维束。变形的纤维束使红细胞呈镰刀状,而突变的血红蛋白同时导致血红细胞输氧能力降低,最终发展成贫血症状(图 1-1)。

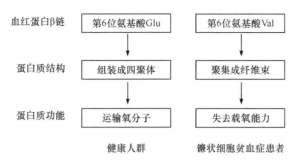

图 1-1 镰状细胞贫血症血红蛋白突变示意图

1.2.2 蛋白质的物质准备

蛋白质的物质准备主要包括蛋白质的表达和纯化方面的内容。

1. 蛋白质的表达 无论是前期的研究还是最终的生产应用,蛋白质工程都需要有足够量的蛋白质。基因工程的发展使这种需求变得容易满足。目前,大量蛋白质的获得通常是将蛋白质的基因构建到一个合适的表达载体上,然后将表达载体导入合适的宿主进行大量表达。一个合适的表达载体至少含有复制起始点、选择性基因、启动子、核糖体结合位点、多克隆位点及转录终止序列成分,而这些表达成分元件是否有效就取决于是否与表达宿主相适应。高效的基因表达宿主包括大肠杆菌、酵母、杆状病毒和哺乳动物细胞等。影响基因在宿主中表达的因素除了表达载体成分外,基因的密码子选择、基因的稳定性及宿主的生长条件等都是重要因素。

2. 蛋白质的纯化 蛋白质在宿主中完成大量表达后,需要进一步的分离纯化才能投入使用。首先,利用目标蛋白质与其他成分的差别,使用合适的缓冲液可以将蛋白质在表达宿主中提取出来。在提取的过程中,需要始终维持蛋白质的生物活性。目标蛋白质的初步分离方法包括硫酸铵沉淀法、有机溶剂沉淀法、超速离心法、等电点沉淀法、透析法、超滤法及结晶法等。进一步的纯化方法包括分子筛层析、离子交换层析、吸附层析和亲和层析等。各种分离纯化方法都是根据蛋白质的性质发展而来的,不同纯化方法的联合使用可以提高蛋白质的纯化质量。纯化后的目标蛋白质需要做适当的鉴定。

1.2.3 蛋白质的研究方法

根据研究的具体目标,蛋白质的研究方法包括蛋白质的结构解析、蛋白质的分析鉴定和相互作用研究及蛋白质组学研究等内容。

1. 蛋白质的结构解析 蛋白质工程的一个重要目标是获得蛋白质的结构信息,以期望获得结构与功能的关系,为改造蛋白质作出理论上的贡献。传统的大分子蛋白质的结构解析使用的是 X 射线晶体衍射法。X 射线晶体衍射法在蛋白质结构解析领域取得了辉煌的成就,不过晶体衍射法获得的蛋白质结构是蛋白质结晶状态下的静态结构。核磁共振法可以对小分子蛋白质在溶液中的动态构象进行测定,取得了令人鼓舞的成绩。其他可以用来测定蛋白质结构的方法还有现代光谱技术,包括圆二色谱法、拉曼光谱法等。

2. 蛋白质的分析鉴定和相互作用研究 蛋白质的分析鉴定是蛋白质研究方法的重要环节,传统的鉴定技术包括免疫印迹法、酶联免疫吸附法等,而新的鉴定技术则包括蛋白质芯片技术、蛋白质指纹图谱技术等,这些新的技术可以实现蛋白质的高通量和快速鉴定。蛋白质的相互作用研究是蛋白质研究方法的重要内容,比较成熟的蛋白质相互作用研究方法有表面等离子体共振技术和酵母双杂交技术。近年来,表面展示技术的发展实现了蛋白质相互作用研究的高通量和快速研究的目标,成为蛋白质研究领域的有效工具。表面展示技术包括噬菌体表面展示技术、细菌表面展示技术、酵母表面展示技术等。其他新兴的研究技术也逐步在蛋白质研究中得到应用,如原子力显微镜技术等。

3. 蛋白质组学研究　　蛋白质组是指基因组表达的全部蛋白质及其存在方式,因此蛋白质组学研究是指在整体水平上研究生物体内全部蛋白质的组成、结构及活动规律。在人类基因组完成测序后,蛋白质组学的研究变得可能;而在各种高通量的蛋白质研究方法出现后,蛋白质组学的研究变成了现实。蛋白质组学研究方法主要包括蛋白质分离和蛋白质分析鉴定两方面。在蛋白质组学研究中,分离技术一般是指二维电泳技术;而分析鉴定则主要是指图谱分析技术和生物质谱技术。发展高效、灵敏、精确的分离和分析鉴定技术是蛋白质组学研究的关键。

1.2.4　蛋白质的改造应用

蛋白质的改造应用包括蛋白质的生物信息学、蛋白质的设计改造、蛋白质的功能应用等内容。

1. 蛋白质的生物信息学　　生物信息学是指利用计算机技术对生物信息进行获取、加工、存取、检索和分析,进而揭示数据的生物学意义。生物信息学是生物学与计算机科学、应用数学等学科的综合,它有力地促进了蛋白质的结构分析和功能研究。基本的生物信息学知识包含数据库的建立、分类和检索;利用数据库检索的数据进行比对和分析;最后对蛋白质进行相应的结构和功能预测等。因此,适当利用生物信息学手段可以辅助蛋白质研究,极大缩短研究时间,加快研究进程。

2. 蛋白质的设计改造　　理性地对目标蛋白质进行一定的设计与改造,以改善蛋白质的性能,使其更加符合生产要求或人们的生活需要。按照蛋白质被改造部位的多寡,蛋白质的改造可分为三种类型:一为"小改",即对已知结构的蛋白质进行几个残基的替换来改善蛋白质的结构和功能;二为"中改",即对天然蛋白质分子进行大规模的肽链或结构域替换,以及对不同蛋白质的结构域进行拼接组装;三为"大改",即在了解蛋白质结构和功能的基础上,从蛋白质一级结构出发,设计自然界尚未发现的全新蛋白质。蛋白质改造的具体方法可以是简单的化学修饰,也可以是复杂多变的定位突变或分子拼接等分子生物学技术。

3. 蛋白质的功能应用　　完成目标改造的蛋白质具有新的功能,可以投入生产生活等方面的应用。目前比较成熟的蛋白质改造应用集中在抗体和蛋白酶方面。抗体是一类可以与其抗原物质高度特异结合的蛋白质分子,抗体融合蛋白在医疗领域取得了令人鼓舞的成绩。利用抗体的特异性,可以将与抗体融合的各种具有特殊价值的物质传送到生物体的特定部位,达到靶向应用的效果。具有催化功能的蛋白酶则是制药、食品、环境等工业应用的关键因素。通过对蛋白酶热稳定性、最适 pH、底物亲和性等方面的改造,使蛋白酶更好地适应工业化要求。

以上四部分内容相互之间有着密切的联系,如图 1-2 所示,蛋白质基础知识的更新可以促进研究方法的不断改善,而研究方法则决定了物质准备和改造应用的具体方式;反过来,在蛋白质的物质准备和改造应用的实践过程中,通过不断地总结和探索,也会促使蛋白质基础知识的积累和研究方法的改进。

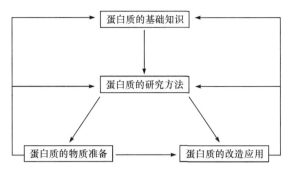

图 1-2 蛋白质工程四部分内容之间的联系

1.3 蛋白质工程与其他学科

未来蛋白质工程的发展将主要表现在两方面,一是蛋白质工程不断地与相关学科和工程技术深入融合,产生新的学科知识和应用技术;二是蛋白质工程的学科知识和技术不断地拓展应用空间和领域(图 1-3)。

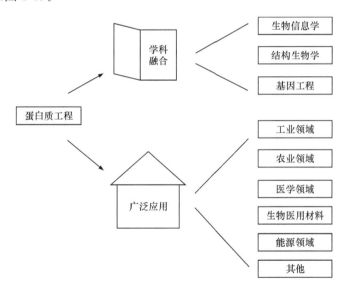

图 1-3 蛋白质工程的未来发展

1. 蛋白质工程与生物信息学 生物信息学是生物学与信息技术的交叉学科。由于生物科学的快速发展和计算机科学技术的进步,生物信息学的发展不断取得突破。蛋白质工程与生物信息学的深入融合,使得人们不仅可以对蛋白质的基因组序列信息进行提取和分析,还可以对蛋白质功能基因组相关信息进行分析,甚至进行生物大分子的结构模拟和药物设计等,极大地方便了蛋白质工程的研究和发展。利用生物信息学还可以进行蛋白质结构的预测,其目的就是利用已知的一级序列来构建蛋白质的立体结构模型。目前,越来越多的生物信息学研究人员致力于对蛋白质高级结构预测的研究,不断地提高预测的精确度。

2. 蛋白质工程与结构生物学 结构生物学的发展对蛋白质工程有着重要意义。20 世纪中开始,X 射线衍射技术被成功地应用到蛋白质研究领域,Kendrew 和 Perute 在蛋白质 X 射线的衍射分析中应用重原子同晶置换技术和计算机技术,于 1957 年和 1959 年分别阐明了肌红蛋白和血红蛋白的立体结构。之后越来越多的研究人员成功利用 X 射线衍射法解析蛋白质结构。同步辐射光源的应用则提高了蛋白质晶体衍射的数据质量,缩短了曝光的时间。因而,结构生物学与蛋白质工程的融合发展提高了传统的蛋白质结构分析技术,使人们获得更多更高质量的蛋白质结构数据。同时,核磁共振技术、现代光谱学技术等在蛋白质结构领域的应用研究也在逐步地深入展开中。

3. 蛋白质工程与基因工程　　20 世纪 70 年代,由于重组 DNA 研究的突破,基因工程技术得到广泛应用,根据人们意愿改造蛋白质的蛋白质工程成为现实。近年来,基因工程领域的知识和改造手段越来越丰富和多样化,为蛋白质工程的研究方法带来了新的理论基础和改造手段。例如,基因融合为蛋白质的理性设计提供了理论基础,易错 PCR 为蛋白质随机改造和筛选提供了可能。未来,基因工程领域的理论创新和技术发展都可能为蛋白质工程的发展带来新的机遇。

1.4　蛋白质工程的应用领域

蛋白质工程技术的应用可以给人们带来更多的产品和生活便利。蛋白质改造实践表明,蛋白质工程技术在工农业和生物医药等领域都表现出了广阔的应用前景。

1. 工业领域　　通过蛋白质工程改造天然酶的结构,极大提高了酶的耐高温、抗氧化能力和稳定性,并改善了 pH 范围,从而获得符合人们需要的工业酶。这些酶可以应用于食品、化工、洗涤等工业,如用于制备高果糖浆的葡萄糖异构酶、用于生产干酪的凝乳酶等。近年来,有公司研发人员将蛋白酶制品添加至其产品中,使蛋白酶可以发挥作用。例如,将碱性蛋白酶、脂肪酶等添加到洗衣粉中,使洗衣粉的去污能力显著提高,取得良好效果。

2. 农业领域　　近年来,美国科研人员通过蛋白质工程设计优化微生物农药,他们对蛋白质关键结构进行修改,使得微生物农药的杀虫率提高了 10 倍。最近,我国学者从真菌中筛选并加工得到的新型蛋白质生物农药,可以有效地激发植物代谢和免疫系统,提高植物自身抵抗外来病害的能力,显著提高农作物的农产品产量。在植物中普遍存在的固定二氧化碳的酶——核酮糖-1,5-二磷酸羧化酶,其光合效率大约为 50%。通过改造固定化酶的结构,使其光合效率得到显著提高,从而增加粮食产量。

3. 医药领域　　基因工程技术诞生后首先应用于人胰岛素及人生长激素释放抑制因子等医用蛋白质的开发,大大降低了治疗成本。尿激酶、干扰素等的生产也通过蛋白质工程得到了长效、稳定、作用更广泛的产品。目前,各国制药公司正在加强研究新型生物技术药物,用于新的适应病症。改造特殊蛋白质为制造特效抗癌药物开辟了新的途径,如开发人源化单克隆抗体治疗药物是近年来广泛兴起的热潮,2014 年以来,美国 FDA 先后批准 Vedolizumab、Blinatumomab 等单抗药物分别进入溃疡性结肠炎和白血病治疗市场,显示了单抗类药物发展的强劲势头。

4. 生物医用材料领域　　随着生命科学的快速发展和人类对健康要求的不断提高,生物来源的医用生物材料成为大家关注的热点。研究人员发现,固定在支架上的骨形态发生蛋白-2(BMP-2),在诱导骨髓基质细胞分化为成骨细胞方面比游离的 BMP-2 更加有效,为 BMP-2 生物材料的开发应用奠定了基础。蛋白质工程为生物医用材料的设计提供了独特的优势,随着生命科学的发展,许多具有独特功能的生物材料,将可以通过对蛋白质序列进行理性设计和功能筛选获得。

5. 能源领域　　利用现代生物技术将纤维素材料转化为饲料、乙醇等产品,不仅可以使其作为新能源为人类造福,同时还可以缓解或解决农作物资源对环境污染的问题,因而具有重大的战略意义。用定点突变的方法将细菌碱性纤维素酶的部分氨基酸进行突变,其热稳定性得到了提高;随着后基因组时代的到来,研究人员对纤维素酶家族序列进行比对和分析,理性设计纤维素酶突变位点,构建一系列突变体库,从中筛选出热稳定性和催化效率都有显著提高的纤维素酶突变体,为其进一步应用奠定了基础。

6. 其他领域　　苯胺是严重污染环境和危害人体健康的有害物质,应用加双氧酶进行生物降解是苯胺废水生化处理和苯胺污染环境生物修复的基础。科研人员对苯胺加双氧酶进行突变,获得的突变分子能有效地降解 2-异丙基苯胺,扩大了加双氧酶的应用范围。研究人员利用蛋白质工程手段发展蛋白质生物农药代替传统有机磷农药,有效地减少环境中有机磷的污染,成为现代农药的发展方向之一。利用蛋白质工程方法定向改变蛋白质的氨基酸组成,增加极性基因的数量,降低多肽的分子质量等,从而改善蛋白质的可溶性、可吸收性,并提高蛋白质的营养价值,生产出符合要求的高营养价值的蛋白质品种。

总之,蛋白质工程不断吸收生命科学、信息科学及工程技术领域的研究成果,对蛋白质结构与功能的关系进行理论研究,同时将蛋白质改造与人类生产生活需要结合起来进行实践,是一门理论基础深厚、应用前景广阔的新兴学科。

思考题

1. 请简要叙述蛋白质工程产生的背景及概念。
2. 请简要叙述蛋白质工程与发酵工程的关系。
3. 蛋白质工程有哪几部分内容? 它们之间的关系怎样?
4. 请简要叙述蛋白质工程的应用前景。
5. 请简要谈谈蛋白质工程学科在生命科学中的地位。

主要参考文献

陈铭. 2012. 生物信息学. 北京:科学出版社

邱德文. 2010. 蛋白质生物农药. 北京:科学出版社

饶子和. 2012. 蛋白质组学方法. 北京:科学出版社

孙小梅,李单单,王禄山,等. 2013. 纤维素酶家族及其催化结构域分子改造的新进展. 生物工程学报,29(4):422-433

汪世华. 2008. 蛋白质工程. 北京:科学出版社

Berg JM,Tymoczko JL,Stryer L,et al. 2002. Biochemistry. 5th ed. New York:W. H. Freeman and Company

Lehninger AL,Nelson DL,Cox MM. 1993. Principles of Biochemistry. 2th ed. New York:Worth Publishers

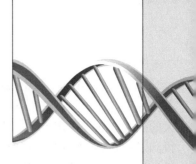

2 蛋白质的结构基础

　　蛋白质(protein)是一类由一条或多条多肽链构成的重要生物大分子,在生物体的生长、发育、繁殖和遗传等一切生命活动中具有重要作用。组成蛋白质的主要元素除含有碳、氢、氧、氮及少量的硫外,一些蛋白质还结合磷、铜、铁、碘、锌、镁和钼等元素。蛋白质是生物体内主要的含氮物质。蛋白质的基本结构单位是氨基酸,氨基酸通过肽键共价结合形成二肽(两个氨基酸)和多肽(多个氨基酸)。为了表明蛋白质的不同结构层次,国际上通用的方法是对蛋白质的分子结构进行分级描述,通常使用一级结构、二级结构、三级结构和四级结构等专门术语。蛋白质的各级结构是蛋白质功能的基础,蛋白质的生物学活性及理化性质都和其分子结构密切相关。

2.1　蛋白质的功能及其应用

　　蛋白质是生物体的基本组成成分之一,也是含量最丰富的高分子物质。无论是简单的低等生物,还是复杂的高等生物,都毫不例外地含有蛋白质。蛋白质含量占人体固体成分的45%,分布广泛,体内所有的器官组织都含有蛋白质。生物体结构越复杂,其蛋白质的种类和功能也越繁多。蛋白质是生命的主要体现者,没有蛋白质就没有生命。一个真核细胞可有数千种蛋白质,各自有特殊的结构和功能。

2.1.1　蛋白质的生物学功能

　　蛋白质是动物、植物和微生物细胞中最重要的有机物质之一,也是细胞内含量最丰富、功能最复杂的生物大分子。蛋白质在生物体中有多种生物学功能,主要包括以下几个方面。

　　1. 结构成分　　蛋白质的一个重要的生物学功能是细胞和组织的结构成分,即作为结构蛋白建造和维持生物体的结构。结构蛋白的单体一般聚合成长的纤维或纤维状排列的保护层,可给细胞和组织提供强度和保护。结构蛋白大多是不溶于水的纤维状蛋白质,如高等动物的骨骼、肌腱、韧带和皮主要由胶原蛋白组成;具有保护性屏障的动物胞外基质是由胶原蛋白和蛋白聚糖构成;毛发、角、蹄和甲由 α-角蛋白构成;生物膜系统主要由蛋白质和脂质组成。

　　2. 催化功能　　酶是数量最多的一类蛋白质,它的重要生物学功能是作为生物体新陈代谢的催化剂,其催化效率远大于合成的催化剂。酶与生物体的生长、发育和组织修复等密切相关。生物体内的各种化学反应都是在相应酶的催化下完成的,细胞内的代谢网络与代谢途径也受到酶的严密调控。

　　3. 储存功能　　蛋白质具有储存氨基酸的功能,用作有机体及其胚胎生长发育的原料。氮素通常是生长的限制性养分,在必要时生物体利用蛋白质作为获取充足氮素的一种方式,为生物体、胚胎或种子的生长发育等提供足够的原料。例如,种子贮存蛋白为种子的发芽准备了足够的氮素;乳汁中的酪蛋白是哺乳的主要氮源;蛋类中的卵清蛋白为鸟类胚胎发育提供氮源,铁蛋白用于含铁蛋白——血红蛋白的合成。

4. 转运功能　某些蛋白质具有运输功能,在生命活动过程中,许多小分子及离子的运输是由各种专一的蛋白质来完成的,这类蛋白称为转运蛋白。其中,一类转运蛋白的功能是转运特定的物质。例如,红细胞中的血红蛋白运送氧气和二氧化碳等,此类蛋白是通过血流转运物质的;另一类转运蛋白是膜转运蛋白,可通过细胞膜渗透性屏障系统转运葡萄糖、氨基酸等代谢物和养分,如葡糖转运蛋白等。

5. 运动功能　某些蛋白质与细胞运动有关,从最低等的细菌鞭毛运动到高等动物的肌肉收缩都是通过蛋白质实现的。例如,肌肉的松弛与收缩主要是由肌球蛋白和肌动蛋白相互滑动来完成的;动力蛋白和驱动蛋白驱使小泡、颗粒和细胞器沿微管轨道移动。

6. 信息传递　在生物体内,细胞膜上有一类起接受和传递信息作用的蛋白质,即受体蛋白,可以与细胞外或细胞内膜包裹的空间相互作用,将信号跨膜传递,再通过复杂的信号传导途径引发一系列生化反应,如接受和传递信息的蛋白质——受体蛋白等。

7. 调节功能　蛋白质还有一个重要的生物学功能就是调节和控制细胞的生长、分化和遗传信息的表达,即调节功能。在维持生物体正常的生命活动、代谢机能的调节、生长发育和分化的控制、生殖机能的调节及物种的延续等各种过程中,蛋白质和多肽激素起着极为重要的调节功能作用。一类调节蛋白在代谢调节中起重要作用,如一些动物激素等;另一类调节蛋白参与基因表达的调控、激素或抑制遗传信息的转录,如染色质蛋白(组蛋白)等。

8. 支架作用　某些蛋白质在细胞应答激素和生长因子的复杂途径中起作用,此类蛋白质称为支架蛋白或接头蛋白。支架蛋白借助自身的特定结构,通过蛋白质与蛋白质之间的相互作用能识别并结合其他蛋白质的某些结构元件,可以将多种不同蛋白质装配成一个多蛋白复合体。这种复合体参与对激素和其他信号分子胞内应答的协调和通讯。

9. 防御和进攻　生物体为了维持自身的生存,拥有多种类型的、主动的细胞防御、保护和开发作用,其中不少是靠蛋白质来执行的,称为保护或开发蛋白。例如,脊椎动物体内的免疫球蛋白或称为抗体,是一类高度专一的蛋白质,它能识别和结合侵入生物体的外来物质,与相应的抗原结合并排除外来物质对动物体的干扰。另外,还有一些保护蛋白也具备类似功能,如凝血酶、溶血蛋白、血液凝固蛋白、血纤蛋白原、细菌毒素和神经毒蛋白等。

某些蛋白质除具有上述功能以外,还具有一些特殊的功能,如应乐果中的甜味蛋白、生物氧化过程中起电子传递作用的某些色素蛋白等。总之,蛋白质分子多种多样的生物学功能,是以其组成和结构为基础的,这些生物学功能都与各自的分子特征和空间构象有关,空间构象的改变也会导致蛋白质生物学功能的变化。

2.1.2　蛋白质的应用

随着人们对蛋白质(生命活动中起重要作用的生物大分子)研究的深入,很多蛋白质(天然蛋白质和一些人造蛋白质)已被广泛应用于工农业和生物医药等各个行业和领域。

1. 蛋白质在生物学上的意义　蛋白质是一切生命的物质基础,这不仅是因为蛋白质是构成机体组织器官的基本成分,更重要的是蛋白质本身不断地进行合成与分解,这种合成、分解的对立统一过程,推动生命活动,调节机体正常生理功能,保证机体的生长、发育、繁殖、遗传及修补损伤的组织。根据现代生物学观点,蛋白质和核酸是生命的主要物质基础。蛋白质还是人类和其他动物的主要食物成分,高蛋白膳食是人民生活水平提高的重要标志之一。

2. 蛋白质被广泛应用于工业生产　　在工业生产上,某些蛋白质是食品工业及轻工业的重要原料,如动物的毛和蚕丝的成分都是蛋白质,它们是重要的纺织原料;动物胶是一种比较简单的蛋白质,是用骨和皮等熬煮而成的,无色透明的动物胶称为白明胶,可用来制造照相感光片和感光纸。大多数酶的成分是蛋白质,酶广泛应用于食品、纺织、医药、制革和试剂等行业。在制革、制药、缫丝等工业部门应用各种酶制剂,可以提高生产效率和产品质量。用生物材料制造计算机不仅提高了计算机的处理速度,还减少了废旧计算机污染处理的难度。此外,蛋白质在农业、畜牧业和水产养殖业方面的重要性,也是显而易见的。

3. 蛋白质在临床及医药方面的应用　　在临床检验方面,测定有关酶的活力和某些蛋白质的变化可以作为一些疾病临床诊断的指标。例如,乳酸脱氢酶同工酶的鉴定可以用作心肌梗死的指标;甲胎蛋白的升高可以作为早期肝癌病变的指标等。另外,蛋白质可作为一种试剂用于筛选能够促进或抑制蛋白质活性的化合物。进而,这种化合物及抑制蛋白质活性的中和抗体可用作治疗或预防支气管哮喘、慢性阻塞性肺部疾病等的药物。许多纯的蛋白质制剂也是有效的药物,如胰岛素、人丙种球蛋白和一些酶制剂等。

2.2　蛋白质、氨基酸与多肽链

蛋白质彻底水解后,逐步降解为多肽、寡肽和二肽,最终水解为各种氨基酸(amino acid)的混合物,表明氨基酸是组成蛋白质的基本单位。

2.2.1　氨基酸

自然界中存在的成千上万种蛋白质,在结构和功能上惊人的多样性归根结底是由 20 种常见氨基酸的内在性质造成的。

氨基酸是组成蛋白质的基本单位,它们在结构和性质上既有共性又有差异。

1. 氨基酸的化学结构　　蛋白质水解所得到的基本氨基酸有 20 种,不同的氨基酸其侧链 R 基各异。除脯氨酸以外,其余 19 种天然氨基酸在结构上的共同特点是:与羧基相邻的位于碳链 α 位的中心碳原子(α-碳原子)上都有一个氨基,因而称为 α-氨基酸,α-氨基酸的结构通式见图 2-1。脯氨酸与 α-氨基酸的结构类似,但不同的是它的侧链 R 基与主链 N 原子共价结合,形成一个环状的亚氨基酸(图 2-2)。

图 2-1　α-氨基酸的结构通式　　　　图 2-2　脯氨酸的化学结构

生物学中,组成蛋白质的 20 种常见氨基酸的名称一般使用三个字母的简写符号表示,有时也用单字母的简写符号表示(表 2-1)。

表 2-1 组成蛋白质的 20 种常见氨基酸的中英文名称、常用符号及等电点

中文名	英文名	三字母符号	单字母符号	等电点 pI
甘氨酸	Glycine	Gly	G	5.97
丙氨酸	Alanine	Ala	A	6.00
缬氨酸	Valine	Val	V	5.96
亮氨酸	Leucine	Leu	L	5.98
异亮氨酸	Isoleucine	Ile	I	6.02
苯丙氨酸	Phenylalanine	Phe	F	5.48
脯氨酸	Proline	Pro	P	6.30
色氨酸	Tryptophan	Trp	W	5.89
丝氨酸	Serine	Ser	S	5.68
酪氨酸	Tyrosine	Tyr	Y	5.66
半胱氨酸	Cysteine	Cys	C	5.07
甲硫氨酸	Methionine	Met	M	5.74
天冬酰胺	Asparagine	Asn	N	5.41
谷氨酰胺	Glutamine	Gln	Q	5.65
苏氨酸	Threonine	Thr	T	5.60
天冬氨酸	Aspartic acid	Asp	D	2.97
谷氨酸	Glutamic acid	Glu	E	3.22
赖氨酸	Lysine	Lys	K	9.74
精氨酸	Arginine	Arg	R	10.76
组氨酸	Histidine	His	H	7.59

2. 氨基酸的构型 构型（configuration）是一个分子中原子的特定空间排布，一种构型改变为另一种构型时必须有共价键的断裂和重新形成。最基本的分子构型是 L-型和 D-型，这种异构体在化学上可以分离，但不能通过简单的单键旋转相互转换。不同构型分子间除镜面操作外不能以任何方式重合。20 种常见氨基酸中，除了 R 基为 H 的甘氨酸外，其他氨基酸的 α-碳原子都是不对称碳原子，具有旋光异构现象，存在 D-型和 L-型两种异构体。目前，已发现的氨基酸大多数是 L-型，而 D-型氨基酸主要存在于微生物中。组成天然蛋白质的氨基酸均属 L-α-氨基酸（甘氨酸除外）。

3. 氨基酸的构象 构型与构象（conformation）是描述分子的两种不同空间异构现象。构象是组成分子的原子或基团绕单键旋转而形成的不同空间排布。一种构象转变为另一种构象不要求有共价键的断裂和重新形成，在化学上也是难于区分和分离的。除丙氨酸（Ala）以外的任何氨基酸侧链中的组成基团都可以绕着其间的 C—C 单键旋转，从而能够产生各种不同的构象。对两个四面体配位（连有四个不同基团）的碳原子，"交错构象"是能量上最有利的排布方式，能量也最稳定，而且具有最少的空间排斥，在蛋白质中也最常出现。大多数氨基酸残基的侧链都有一种或少数几种交错构象作为优势构象出现在天然蛋白质中，它们相互间称为旋转异构体。

2.2.2 蛋白质中常见氨基酸的分类

组成蛋白质的常见氨基酸有 20 种，具有特异的遗传密码，这些氨基酸又称为编码氨基酸。

各种氨基酸的区别就在于其侧链 R 基团的不同,可按 R 基团的化学结构和极性大小进行分类。

2.2.2.1 按照 R 基团的化学结构进行分类

根据氨基酸侧链 R 基团化学结构的不同,组成蛋白质的 20 种常见氨基酸通常分为三类:脂肪族、芳香族和杂环族,其中以脂肪族氨基酸最多。

1. 脂肪族氨基酸   脂肪族氨基酸包括中性氨基酸、酸性氨基酸及其酰胺、碱性氨基酸和含巯基或羟基氨基酸。

(1) 中性氨基酸:包括甘氨酸(Gly)、丙氨酸(Ala)、缬氨酸(Val)、亮氨酸(Leu)和异亮氨酸(Ile),共 5 种氨基酸。

| 甘氨酸 | 丙氨酸 | 缬氨酸 | 亮氨酸 | 异亮氨酸 |

(2) 酸性氨基酸及其酰胺:包括天冬氨酸(Asp)、谷氨酸(Glu)、天冬酰胺(Asn)和谷氨酰胺(Gln),共 4 种氨基酸。

| 天冬氨酸 | 谷氨酸 | 天冬酰胺 | 谷氨酰胺 |

(3) 碱性氨基酸:包括精氨酸(Arg)和赖氨酸(Lys),共 2 种氨基酸。

| 精氨酸 | 赖氨酸 |

（4）含羟基或硫氨基酸：含硫氨基酸包括甲硫氨酸（Met）和半胱氨酸（Cys），含羟基氨基酸包括苏氨酸（Thr）和丝氨酸（Ser）。

甲硫氨酸　　丝氨酸　　苏氨酸　　半胱氨酸

2. 芳香族氨基酸　　芳香族氨基酸包括苯丙氨酸（Phe）、色氨酸（Trp）和酪氨酸（Tyr），共 3 种氨基酸。

苯丙氨酸　　色氨酸　　酪氨酸

3. 杂环族氨基酸　　杂环族氨基酸包括组氨酸（His）和脯氨酸（Pro），共 2 种氨基酸。

组氨酸　　脯氨酸

2.2.2.2　按照 R 基团的极性性质进行分类

按氨基酸侧链 R 基团的极性性质，组成蛋白质的 20 种常见氨基酸可以分为四组：非极性 R 基团氨基酸、不带电荷的极性 R 基团氨基酸、带负电荷的 R 基团氨基酸和带正电荷的 R 基团氨基酸。

1. 非极性 R 基团氨基酸　　该类氨基酸包括丙氨酸（Ala）、缬氨酸（Val）、亮氨酸（Leu）、异亮氨酸（Ile）、脯氨酸（Pro）、苯丙氨酸（Phe）、色氨酸（Trp）和甲硫氨酸（Met），共有 8 种氨基酸。这组氨基酸的侧链均为非极性基团，不能电离，不能与水形成氢键，因此这类氨基酸的侧链都是疏水的，一般都没有化学反应性，其共同的特性是趋于彼此间或与其他非极性原子相互作用,疏于与水相互作用。所有蛋白质分子都有一部分此类残基密堆积在内部,形成疏水内核,这是稳定蛋白质三维结构的主要因素。同时,这类残基的疏水作用被认为是多肽链折叠的原初推动力。

2. 不带电荷的极性 R 基团氨基酸   该类氨基酸包括甘氨酸(Gly)、丝氨酸(Ser)、苏氨酸(Thr)、天冬酰胺(Asn)、谷氨酰胺(Gln)、半胱氨酸(Cys)和酪氨酸(Tyr),共有 7 种氨基酸。这类氨基酸侧链不能电离,但侧链含有—OH 和—CO—NH$_2$ 等极性基团,可以是氢键的供体或受体,可与水形成氢键,并且有不同程度的化学反应性。通常,靠近的两个半胱氨酸(Cys)的—SH 被氧化形成二硫键(可以稳定蛋白质的三维结构),所以在蛋白质工程中已有很多的工作试图通过定位突变在酶分子中引入二硫键,以提高它们的热稳定性,进而应用于工业生产。而酪氨酸(Tyr)和色氨酸(Trp)连同非极性残基苯丙氨酸(Phe)都具有芳香性侧链,是使蛋白质产生紫外线吸收和荧光特性的主要因素。由于它们对于介质环境非常敏感,常常被作为蛋白质结构变化的探针。

3. 带负电荷的 R 基团氨基酸   该类氨基酸包括天冬氨酸(Asp)和谷氨酸(Glu)两种氨基酸。其侧链羧基的 pK$_a$ 值分别为 3.9 和 4.3,所以在生理条件下离解为电负性基团,带负电荷,它们也可以整合金属离子。由于这两种氨基酸的侧链带有—COOH,可电离为—COO$^-$ 而释放 H$^+$,又被称为酸性氨基酸。

4. 带正电荷的 R 基团氨基酸   该类氨基酸包括精氨酸(Arg)、赖氨酸(Lys)和组氨酸(His)三种氨基酸。其侧链带有—NH$_2$、=NH 等碱性基团,可结合 H$^+$ 而形成—NH$_3^+$、=NH$_2^+$。这三种氨基酸是碱性氨基酸,在 pH7.0 的溶液中带正电荷。

以上 20 种常见的天然氨基酸中,半胱氨酸与脯氨酸都是特殊的氨基酸。脯氨酸能与另一羧基形成肽键,属于亚氨基酸。由于脯氨酸的 N 在环中,移动的自由度受到限制。但当它处于多肽链中时,往往使肽链的走向形成折角。通常,两分子的半胱氨酸脱氢后以二硫键结合成胱氨酸,在蛋白质分子中两个临近的半胱氨酸也可脱氢形成二硫键(—S—S—):

$$Cys—SH+HS—Cys \longrightarrow Cys—S—S—Cys$$

2.2.2.3 蛋白质中的稀有氨基酸

在蛋白质的组成中,除上述 20 种基本氨基酸之外,从少数蛋白质中还可分离出一些不常见的氨基酸。这些特有的氨基酸都是由相应的常见氨基酸衍生而来,是在肽链合成后氨基酸残基上某些基团被专一性修饰的结果。其中 4-羟脯氨酸和 5-羟赖氨酸都可在结缔组织的纤维状蛋白质胶原中找到。N-甲基赖氨酸存在于肌球蛋白中,而另一个非常重要的氨基酸——羧基谷氨酸存在于凝血酶原中。

2.2.2.4 非天然蛋白质氨基酸

随着蛋白质工程的发展,各种非天然蛋白质氨基酸可以在实验室中用酶法合成,并通过大肠杆菌、兔网织红细胞等体外翻译系统,掺入蛋白质中。如今,人们已经能够在蛋白质分子中掺入各种经过突变修饰的非天然氨基酸,使得突变的蛋白质具有新的功能。这些非天然氨基酸含有各种特定的侧链基团,包括荧光基团、电子供体/受体、糖基、磷酸化基团、生物素、变色基团、核酸碱基和金属配体等。例如,利用高效掺入的荧光基团标记可以检测极微量的抗原、配体和抑制剂,在医疗诊断上具有很大的应用前景。

2.2.3　肽

氨基酸通过肽键(peptide bond)连接而成的化合物称为肽(peptide)。肽是氨基酸的线性聚合物,也常称为肽链(peptide chain)。蛋白质通常是由一条或多条具有确定氨基酸序列的多肽链(polypeptide chain)构成的生物大分子。

2.2.3.1　肽键与多肽链

多肽链中相邻氨基酸残基通过肽键连接,肽键具有部分双键的特性。

1. 肽键　蛋白质分子中的氨基酸之间是通过肽键相连的,一个氨基酸的 α-羧基与另一个氨基酸的 α-氨基脱水缩合,即形成肽键(酰胺键,图 2-3),即 20 种常见氨基酸在蛋白质中是通过肽键连接在一起的,一个氨基酸的羧基与下一个氨基酸的氨基经缩合反应形成共价连接的肽键。

2. 肽与多肽链　氨基酸通过肽键(—CO—NH—)相连而形成的化合物称为肽(peptide)。由两个氨基酸缩合成的肽称为二肽,三个氨基酸缩合成三肽,以此类推。一般由 10 个以下的氨基酸缩合成的肽统称为寡肽(oligopeptide),由 10 个以上氨基酸形

图 2-3　肽键的形成

成的肽被称为多肽(polypeptide)或多肽链。多肽链的第一个氨基酸具有自由的—NH₂,称为氨基端或 N 端;最末一个氨基酸的羧基是自由的,称为羧基端或 C 端(图 2-4)。肽键不能旋转,具有反式和顺式两种构型。反式肽稳定性高于顺式肽稳定性。氨基酸在形成肽链后,氨基酸的部分基团已参加肽键的形成,已经不是完整的氨基酸,称为氨基酸残基(amino acid residue)。肽键连接各氨基酸残基形成肽链的长链骨架,称为多肽主链,各氨基酸侧链基团称为多肽侧链。每条多肽链中氨基酸顺序编号从 N 端开始。书写某多肽的简式时,一般将 N 端书写在左侧端。

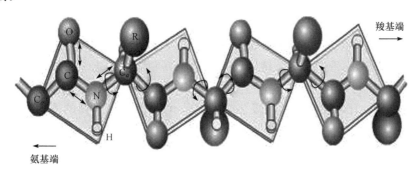

图 2-4　通过肽键将多个氨基酸连接在一起构成多肽链(引自李庆章,2004)

2.2.3.2　多肽链的构象

由于立体上的限制,肽键的构型大都是反式构型。绕 N—Cα 和 Cα—C 的旋转赋予了多肽链构象上的柔性。

1. 肽单位和多肽主链　由于局部双键性质,肽键连接的基团处于同一平面,具有确定的键长和键角,是多肽链中的刚性结构,称为肽单位(peptide group)。有序连接的肽单位就是

多肽链的主链。从结构上看，肽单位和侧链基团是蛋白质分子的基本模块。

2. 多肽链的构象　　氨基酸残基通过肽键连接形成线性多肽链，一个多肽链的骨架是由通过肽键连接的重复单位 N—C$_\alpha$—C 组成的，酰胺氢和羰基氧结合在骨架上，而不同氨基酸残基的侧链连接在 C$_\alpha$ 上，其结果造成肽单位实际上是个平面，而蛋白质中的每一个 N—C$_\alpha$ 键和每一个 C$_\alpha$—C 键都可以自由旋转。一个肽平面绕 N—C$_\alpha$ 键旋转的角度用 φ 表示，而绕 C$_\alpha$—C 键旋转的角度用 ψ 表示，顺时针方向为正，逆时针为负，理论上 φ 和 ψ 可以取 $-180°\sim+180°$ 的任一个角度。因此，一个蛋白质分子的主链构象就可以用其所有组成氨基酸的一套（φ,ψ）角度值来定量表征，这两个角称为二面角（dihedral angle）。由于肽单位是不能旋转的刚性平面基团，因此肽单位绕着这两个单键的旋转就是蛋白质分子主链仅有的自由度。

2.3　蛋白质的结构

蛋白质分子具有多层次的结构，即蛋白质的一级至四级结构。这些结构层次中，一级结构是最基础的结构，也是最稳定的结构。线性多肽链在空间折叠成特定的三维空间结构，称为蛋白质的空间结构或构象。蛋白质的空间结构包括二级结构、超二级结构、结构域、三级结构和四级结构（图 2-5）。

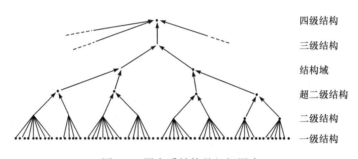

四级结构
三级结构
结构域
超二级结构
二级结构
一级结构

图 2-5　蛋白质结构的组织层次

2.3.1　蛋白质的一级结构

蛋白质的一级结构（primary structure）就是蛋白质多肽链内氨基酸残基从 N 端到 C 端的排列顺序（sequence），即蛋白质多肽链中氨基酸的排列顺序。在化学和生理学上将多肽链上 α-氨基酸的种类、数目及排列顺序称为蛋白质的一级结构。多肽的氨基酸序列可以通过 Edman 降解法确定。比较蛋白质的一级结构可以揭示进化关系，种属的不同常反映在蛋白质一级结构的差异上。

2.3.2　蛋白质的空间结构

蛋白质的空间结构主要包括二级结构、三级结构和四级结构。此外，在二级结构和三级结构之间还有超二级结构和结构域。蛋白质具有基因确定的、唯一的氨基酸序列，一级结构决定了蛋白质的构象。

2.3.2.1　蛋白质的二级结构

蛋白质的二级结构（secondary structure）是指蛋白质主链折叠产生的有规则的构象，它不涉及侧链上的原子在空间中的排布。氢键是稳定二级结构的主要作用力,肽链主链具有重复结构,通过形成链内或链间氢键可以使肽链卷曲折叠形成各种二级结构元件,主要有 α 螺旋、β折叠片、β 转角和无规卷曲。主链上只有 C_α 连接的两个键是单键,可自由旋转,在一段连续的肽单位中具有同一相对取向,可以用相同的构象角(φ, ψ)来表征,构成一种特征的多肽链线性组合,组成蛋白质的二级结构(图 2-6)。二级结构不同的蛋白质,它们的生理活性存在较大差异,而这些差异主要是由它们的空间结构不同而引起的。

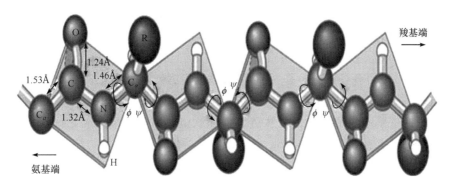

图 2-6 肽键平面和 C_α "关节"示意图(引自李庆章,2004)

1. α 螺旋 α 螺旋(α-helix)是一种蛋白质空间结构的基本组件,普遍存在于各种蛋白质中。

(1)基本结构特征:天然蛋白质结构中发现的主要是右手型 α 螺旋(图 2-7),每圈螺旋由 3.6 个氨基酸残基构成,每个氨基酸沿螺旋轴的螺距为 0.15nm,故一个螺旋的螺距为 0.54nm。沿主链计算,一个氢键闭合的环包含 13 个原子,故 α 螺旋也称 3.6_{13} 螺旋。在 α 螺旋中,多肽链骨架的每个羰基氧与它后面 C 端方向的第 4 个残基($n+4$)的 α-氨基氢形成氢键,螺旋内的氢键几乎平行于螺旋的长轴,所有的羰基都指向 C 端。除了第一个残基的 N—H和最末一个残基的 C'==O,螺旋中的所有 C'==O 和 N—H 基都相互形成氢键,这是构成 α 螺旋稳定的一个重要因素。α 螺旋中心没有空腔,具有原子密堆积结构,这是其稳定的另一个重要因素。

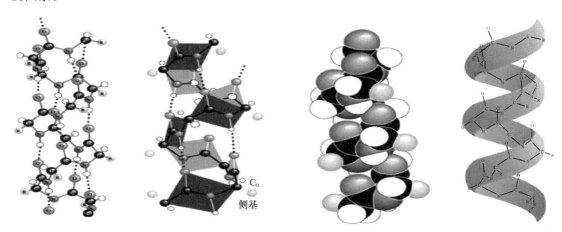

图 2-7 常见 α 螺旋的构象示意图(引自贾弘褆,2005)

（2）α螺旋的两亲性：在α螺旋中，氨基酸残基的侧链从螺旋骨架伸出，决定了螺旋的表面特性。许多α螺旋的一侧主要分布着亲水（荷电、极性）残基，在另一侧主要集中疏水残基，从而具有两亲性。通过蛋白质工程增加结构上重要区域的两亲性，常常可以提高这类分子的生物活性。

（3）倾向于形成α螺旋的氨基酸：强烈倾向于形成α螺旋的氨基酸残基包括丙氨酸（Ala）、谷氨酸（Glu）和甲硫氨酸（Met）；不利于α螺旋形成的氨基酸残基包括有脯氨酸（Pro）、甘氨酸（Gly）、酪氨酸（Tyr）和丝氨酸（Ser）。其中Pro残基的侧链与主链N原子形成共价键，使其丧失形成氢键的能力，并对α螺旋构象产生空间障碍。因此，除螺旋的第一圈外，α螺旋中凡有Pro出现的地方就会发生弯折。

2. β折叠 β折叠（β-sheet）是一种比较伸展、呈锯齿状的肽链结构（图2-8）。两段以上的β折叠结构平行排布并以氢键相连所形成的结构称为β片层或β折叠层。β折叠的构象是通过一个肽键的羰基氧和位于同一个肽链或相邻肽链的另一个酰胺氢之间形成的氢键维持的，从而使相邻肽链主链的N—H和C═O之间形成有规则的氢键。在β折叠中，所有的肽键都参与链间氢键的形成，氢键与β折叠的长轴呈垂直关系。氢键几乎都垂直于伸展的肽链，这些肽链可以是平行排列，或者是反平行排列（图2-9）。在β折叠构象中，每个残基占0.32～0.34nm，羰基氧和酰胺氢之间的氢键起着稳定β折叠结构的作用。蚕丝的主要成分是丝心蛋白，而丝心蛋白的主要二级结构是反平行排列的β折叠。丝心蛋白很柔软，这是因为堆积的折叠片只是靠侧链之间的范德华力结合在一起的。

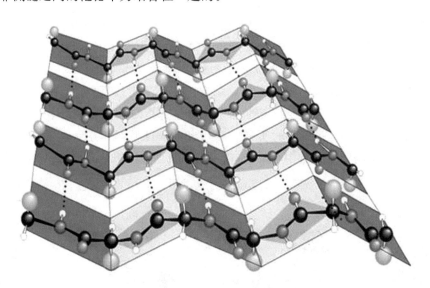

图2-8　β折叠结构示意图（引自库热西·玉努斯，2009）

3. β转角 β转角（β-turn，图2-10），是指多肽链中出现的一种180°的转折。β转角通常由4个氨基酸残基构成，由第1个残基的C═O与第4个残基的—NH—形成氢键键合，使β转角成为比较稳定的结构。β转角是一种常见的蛋白质二级结构，它通常出现在球状蛋白表面，因此含有极性和带电荷的氨基酸残基。已经发现的蛋白质的抗体识别、糖基化、磷酸化和羟基化位点经常出现在转角和紧靠转角。

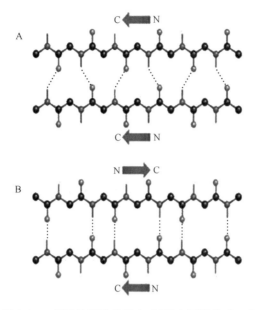

图 2-9 β折叠的两种排列方式(引自厉朝龙，2004)

A. 平行排列；B. 反平行排列

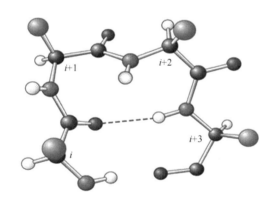

图 2-10 β转角结构示意图

4. 无规卷曲 无规卷曲(randon coil)是无一定规律的结构,其结构比较松散,但这些部位往往是蛋白质功能或构象变化的重要区域。这些"无规卷曲"有明确而稳定的结构,它们受侧链相互作用的影响很大。这类有序的非重复性结构经常构成酶活性部位和其他蛋白质的特异功能部位。各种蛋白质依在其多肽链的不同区段可形成不同的二级结构,如蜘蛛网丝蛋白中有很多 α 螺旋及 β 折叠,也有 β 转角和无规卷曲(图 2-11)。

2.3.2.2 超二级结构和结构域

超二级结构和结构域是位于二级结构和三级结构之间的两个层次,超二级结构的层次接近二级结构,而结构域的层次接近三级结构。

1. 超二级结构 蛋白质分子中两种主要的二级结构单元由于折叠盘曲,在空间进一步聚集、组合在一起,形成有规则的二级结构聚合体,可作为结构域的组成单位,或直接作为二级结构的"建筑块",这种二级结构的聚合体称为超二级结构(supersecondary structure)。常见

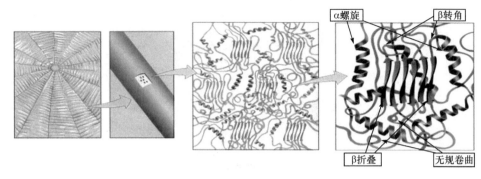

图 2-11   蜘蛛网丝蛋白(引自厉朝龙,2004)

的超二级结构有 αα、βαβ 和 βββ 三种模型(图 2-12)。αα 是相邻的 α 螺旋通过肽链连接而成的,此种组合非常稳定,常存在于 α 角蛋白和原肌球蛋白等纤维状蛋白之中。βαβ 是由一个 α 螺旋和与之首尾相邻的 β 折叠聚合而成,有时两组 βαβ 聚合在一起,形成更为复杂的超二级结构,它存在于许多球蛋白之中。βββ 是由 3 条或 3 条以上的 β 折叠聚集而成,它们之间以短链相连,有时可由多条 β 折叠形成超二级结构。

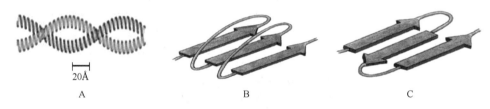

图 2-12   三种超二级结构示意图

A. αα;B. βαβ;C. βββ

2. 结构域   多肽链在二级结构及超二级结构的基础上,进一步卷曲折叠,形成三级结构的局部折叠区,它是相对独立的紧密球状实体,称为结构域(domain)。结构域通常是几个超二级结构的组合,对于较小的蛋白质分子,结构域与三级结构等同,即这些蛋白为单结构域;较大的蛋白质分子或亚基往往由两个以上结构域缔合成三级结构。结构域一般由 100~200 个氨基酸残基组成,但大小可达 40~400 个残基。氨基酸可以是连续的,也可以是不连续的。结构域之间由"铰链区"相连,使分子构象有一定的柔性。通过结构域之间的相对运动,使蛋白质分子实现一定的生物功能。酶的活性中心往往位于两个结构域的界面上。在蛋白质分子内,结构域可作为结构单位进行相对独立的运动,水解出来后仍能维持稳定的结构,甚至保留某些生物活性。

2.3.2.3   三级结构

蛋白质的三级结构(tertiary structure)是指蛋白质分子中一条多肽链在二级结构、超二级结构和结构域的基础上进一步盘曲、折叠形成的空间结构,也就是整条肽链所有原子在三维空间的排布位置。蛋白质中的肽键称为主键,氢键、离子键(盐键)、疏水作用和二硫键等是次级键,次级键因外力作用(如热)容易断裂,导致蛋白质变性失活。多肽链的侧链分为亲水性的极性侧链和疏水性的非极性侧链,水介质中球状蛋白质的折叠总是倾向于把多肽链的疏水性侧链或疏水性基团埋藏在分子的内部,这一现象称为疏水作用或疏水效应,如肌红蛋白的三级结构(图 2-13)。疏水作用的本质是维系蛋白质三级结构最主要的动力。此外,维系蛋白质的三级结构的动力还有氢键、离子键(盐键)、范德华力和二硫键等。

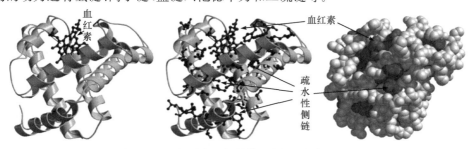

图 2-13　肌红蛋白三级结构(引自李庆章,2004)

2.3.2.4　四级结构

许多蛋白质分子由两条以上具有独立三级结构的肽链通过非共价键相连聚合而成,其中每一条肽链称为一个亚基或亚单位(subunit)。各亚基在蛋白质分子内的空间排布及相互接触称为蛋白质的四级结构(quarternary structure)。具有四级结构的蛋白质,其几个亚基的结构可以相同,也可以不同。例如,红细胞内的血红蛋白(hemoglobin, Hb,图 2-14)是由 4 个亚基聚合而成的,即含 2 个 α 亚基和 2 个 β 亚基。在一定条件下,这种蛋白质分子可以解聚成单个亚基。有的蛋白质虽由两条以上肽链构成,但几条肽链之间是通过共价键(如二硫键)连接的,这种结构不属于四级结构,如胰岛素。

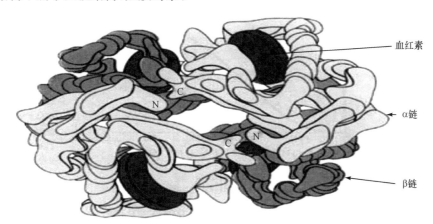

图 2-14　血红蛋白四级结构(引自王镜岩等,2002)

2.4　蛋白质结构与功能的关系

蛋白质多种多样的生物功能是以其化学组成和三维空间结构为基础的。不同的蛋白质,正因为具有不同的空间结构,才具有不同的理化性质和生理功能。例如,指甲和毛发中的角蛋白分子中含有大量的 α 螺旋二级结构,因此性质稳定坚韧又富有弹性,这是和角蛋白的保护功能分不开的。

2.4.1　蛋白质一级结构与功能的关系

蛋白质特定的功能都是由其特定的构象所决定的,各种蛋白质特定的构象又与其一级结构密切相关。目前,已知许多蛋白质(或酶)都有相应的不具有活性的前体,它们必须经专一性蛋白质水解酶的作用,从前体上切除一段肽,才能转变成具有活性的蛋白质(或酶)。蛋白质的一级结构决定高级结构,从而最终决定了蛋白质的功能(图2-15)。

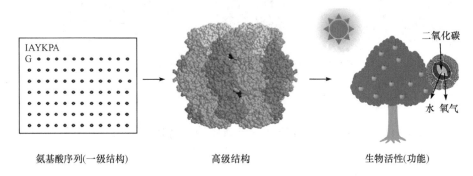

氨基酸序列(一级结构)　　　　　　高级结构　　　　　　　生物活性(功能)

图 2-15　蛋白质的一级结构决定高级结构及蛋白质的生物功能

2.4.1.1　同源蛋白质的种属差异和生物进化

同源蛋白质是在不同生物体中行使相同或相似功能的蛋白质。一般亲缘关系越近的生物,它们的同源蛋白质越相似;亲缘关系越远的生物,其同源蛋白质差异越大。在蛋白质结构和功能关系中,一些非关键部位氨基酸残基的改变或缺失,则不会影响蛋白质的生物活性。例如,人、猪、牛和羊等哺乳动物胰岛素分子 A 链中第 8、第 9、第 10 位和 B 链第 30 位的氨基酸残基各不相同,有种族差异,但这并不影响它们都具有降低生物体血糖浓度的生理功能。

2.4.1.2　一级结构相同的蛋白质的功能也相同

相似的一级结构具有相似的功能,不同的结构具有不同的功能,即一级结构决定生物学功能。例如,促肾上腺皮质激素(ACTH)N 端的 13 个氨基酸残基与 α-黑色素细胞刺激素(α-MSH)相同,故 ACTH 也有微弱的 α-MSH 的作用。

2.4.1.3　一级结构的变异和分子病

所谓"分子病",首先是蛋白质一级结构的改变,从而引起其功能的异常或丧失所造成的疾病。蛋白质关键部位甚至仅一个氨基酸残基的异常,对蛋白质理化性质和生理功能均会有明显的影响。例如,镰状细胞贫血症,是因血红蛋白(HbA)一级结构的变化而引起的一种遗传性疾病。通常血红蛋白是由 2 条 α 链和 2 条 β 链与血红素所组成的。4 条多肽链在各种次级键作用下形成紧密稳固的四级结构,表现运输氧气和二氧化碳的功能。镰状细胞贫血患者,其红细胞呈镰刀状,易溶血,严重影响与氧气的结合、运输。分析两者的一级结构,发现患者血红蛋白(HbS)分子的 2 条 β 链中第 6 位的谷氨酸残基分别为缬氨酸残基所替代,仅一个氨基酸残基之差,导致红细胞变成镰刀状而易破碎,产生贫血(图 2-16)。

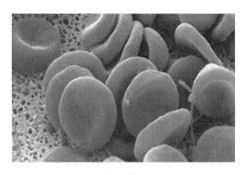 

正常红细胞   异常红细胞(镰刀状)

图 2-16 正常红细胞与镰刀状红细胞(引自库热西·玉努斯,2009)

2.4.2 蛋白质的空间结构与功能的关系

天然蛋白质的构象一旦发生变化,必然会影响到它的生物活性。人体内有很多蛋白质往往存在着不止一种天然构象,但只有一种构象能显示出正常的功能活性。因而,常可通过调节构象的变化来影响蛋白质(或酶)的活性,从而调控物质代谢反应或相应的生理功能。

2.4.2.1 肌红蛋白的结构与功能

肌红蛋白(myogblobin,Mb)是用 X 射线晶体分析法测定的有三维结构的第一个蛋白质,它是典型的球形蛋白质(图 2-17)。肌红蛋白的功能为储存氧气,因为它能结合和释放氧气。肌红蛋白的结构特点是由珠蛋白和血红素(辅基)组成。血红素辅基位于一个疏水洞穴中,由亚铁离子与原卟啉Ⅸ构成。亚铁离子与原卟啉Ⅸ形成 4 个配位键,第 5 个配位键与珠蛋白的第 93 位氨基酸残基结合,空余的一个配位键可与氧可逆结合。血红素辅基对肌红蛋白的生物活性是必需的(亚铁离子与 O_2 结合)。O_2 与肌红蛋白结合的实质是 O_2 与亚铁离子的结合,原卟啉Ⅸ起固定亚铁离子的作用。

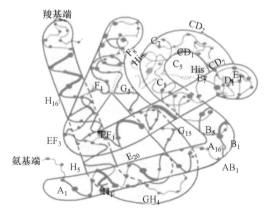

图 2-17 肌红蛋白的结构特点(引自库热西·玉努斯,2009)

2.4.2.2 血红蛋白的结构与功能

血红蛋白(hemoglobin,Hb)是一种最早发现的具有别构效应的蛋白质,它的功能是运输氧和二氧化碳。Hb 有 2 条 α 链,2 条 β 链,含 4 个血红素辅基,亲水性侧链基团在分子表面,疏水性基团在分子内部,4 个亚基构成一个四面体构型,每个亚基的三级结构都与肌红蛋白相似,α 链和 β 链之间的亚基相互作用最大,两条 α 链之间或两条 β 链之间的相互作用很小(图 2-18)。Hb 有两种能够互变的天然构象,一种为紧密型(T 型),另一种为松弛型(R 型)。T 型对 O_2 的亲和力低,不易与 O_2 结合;R 型则相反,它与 O_2 的亲和力高,易于结合 O_2。T 型 Hb 分子的第 1 个亚基与 O_2 结合后,即引起其构象开始变化,将构象变化的"信息"传递至第 2 个亚基,使第 2、第 3 和第 4 个亚基与 O_2 的亲和力依次增高,Hb 分子的构象由 T 型转变成 R 型。

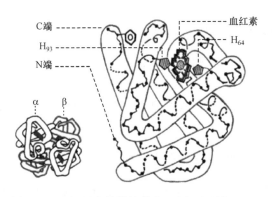

图 2-18 血红蛋白的结构特点(引自贾弘褆,2005)

2.4.3 蛋白质的变性与复性

受到物理和化学处理后,蛋白质的三维结构遭到破坏,它的生物活性会丧失。某些丧失生物活性的蛋白质在一定的条件下可以自发地折叠回具有生物活性的天然构象。

1. 蛋白质的变性   环境的变化或是化学处理都会引起蛋白质天然构象的破坏,并伴随着生物活性的丧失,这一过程称为蛋白质变性(denaturation)。有几种方法可以造成蛋白质变性,如提高或降低 pH;加热蛋白质溶液;苛刻的高温条件,或是用强酸或强碱处理;盐酸胍、尿素及去污剂也会引起蛋白质的变性。研究者用 8mol/L 脲的变性剂使 RNase A 变性,导致酶的三级结构和催化活性完全丧失,生成含有 8 个巯基的多肽链(图 2-19)。变性作用并不引起蛋白质一级结构的破坏,而是二级结构以上的高级结构的破坏。例如,胃蛋白酶加热至 80～90℃时,失去溶解性,也无消化蛋白质的能力,如将温度再降低到 37℃,则又可恢复溶解性和消化蛋白质的能力。

2. 蛋白质的复性   若蛋白质变性程度较轻,去除变性因素后,蛋白质仍可恢复或部分恢复其原有的构象和功能,称为蛋白质的复性(renaturation)。如上述变性的 RNase A,如果将还原剂和脲同时都除去,并且稀释还原的蛋白质或将它于生理 pH 条件下暴露在空气中,RNase A 会自发地获得它的天然构象、一套正确的二硫键和充分的酶活性(图 2-19)。一般认为,蛋白质在复性过程中,涉及两种疏水相互作用,一是分子内的疏水相互作用,二是部分折叠的肽链分子间的疏水相互作用。前者促使蛋白质正确折叠,后者导致蛋白质聚集而无活性,两者互相竞争,影响蛋白质复性收率。因此,在复性过程中,抑制肽链间的疏水相互作用以防止聚集,是提高复性收率的关键。

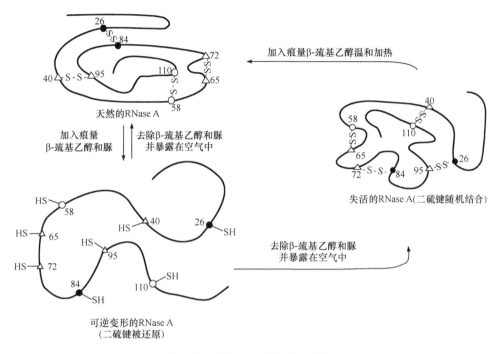

图 2-19　RNase A 的变性和复性

思考题

1. 简述蛋白质一级结构、二级结构、超二级结构、结构域、三级结构和四级结构之间的关系。

2. 为什么说氢键对维系蛋白质二级结构有重要贡献?试以 α 螺旋、β 折叠为例说明。

3. 为什么说疏水作用对维系蛋白质三级结构有重要贡献?试举例说明。

4. 简述蛋白质的 4 种二级结构及其结构特点。

5. 为什么说蛋白质行使其功能的能力是由它的三维结构决定的?

6. 试述蛋白质结构与功能的关系(蛋白质一级结构与功能的关系,蛋白质空间结构与功能的关系)。

7. 蛋白质结构与蛋白质工程之间关系如何?

主要参考文献

查锡良. 2008. 生物化学. 北京:人民卫生出版社

贾弘禔. 2005. 生物化学. 北京:北京大学医学出版社

金冬雁,金齐,侯云德. 1986. 核酸与蛋白质的化学合成与序列分析. 北京:科学出版社

库热西·玉努斯. 2009. 生物化学. 北京:科学出版社

李庆章. 2004. 生物化学. 北京:中国农业出版社

厉朝龙. 2004. 生物化学. 杭州:浙江大学出版社

刘贤锡. 2002. 蛋白质工程原理与技术. 济南:山东大学出版社

汪世华. 2013. 蛋白质工程. 北京:科学出版社

王大成. 2002. 蛋白质工程. 北京:化学工业出版社

王金胜. 2004. 基础生物化学. 北京:中国林业出版社

王镜岩,朱圣庚,徐长法. 2002. 生物化学. 3 版. 北京:高等教育出版社

王希成. 2005. 生物化学. 北京:清华大学出版社

谢诗占. 2003. 生物化学. 合肥:安徽科学技术出版社

徐秀璋. 1988. 蛋白质序列分析技术. 北京:科学出版社

杨志敏,蒋立科. 2005. 生物化学. 北京:高等教育出版社

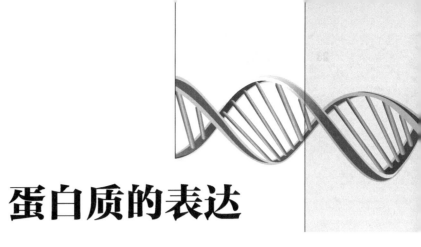

3 蛋白质的表达

目前,用于蛋白质生产的系统可分为原核表达系统和真核表达系统。最早进行蛋白质制备和研究的表达系统是原核表达系统,这也是目前掌握最为成熟的表达系统。其中,原核表达系统主要包括大肠杆菌表达系统和枯草芽孢杆菌表达系统;真核表达系统由于具有翻译后加工修饰的功能,表达的蛋白质在结构和功能方面更接近于天然蛋白质。目前,基因工程研究中常用的真核表达系统主要有酵母表达系统、昆虫细胞表达系统和哺乳动物细胞表达系统。下面将分别对上述表达系统的组成、影响外源基因表达的因素作简要介绍。

3.1 蛋白质的原核表达

蛋白质的原核表达是指利用基因工程技术将需表达的外源目的基因通过构建表达载体后,导入原核表达宿主细胞,使其在特定原核生物或细胞内表达。该项技术主要是将目的基因片段克隆入载体,再转化细菌,通过诱导表达、纯化等步骤,得到所需的目的蛋白。目前,原核表达系统主要包括大肠杆菌表达系统和枯草芽孢杆菌表达系统。

3.1.1 大肠杆菌表达系统

1977 年,Itakura 等在大肠杆菌(*Escherichia coli*)中成功表达了一种哺乳动物肽类激素——生长激素抑制素,首次实现了外源基因在原核细胞中的体外表达。这被认为是基因工程发展史上的一座里程碑。

大肠杆菌是一种革兰氏阴性菌,是第一个被用于重组蛋白生产的宿主菌。它不仅具有遗传背景清楚、操作简单、转化效率高、生产周期短、便于大规模发酵等优点,而且其表达外源基因产物的水平远高于其他表达系统,目的蛋白量甚至能超过细菌总蛋白量的 30%,因此大肠杆菌是目前应用最广泛的蛋白质表达系统。

3.1.1.1 大肠杆菌表达系统的组成

大肠杆菌表达系统主要包括三个部分:表达载体、外源基因、表达宿主菌株。其中表达载体最基本元件包含:复制起始位点、外源基因插入的多克隆位点、选择性筛选标记、启动子、转录终止子和核糖体结合位点(RBS)。

1. 表达载体　　构建的表达载体通常符合如下要求:①稳定的遗传、复制和传代能力,在无选择压力下能存在于大肠杆菌细胞内;②具有显性的转化筛选标记;③具有能控制转录、产生大量 mRNA 的启动子,如 P_{lac}、P_{tac} 等,且启动子的转录是可以调控的,抑制时本底转录水平较低;④有合适外源基因插入的多克隆位点;⑤启动子转录的 mRNA 能够在适当位置终止,避免转录过长,合理设计强终止子。图 3-1 列举了目前常用的商业表达载体,如 pET-30a(+)、pACYCDuet-1、pTrcHis A～C 和 pQE-1。

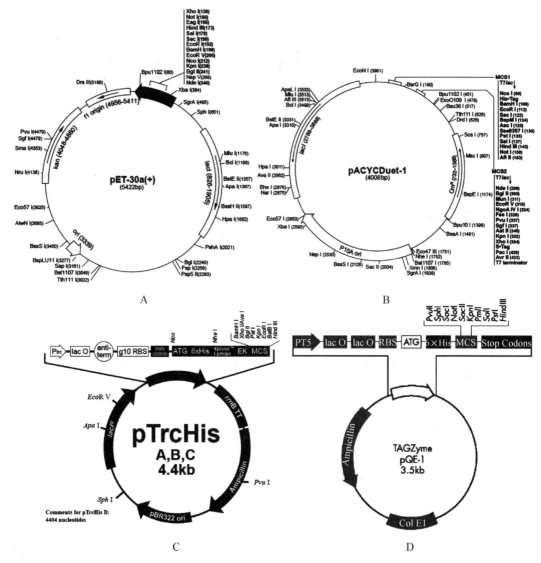

图 3-1   4 种常用的原核表达载体图谱

A. pET-30a(+);B. pACYCDuet-1;C. pTrcHis A、B、C;D. pQE-1

1) 启动子(promoter)   启动子是 DNA 链上 RNA 聚合酶的识别与结合位点。它包括—35 区的 TTGACA 和—10 区的 TATAAT,其决定转录的起始位点和转录的起始效率,是影响外源基因表达水平的关键因素。目前原核表达系统中选用的启动子多为可控制表达启动子,常用的启动子有 P_L、P_R、P_{trp}、P_{tac}、P_{lac} 等,还有后来出现的几种高效和特异性的启动子如 T7启动子、Ara 启动子、Cad 启动子等。

2) 复制子   通常表达载体都会选用高拷贝的复制子。pSC101 类质粒以严谨方式复制,拷贝数低;pCoE1、pMBI(pUC)类的复制子(复制起始部位)的拷贝数高达 500 以上,是表达载体常用的。通常情况下质粒拷贝数和表达量呈非线性正相关,当然也不是越多越好,超过细胞的承受范围反而会损害细胞的生长。如果需要 2 个质粒共转化,就要考虑复制子是否相容的问题。

3）SD 序列　　SD 序列即核糖体结合位点，它位于起始密码子 ATG 上游 3～10bp 处，是富含嘌呤核苷酸的序列。这段序列可与 16S rRNA 3′端的富含嘧啶核苷酸序列互补结合而启动蛋白质翻译过程，于 1974 年由 Shine 和 Dalgarno 发现而命名为 Shine-Dalgarno 序列，简称 SD 序列。原核生物中，核糖体受 SD 序列引导从而识别 AUG 起始密码子。SD 序列的结构及其与起始密码子 AUG 之间的距离决定了 RBS 的结合强度，从而对翻译的效率产生影响。

4）转录终止子（terminator）　　终止子即给予 RNA 聚合酶转录终止信号的 DNA 序列。在原核细胞中，转录终止子根据其作用机制可分为两类，即依赖 ρ 因子的终止子和不依赖 ρ 因子的终止子。转录终止子可以阻止基因的连续转录，避免不必要的能量和原料损耗；此外，其可以形成稳定的茎-环结构从而增加 mRNA 的稳定性，提高重组蛋白的产量。

2. 外源基因　　外源基因是指在大肠杆菌表达系统中所要表达的目标基因，包括原核基因和真核基因两种类型。其中原核基因可以在大肠杆菌中直接表达，而真核基因是断裂基因，内部含有内含子序列，大肠杆菌对转录出的前体 mRNA 不能剪切形成有功能的成熟 mRNA，故真核基因不能在大肠杆菌中直接表达，而只能以 cDNA 的形式在大肠杆菌中表达。

3. 表达宿主菌株　　表达宿主菌株的选择也是在原核蛋白表达过程中所必须要综合考虑的重要因素。BL21 系列（Lon 和 OmpT 蛋白酶缺陷型）菌株就可以作为理想的起始表达宿主菌株。而 BL21（DE3）菌株则是添加 T7 聚合酶基因，为 T7 表达系统而设计。Rosetta 2 系列是携带 pRARE2 质粒的 BL21 衍生菌，补充大肠杆菌缺乏的稀有密码子对应的 tRNA，提高外源基因，尤其是真核基因在原核系统中的表达水平。当要表达的蛋白质需要形成二硫键以形成正确的折叠时，可以选择 K-12 衍生菌 Origami 2 系列，可显著提高细胞质中二硫键的形成概率，促进蛋白质可溶性及活性的表达。Rosetta-gami™ 2 则是综合上述两类菌株的优点，既补充 7 种稀有密码子，又能够促进二硫键的形成。

3.1.1.2　影响外源基因在大肠杆菌系统中表达的因素

目前人们应用基因工程技术已在大肠杆菌中成功地表达了许多重要的生物活性蛋白，但由于目的基因结构的多样性，以及其与大肠杆菌基因的差异，不同外源基因在表达效率上有很大的差异。影响外源基因在大肠杆菌中表达效率的因素很多，下面分别介绍。

1. 表达载体的选择　　表达系统中最重要的元件是表达载体，表达载体应具有表达量高、稳定性好、适用范围广等特点。大肠杆菌中表达载体主要包括融合型和非融合型表达载体两种，其中融合型表达载体包括带纯化标签的表达载体、带分子伴侣的表达载体、分泌型表达载体和表面呈现型表达载体。

非融合型表达是将外源基因插入表达载体的启动子和核糖体结合位点下游，表达的非融合蛋白与天然状态下存在的蛋白在结构、功能及免疫原性等方面基本一致。

融合型表达便于纯化、利于翻译起始。分子质量小的蛋白质以融合形式表达，可增加 mRNA 的稳定性。目前应用成功的融合表达载体包括：GST（谷胱甘肽-S-转移酶）系统、MBP（麦芽糖结合蛋白）系统、蛋白 A 系统、纯化标签融合系统、半乳糖苷酶系统等。

2. 外源基因中密码子的使用　　带有相应反密码子（anti-codon）的 tRNA 将氨基酸引导至 mRNA 上，进行蛋白质的翻译合成。在原核生物中，由于不同 tRNA 含量上的差异产生了对密码子的偏爱性。对应的 tRNA 丰富或稀少的密码子，分别称为偏爱密码子（biased codon）或稀有密码子（rare codon）。如果外源基因含有较多的稀有密码子，其表达效率往往不高。在此情况下,应针对密码子的偏爱性采取措施,如提高转运稀有密码子相应氨基酸 tRNA 的浓度,或者对外源基因中稀有密码子进行同义突变等。

3. mRNA 结构的稳定性   外源基因的 mRNA 稳定性,也是影响表达效率的一个很重要的条件。mRNA 的降解方式有外切和内切,可在 5′端和 3′端进行。某些 mRNA 的 SD 序列上游 20 多个核苷酸处,有一段富含 U 的区域,易受内切核酸酶的作用,但它对翻译很重要。当蛋白质合成时,核糖体及起始因子的结合,对这一区域起保护作用,避免被内切核酸酶降解。mRNA 的 3′端结构也影响 mRNA 的稳定性,在大肠杆菌中,约有 1000 个拷贝的 REP(repetitive extragenic palindromic)序列存在于染色体上,它在 mRNA 的 3′端出现时,可以避免 3′至 5′外切核酸酶的作用。

4. 发酵工艺的控制   为了获得高浓度的工程菌菌体和高表达的外源基因表达产物,基因工程菌通常采用高密度发酵。高密度发酵一般是指菌体干细胞重量达 50g/L 以上,通过发酵工艺控制来延长工程菌对数期、相对缩短衰亡期,提高菌体的发酵密度,最终提高外源蛋白的产率,降低生产成本。针对大肠杆菌表达系统,发酵工艺控制通常考虑多种因素,如培养基组成、温度、pH、溶氧、诱导条件和发酵方式等。

3.1.2 枯草芽孢杆菌表达系统

枯草芽孢杆菌(*Bacillus subtilis*)属于革兰氏阳性菌,是一种重要的工业微生物,细胞壁不含内毒素,人们对其遗传背景和生理特性的了解仅次于大肠杆菌。已被美国食品药品监督委员会给予"GRAS"(generally regarded as safe)的称号。该菌能直接将细胞外酶分泌到培养基中,表达产物可溶、可正确折叠、具有生物活性、与胞内蛋白分离、无需破碎细胞、利于分离纯化,是极具潜在应用前景的基因表达宿主。

自从 1958 年 Spizizen 首次发现 *B. subtilis* 168 菌株可作为可转化菌株以来,*B. subtilis* 已成为芽孢杆菌属的模式菌种,其菌株 168 的全基因组序列已于 1997 年在 *Nature* 上发表。截至 2014 年 8 月,已有 16 种 *B. subtilis* 菌株的全基因组序列公布于 NCBI(表 3-1)。在全基因组测序的基础上,*B. subtilis* 在基因组学、分泌表达组学与分子生物学等各领域的研究得以迅速发展。

表 3-1 *B. subtilis* 全基因组序列公布于 NCBI 的情况

菌株	大小/Mb	GC 含量/%	基因	蛋白质
Bacillus subtilis BSn5	4.09	43.8	4258	4145
Bacillus subtilis QB928	4.15	43.6	4234	4031
Bacillus subtilis subsp. *spizizenii* TU-B-10	4.21	43.8	4475	4297
Bacillus subtilis subsp. *spizizenii* str. W23	4.03	43.9	4170	4062
Bacillus subtilis subsp. *subtilis* str. 168	4.21	43.5	4421	4175
Bacillus subtilis subsp. *subtilis* str. RO-NN-1	4.01	43.9	4257	4101
Bacillus subtilis subsp. *subtilis* str. AG1839	4.19	43.5	4355	4231
Bacillus subtilis subsp. *subtilis* str. JH642 substr. AG174	4.19	43.5	4227	4350
Bacillus subtilis subsp. *subtilis* 6051-HGW	4.21	43.5	4337	4187
Bacillus subtilis BEST7003	4.04	43.9	4133	4011
Bacillus subtilis BEST7613	7.59	45.7	7430	7270

续表

菌株	大小/Mb	GC 含量/%	基因	蛋白质
Bacillus subtilis PY79	4.03	43.8	4278	4138
Bacillus subtilis XF-1	4.06	43.9	3957	3853
Bacillus subtilis subsp. *subtilis* str. BAB-1	4.02	43.9	4119	4003
Bacillus subtilis subsp. *subtilis* str. OH 131.1	4.04	43.8	4061	3885
Bacillus subtilis subsp. *subtilis* str. BSP1	4.04	43.9	3948	3847

3.1.2.1 枯草芽孢杆菌表达系统的组成

枯草杆菌表达系统同样包括三个部分,即表达载体、外源基因和表达宿主菌株。在设计重组表达系统时,有许多主要的元件是必需的。对于一个完整的表达载体来说,除了插入的基因片段外,还应该包括复制起点、选择性筛选标记、启动子及转录终止子。

1. 多 Sigma(σ)因子 原核基因的转录主要由 RNA 聚合酶完成。该酶由 5 个亚基组成,两个 α 亚基、一个 β 亚基、一个 β′ 亚基和一个 Sigma(σ)因子。5 个亚基组成全酶,除去 σ 因子后剩余部分为核心酶(E)。σ 因子的主要功能是帮助核心酶识别特定的启动子而结合到转录的起始部位,转录开始后 σ 因子就不起作用了。迄今,在枯草芽孢杆菌中发现了 14 个 σ 因子,如 σ^A(营养生长)、σ^E、σ^F、σ^G、σ^K(生孢特异性)、σ^B、σ^D、σ^H(平台期)、gp28 和 gp33-34 等,这种多 σ 因子与营养体的繁殖和芽孢的形成有关。

2. 启动子 迄今已发现枯草芽孢杆菌启动子主要有两种方式:一种是单个启动子,具有单个启动子的基因,大多数在快速生长时期表达;另一种是复合启动子,它包括串联启动子和重叠启动子。重叠启动子具有如下特征:①不同类型的两个启动子重叠;②两个启动子有不同的转录起始位点或相同的起始位点;③启动子可能受时序调节。这类启动子在枯草芽孢杆菌感知外界环境的变化、时序调节、孢子形成和萌发等诸多生命现象中发挥重要作用。

3. mRNA 的核糖体结合位点(RBS) 与其他原核生物一样,枯草芽孢杆菌的 RBS 也涉及 SD 序列、SD 序列与起始密码子的间隔区及起始密码子。枯草芽孢杆菌中最常见的典型序列是"GGAGG",而大肠杆菌的为"AAGGA"。在枯草芽孢杆菌中,SD 序列与起始密码子的间距有时对基因的翻译效率有明显的影响。一般情况下,"GGAGG"的最后一个 G 和起始密码子的间距为 7～9 个碱基。间隔区的碱基组成也影响翻译效率,通常富含 A+T 的间隔区比富含 G+C 的翻译效率高 15～50 倍。

4. 转录终止子 在枯草芽孢杆菌基因转录的终止方面,只有少数几个基因如 *spoOA*、*gnt* 和 *trp* 操纵子等得到很好的研究。它们的终止区都有一个富含 GC 的对称序列,基因转录是在一串 T 碱基前终止的。有证据表明,枯草芽孢杆菌使用的终止子在结构和序列特征上与大肠杆菌相似。

3.1.2.2 影响外源基因在枯草芽孢杆菌系统中表达的因素

影响外源基因在枯草芽孢杆菌中的表达因素很多,这里主要介绍表达载体的选择和蛋白质分泌能力的影响。

1. 表达载体的选择 表达载体的选择主要注意三个方面:①载体要分子质量小、有唯一的酶切位点、较高拷贝数和具有适合筛选的抗性标记;②选择可在菌体中进行穿梭的质粒,来进行起始的克隆工作,方便基因操作;③选择稳定性好的质粒载体。

2. 蛋白质分泌能力的影响   枯草芽孢杆菌的蛋白质分泌能力一旦受影响,那么蛋白质的表达量也会随之受到影响:①分子伴侣的缺乏会影响蛋白质的分泌。前体蛋白分泌之前必须被折叠成适合转运的构象,而折叠过程需要分子伴侣和其他靶因子来完成。②信号肽酶对某些前体蛋白的加工能力会影响蛋白质的分泌。信号肽的切除是蛋白质从细胞膜释放的必要条件,而一些信号肽酶的合成受时序调节,使得某些外源蛋白的分泌量也受时序控制。③连接在膜外的促蛋白折叠因子的数量也会影响外源蛋白的分泌。④蛋白酶的降解导致外源蛋白产率低。⑤细胞壁成为某些蛋白的分泌屏障。

3.2 蛋白质的真核表达

虽然已有数千种蛋白质基因在原核表达系统得到高效表达,但由于原核表达系统在表达来源于真核生物的基因时,因系统本身不能识别真核转录和翻译元件,不具有翻译后加工修饰功能,会导致真核基因转录效率不高和表达蛋白活性降低。为了克服原核表达系统的不足,科学家引入真核表达系统的研究。真核表达系统主要分为三大系统:酵母表达系统、昆虫杆状病毒表达系统和哺乳动物细胞表达系统。

3.2.1 酵母表达系统

酵母菌是单细胞低等真核生物,安全可靠,生长繁殖快,培养周期短,可以弥补原核表达系统的不足。酵母表达系统拥有转录后加工修饰功能,操作简便,成本低廉,适合于稳定表达有功能的外源蛋白质,而且可大规模发酵,是最理想的重组真核蛋白质生产制备工具。酵母表达系统主要包括酿酒酵母、甲醇酵母、裂殖酵母等表达系统。

3.2.1.1 酿酒酵母表达系统

酿酒酵母(*Saccharomyces cerevisiae*)是一种单细胞真核微生物,长久以来被称为真核生物中的"大肠杆菌",最早应用于酵母基因的克隆和表达。作为真核生物的模式菌,酿酒酵母是目前了解最完全的真核生物,其全序列的测定已于1996年完成。20世纪70年代,酿酒酵母基因工程表达系统开始建立。1981年Hilzeman等在酿酒酵母中表达了人α-干扰素,开始将酿酒酵母表达系统推向应用开发。此后,很多具有应用价值的基因在酿酒酵母表达系统中得到成功表达,如乙肝表面抗原和核心抗原、淀粉蛋白酶、凝乳蛋白酶及许多细胞因子。

1. 2μm质粒的筛选标记   2μm质粒作为克隆载体,大小合适(6kb);在酵母细胞内有着相当大的拷贝数(70～200拷贝),它的复制依赖于一个质粒的起始位点,复制酶由宿主提供,还有编码蛋白的两个基因 *rep1* 和 *rep2* 由质粒本身携带(图3-2)。

然而,用2μm质粒作克隆载体并非完美无缺,还存在筛选标记等问题。大多数常用的酵母载体使用一套完全不同的选择系统,如利用与氨基酸生物合成相关的

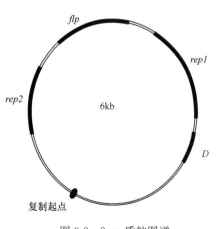

图 3-2 2μm 质粒图谱

酶基因(*Leu2* 基因)。*Leu2* 基因编码的 β-异丙基苹果酸脱氢酶,在催化从丙酮酸到亮氨酸的转化过程中起作用。用 *Leu2* 作筛选标记,寄主必须是一个营养缺陷型突变体,即含有一个无功能的 *Leu2* 基因。这种 *Leu2* 缺陷型酵母,不能自己合成亮氨酸,必须在加入亮氨酸的培养基上才能存活。这样筛选就得以顺利进行了,因为转化体从质粒处获得了一个有功能的 *Leu2* 基因,它们的生长不再依赖于亮氨酸的供应。在实际操作中,把酵母细胞培养在不添加任何氨基酸的基本培养基上,只有那些成功转化了的细胞能够存活,并形成菌落(图 3-3)。

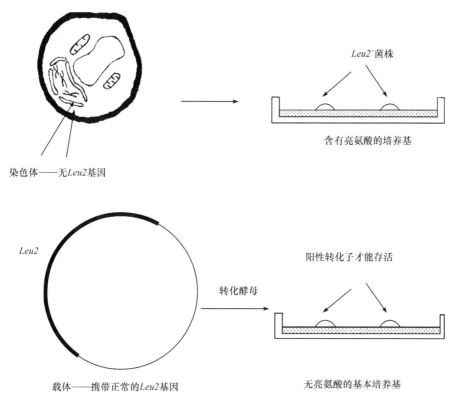

图 3-3　利用 *Leu2* 基因筛选阳性克隆示意图

2. 表达载体　　酿酒酵母表达系统的载体主要分为三种。①游离质粒载体:即带有染色体自主复制顺序(autonomously replicating sequence,ARS)的复制型质粒和带有酵母内源质粒 $2\mu m$ 环的衍生质粒载体,该载体通常用于表达胞内的或胞外的重组蛋白。但该类载体不稳定、传代易丢失。②整合载体:指不含酵母自主复制序列,因而不能在酵母中独立复制的一种载体,这种载体必须在整合到酵母染色体之后才能使其中包含的基因得到稳定表达。③酵母人工染色体(YAC):是一种线状载体,最早由酵母复制质粒 pSZ213 衍生而来,其中含有选择性标记 *Leu2*、自主复制序列和端粒序列,现在已有多个酵母人工染色体载体问世;YAC 可用于克隆大片段 DNA(>100kb),它高度稳定,已应用于生物体的基因组 DNA 物理图谱等方面。

3. 酿酒酵母表达载体的优缺点　　酿酒酵母系统表达外源基因具有很多优点:①酿酒酵母长期广泛地应用于食品工业,不产生毒素,安全性好,已被美国 FDA 认定为安全性生物,其表达产物不需经过大量宿主安全性实验;②酿酒酵母是真核生物,可以对蛋白质进行翻译后加工;③表达产物可分泌表达,易于纯化;④酿酒酵母生长迅速,工艺简单,成本低;⑤遗传背景清楚,易进行操作。

酿酒酵母系统也有不足:①对真核基因产物的翻译后加工与高等真核生物有所不同,重组蛋白常发生超糖基化,每个 N-糖基链上都含 100 个以上的甘露糖,是正常的十几倍;②酿酒酵母大规模发酵过程中会产生乙醇,使其不易进行高密度发酵;③整合型载体不含自主复制序列(ARS),被整合到酵母宿主菌的染色体上后,稳定性好,但其拷贝数很低;附加体型载体在非选择条件下多不稳定,发酵生产过程中质粒易丢失;④分泌效率低,一般不能高效分泌分子质量大于 30kDa 的外源蛋白质。

3.2.1.2　甲醇酵母表达系统

甲醇酵母表达系统是应用最广泛的酵母表达系统,是指能在以甲醇为唯一碳源和能源的培养基上生长的一类酵母。1983 年,美国 Wegner 等最先发展了以甲基营养型酵母为代表的第二代酵母表达系统。甲基营养型酵母(甲醇酵母)包括 *Hansenula polymorpha*(多形汉逊酵母)、*Pichia pastoris*(巴斯德毕赤酵母)、*Candida boidinii*(白假丝酵母)等。以 *Pichia pastoris* 为宿主的外源基因表达系统近年来发展最为迅速,应用也最为广泛,被认为是生产蛋白质最具有发展前景的工具之一。

1. 巴斯德毕赤酵母表达系统　　巴斯德毕赤酵母表达系统是一种外源蛋白的高效表达系统。自 Koichi Ogata 发现了巴斯德毕赤酵母可以利用甲醇作为碳源和能源后,Phillips Petroleum 公司开发了毕赤酵母的高密度培养技术。随后巴斯德毕赤酵母作为外源基因表达系统被开发出来,研究人员分离出了毕赤酵母中的醇氧化酶 *AOX1* 基因,构建了毕赤酵母的载体,从此开始利用此表达系统大量表达外源基因。毕赤酵母作为一种真核表达系统,具有一系列独特的特性:①营养要求低,生长周期短,适合高密度培养,成本低廉;②胞内存在合成过氧化酶的微体,有利于外源基因的表达,且避免了产物蛋白的损失;③含有甲醇诱导机制的相关基因,对外源基因的表达严格调控;④同源重组后形成十分稳定的重组子,有利于外源基因过量表达,且目的蛋白产量较高;⑤拥有真核生物对蛋白产物的修饰加工功能,能更好地保持目的蛋白的生物学活性。

1)表达菌株　　目前利用的毕赤酵母表达宿主都属于组氨酸脱氢酶基因缺陷型(*His4*),这有利于含有 *His4* 的质粒转化后快速筛选阳性克隆子。常用的毕赤酵母菌株有组氨酸缺陷型、腺嘌呤缺陷型和蛋白酶缺陷型。PMAD11 和 PMAD16 属于腺嘌呤缺陷型;SMD1163、SMD1165 和 SMD1168 为蛋白酶缺陷型,缺失编码蛋白酶 A(pep4)或编码蛋白酶 B(prbl)的基因,减弱了蛋白酶对外源蛋白的降解作用,适用于分泌型表达。由于毕赤酵母中 1 个或 2 个 *AOX* 基因的缺失,造成其对甲醇的利用能力不同。毕赤酵母菌株分为 3 种表现型:GS115、SMD1163、SMD1165 和 SMD1168 菌株含有完整的 *AOX1* 和 *AOX2*,在以甲醇为唯一碳源时,强烈诱导启动子使外源基因大量表达,为甲醇快速利用型 Mut^+,以 GS115 应用最广泛;KM71 菌株无 *AOX1* 但是有 *AOX2*,利用甲醇效率较低,为甲醇慢速利用型 Mut^s;MC100-3 菌株中的 *AOX1* 和 *AOX2* 均被敲除,不能利用甲醇,为甲醇不能利用型 Mut^-。常见的毕赤酵母菌株、基因型和表现型如表 3-2 所示。

表 3-2　毕赤酵母表达菌株

菌株	基因型	表现型
Y11430		野生型
GS115	*His4*	Mut$^+$His$^-$
SMD1163	*His4 pep4 prb1*	Mut$^+$His$^-$ pep4$^-$ prbl$^-$
SMD1165	*His4 prb1*	Mut$^+$ His$^-$ prb$^-$
SMD1168	*His4 pep4*	Mut$^+$His$^-$ pep4$^-$
KM71	*His4 AOX1*△	Mut^s His$^-$
MC100-3	*His4 AOX1*△ *AOX2*△	Mut$^-$ His$^-$

△ 表示前面基因被敲除而失活

2) 表达载体　毕赤酵母中没有稳定的天然质粒,通常利用整合型穿梭质粒作为外源基因的表达载体。携带外源基因的表达载体先在大肠杆菌中复制扩增,然后导入宿主细胞中与酵母细胞染色体基因组整合,表达外源蛋白。典型的毕赤酵母表达载体含 5′*AOX1* 启动子、3′*AOX1* 终止子、*His4* 营养缺陷型筛选标记、多克隆位点、大肠杆菌 Amp^r 和 ori 序列。图 3-4 为一种商品化表达载体 pAO815,表 3-3 是巴斯德毕赤酵母常用表达载体的信息。

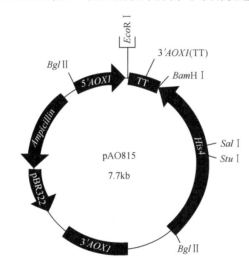

图 3-4　pAO815 质粒图谱

表 3-3　几种常见的巴斯德毕赤酵母表达载体

表达载体	表达类型	标记基因
pPICZ	胞内	*Ble^r*
pPIC6	胞内	*Bla^r*
pAO815	胞内	*His4*,*Amp^r*
pPICZα	分泌	*Ble^r*
pPIC9K	分泌	*His4*,*Kan^r*
pPIC6α	分泌	*Bla^r*

(1) 启动子:毕赤酵母中最常用的表达外源蛋白的启动子是醇氧化酶基因启动子(P_{AOX1}),

是目前已知最强且调控机制最为严格的真核生物启动子。3-磷酸甘油醛脱氢酶基因启动子（P_{GAP}）是组成型启动子，经葡萄糖诱导能提供与P_{AOX1}启动子相当的表达水平，而且培养过程中不需要更换碳源。谷胱甘肽依赖性甲醛脱氢酶基因（*FLD1*）是编码毕赤酵母甲醇诱导途径中的一种关键酶，该基因可被甲醇和甲胺诱导表达，也可被用作毕赤酵母启动子（P_{fld1}）。当利用甲胺诱导外源蛋白表达时，可以利用葡萄糖或甘露糖取代甲醇作为碳源，或者甲醇既是碳源又是诱导剂。

（2）选择标记：表达载体上的选择标记基因可用于筛选阳性转化子和高拷贝转化子。营养缺陷型基因如*Bis4*、*Suc2*、*Arg4*、*Ura3*等已经被用到营养缺陷型的宿主菌株上，用于筛选阳性转化子。抗生素抗性基因如*Zeocin*（博莱霉素）、*Kan^r*（卡那霉素）、*G418*（geneticin，遗传霉素）等都能在毕赤酵母中表达，常用于筛选高拷贝的阳性转化子。一般是先筛选出阳性转化子，然后再筛选出高拷贝阳性转化子。

（3）信号肽：毕赤酵母表达的外源蛋白可通过细胞内和细胞外两种方式表达。细胞外表达外源蛋白优于细胞内表达，由于毕赤酵母分泌很少的自身蛋白，而细胞外表达可避免从细胞内分离蛋白，更有利于对外源蛋白的分离纯化。将外源蛋白分泌到细胞外需要在表达载体上添加信号肽序列，目前应用较成功的信号肽有酿酒酵母交配因子信号肽、酸性磷酸酶信号肽、蔗糖酶信号肽等。

3）表达条件　　毕赤酵母中外源基因的表达受到多种因素的影响，主要包括外源基因的性质和毕赤酵母培养条件两个方面。外源基因的性质主要包括UTR序列、A+T含量、密码子和基因拷贝数等。毕赤酵母培养条件主要包括培养基、温度、pH、通气和甲醇诱导等。研究发现，可以通过改变外源基因的性质和优化培养条件使外源基因在毕赤酵母中高效表达。

2. 多形汉逊酵母表达系统　　多形汉逊酵母表达系统是一种极为理想的外源基因表达系统，它具有很多特殊的优点：①是一种耐热酵母，最适生长温度为37～43℃，最高生长温度可达49℃，生长范围较宽，易于操作控制；②内含有特殊的甲醇代谢途径，甲醇代谢途径关键酶的表达受阻遏/解阻遏机制调控；③此酵母中MOX、DHAS和过氧化物酶储存于过氧化物酶体，表达外源蛋白时可以在外源蛋白C端加上一固定氨基酸序列（S/A/C-K/R/H-L），从而将其定位于过氧化物酶体，避免对细胞产生毒害且免受蛋白酶降解；④此酵母目前已构建了多种营养缺陷株，如*Ura3*、*His3*、*Leu2*、*Trp3*和*Ade11*等，筛选方便；⑤可以通过非同源重组整合多拷贝基因，拷贝数可达100以上；也可通过同源重组，利用葡萄糖/胆碱或葡萄糖/甲醇/硫酸铵完成表达。

多形汉逊酵母的载体目前已经发展出了许多种。针对多种营养缺陷型宿主，载体上的筛选标记基因也有多种：包括内源的*Leu1*、*Ura3*、*Trp3*和*Ade11*基因，源于酿酒酵母的*Leu2*和*Ura3*基因，源于假丝酵母的*Leu2*基因等。另外，载体上还有一些不同的抗生素抗性基因，如抗-G418、抗-Phleomycin（腐草霉素）或抗-Zeocin的基因。分泌型表达载体还含有一段分泌信号来引导外源蛋白分泌到胞外。

3.2.1.3　裂殖酵母表达系统

裂殖酵母是一类不能出芽生殖而只能以分裂和产孢方式繁殖的酵母，与高等真核生物具有更多的相似特性，因而正逐渐成为研究真核细胞的模式生物。目前，已经有多种蛋白利用此系统进行了表达，如人蛋白凝血因子Ⅷa、细胞色素P450、人白细胞介素Ⅱ-6等。

1. 表达载体　　裂殖酵母的表达载体可粗略地分为整合型和游离型两种，更多采用的是游离型载体。这些表达载体中,特别值得一提的是高效表达载体 pTL2M,其含有高效启动子——人巨细胞病毒(hCMV)启动子,它不含有复制起点和营养缺陷型标记,所以必须与转导载体一同使用。两种载体进行共转化进入裂殖酵母后,在细胞内发生同源重组,成为一个载体后在细胞内复制。

2. 裂殖酵母表达系统的应用　裂殖酵母表达系统可以表达胞内蛋白,也可表达膜蛋白和分泌蛋白,如人抗凝血酶Ⅲ、人胃脂肪酶等。有人利用可在裂殖酵母中分泌表达的蛋白序列,将其与目的蛋白基因序列相连接,进行共表达,再将目的蛋白从中分离。还有人将分泌信号序列 P3 引入表达载体 pTL2M,构建了分泌表达载体 pSL2P3M。

3.2.1.4　影响酵母表达外源基因的因素

转入酵母中的外源基因所表达的蛋白质水平的高低与许多因素有关,如菌株的类型、载体的拷贝数和稳定性、外源基因序列的内在特性、培养条件等。

1. 外源基因的特性　主要涉及外源基因 mRNA 5′端非翻译区(5′-UTR)、A+T 组成和密码子的使用频率。①一个适当长度的 5′非翻译区可极大地促进 mRNA 有效地翻译,UTR 太长或太短都会造成核糖体 40S 亚单位识别的障碍。另外,5′-UTR 中应避免 AUG 序列以确保 mRNA 从实际翻译起始位点开始翻译。起始密码 AUG 周围不应形成二级结构。②许多高 A+T 含量的基因常会由于提前终止而不能有效转录,因此 A+T 含量最好设计在30%～55%。③如果外源基因中含有稀有密码子,则在翻译过程中会产生瓶颈效应而影响表达。

2. 启动子的影响　外源基因在酵母中的表达和基因的转录水平有密切的关系,所以选用强启动子对高效表达就十分重要。例如,目前酿酒酵母组成型的强启动子 *PGK*、*ADH1*、*GPD*,诱导型强启动子 *GAL1* 和 *GAL7*,巴斯德毕赤酵母启动子 *AOX1* 均已被用于外源基因的表达。最近在巴斯德毕赤酵母中克隆到的一个组成型三磷酸甘油醛脱氢酶启动子 P_{GAP},在它的控制下 *β-LacZ* 基因表达比甲醇诱导下的 P_{AOX1} 驱动的产量更高,由于该组成型启动子不需要甲醇诱导,发酵工艺更简单,其产量更高,因此成为代替 P_{AOX1} 最有潜力的启动子。

3. 外源基因的拷贝数和稳定性　表达载体在酵母细胞中的拷贝数对外源基因表达有明显的影响。以 2μm 环为基础构建的酵母菌附加型质粒 YEp 常为 30 或更多拷贝数,但其稳定性差。如果外源基因克隆进入 2μm 质粒上的 HpaI 位点,可使外源基因稳定高效表达;酵母核糖体 RNA 的基因 rDNA 在染色体中具有 100～200 个重复,是提高外源基因拷贝数的最佳整合位点之一。一般情况下,毕赤甲醇酵母中外源基因整合的拷贝数越高,则蛋白表达量越大。

4. 翻译后修饰　酵母表达系统能进行与高等真核细胞相似的许多翻译后修饰,包括二硫键形成、信号序列加工、折叠、脂类添加、O-连接糖基化和 N-连接糖基化等,通过翻译后修饰,表达蛋白才具有生物学活性。

5. 表达条件的优化　表达条件的优化主要包括通气量、培养基、摇菌密度、蛋白酶、诱导剂的含量等。对这些诸多表达条件需要综合考虑,整体优化:①充足的通气量对于诱导阶段外源蛋白的表达是极其重要的;②有多种培养基,如 BMGY/BMMY、BMG/BMM、MGY/MM等都可用于毕赤酵母表达;③通过调整培养基的 pH,在培养基中添加 1% 酪氨酸蛋白水解物等措施来抑制蛋白酶活性,使降解程度减至最低;④理论上来说,OD 值越高,生物量越大,则总的表达量也越大;⑤诱导期间培养基中定期补充诱导剂,对于诱导表达外源蛋白十分重要。

3.2.2 昆虫杆状病毒表达系统

昆虫杆状病毒表达系统(insect baculovirus expression vector system,IBEVS)是一个利用杆状病毒作为载体,在昆虫培养细胞或虫体中表达外源蛋白的表达系统。经过 30 多年的发展,昆虫杆状病毒表达系统已经成为当今基因工程四大表达系统(杆状病毒、大肠杆菌、酵母、哺乳动物细胞表达系统)之一。

3.2.2.1 昆虫杆状病毒表达系统的特点

杆状病毒是一种 DNA 双链病毒,基因组为 80~160kb。昆虫杆状病毒表达系统具有安全性高、真核修饰环境、容量大、表达量高等特点。杆状病毒基因组较大,不易通过常规酶切连接载入外源基因,所以通常是将外源基因连接到转移载体上。杆状病毒表达系统作为一种真核表达系统,在外源基因表达方面具有糖基化、磷酸化和蛋白切割加工修饰作用,表达产物的生物学特性与天然产物相似,产量高。

3.2.2.2 杆状病毒表达载体

杆状病毒表达载体按其启动子的多少可以分为单启动子载体和多启动子载体。根据调控基因表达时空顺序又可分为晚期基因启动子和早期基因启动子。应用单启动子可确保表达蛋白以正确的方式被修饰或使蛋白质的提取纯化更容易。但有时为了提高外源基因的表达量和生物活性,常采用双启动子或复合启动子。

3.2.2.3 重组杆状病毒的构建及纯化

最早的重组病毒构建使用的是野生病毒,当病毒与转移载体发生重组之后,病毒的多角体蛋白基因受到破坏,不能形成多角体,感染这种重组毒株的细胞在显微镜下形成空斑,通过多次重复筛选,可以对重组病毒进行纯化,但此过程费时费力,效率很低,是杆状病毒应用中一个重要的限制因素。因此,近年来开发了多种技术,极大优化了杆状病毒的构建和筛选过程。包括杆状病毒的线性化、体外重组表达载体(Cre-loxP 系统)、酵母-昆虫细胞穿梭质粒载体、大肠杆菌-昆虫细胞穿梭质粒载体系统(Bac-to-Bac 系统)、杆状病毒-S2 系统和 Gateway 技术。

3.2.2.4 昆虫杆状病毒表达系统的优缺点

杆状病毒作为外源基因表达的宿主,由于其可以对真核蛋白进行翻译后加工等过程而被广泛地用于真核基因的体外表达。昆虫是杆状病毒的自然宿主,且每种杆状病毒都只能感染一种或几种昆虫,不会感染其他动物、植物及人类,所以在应用杆状病毒进行研究时不需考虑其安全性问题。

但是,昆虫杆状病毒表达系统也存在着一定的缺陷。例如,随着感染宿主的多角体病毒的死亡,异源蛋白不能连续表达,每一轮新蛋白的合成都需要重新感染宿主细胞。虽然其糖基化位点与在哺乳动物细胞中一样,但寡糖链的性质有所不同,无法产生复杂的糖基侧链。

3.2.2.5 外源基因表达的影响因素

影响外源基因在 IBEVS 中表达的因素主要有以下几点。①病毒的稳定性:杆状病毒在细胞中传代多次后,可能引起基因组的变化。②在昆虫细胞内表达与幼虫体表达:一般在幼虫体内的淋巴液中,蛋白质含量要比细胞培养基中高 10 倍以上。③启动子类型:杆状病毒的表达载体最常用的启动子为多角体蛋白基因 *PH* 和 *P10* 启动子,当外源蛋白为分泌类蛋白时,使用 P10 启动子效果更好。④外源基因本身的序列:(GCC)GGCA/GCCAUGG 是高等真核基因起始密码附近的保守序列,其中−3 处 A 最为保守。如果−3 的 A 被嘧啶替代,翻译水平就下降 5~10 倍。

3.2.2.6 昆虫杆状病毒表达系统的应用

昆虫杆状病毒表达系统主要应用于三个方面:①应用于农业生产,即作为生物杀虫剂;②应用于分子生物学的研究,其中具有代表性的是重组蛋白的表达,这也是目前昆虫杆状病毒表达系统应用最多的领域;③由于这一表达系统简便和安全,已越来越多地被应用于医学研究,用于生产疫苗及基因治疗。

3.2.3 哺乳动物细胞表达系统

1986 年,FDA 批准了世界上第一个来源于重组哺乳动物细胞的治疗性蛋白药物——人组织纤溶酶原激活剂(human tissue plasminogen activator,TPA),这标志着哺乳动物细胞作为治疗性重组蛋白的工程细胞得到 FDA 认可。对于需要糖基化以保持活性的复杂蛋白,哺乳动物表达系统由于具有与人相似的糖基化模式而受到人们的重视。哺乳动物细胞表达系统的优势在于能够指导蛋白质的正确折叠,提供复杂的 *N*-型糖基化和准确的 *O*-型糖基化等多种翻译后加工功能,因而表达产物在分子结构、理化特性和生物学功能方面最接近于天然的高等生物蛋白质分子。

3.2.3.1 表达载体

表达载体的构建是哺乳动物表达至关重要的环节。这里主要介绍哺乳动物表达载体的类型、表达载体的结构元件和哺乳动物细胞高效表达载体的构建。

1. 表达载体的类型　根据进入宿主细胞的方式,可将表达载体分为病毒载体与质粒载体。病毒载体是以病毒颗粒的方式,通过病毒包膜蛋白与宿主细胞膜的相互作用使外源基因进入细胞。常用的病毒载体有腺病毒、腺相关病毒、反转录病毒载体等。表 3-4 比较了几种常用于制备重组蛋白的病毒载体的特性。

表 3-4　几种常用于制备重组蛋白的病毒载体

载体类型	宿主细胞	启动子	细胞内拷贝数	表达量
SFV 载体	广泛	病毒 26S 启动子	200 000	10%
腺病毒载体	293 细胞	病毒晚期启动子	100 000	10%~20%
牛痘病毒载体	广泛	病毒晚或早期启动子	5 000	10%

质粒载体则是借助于物理或化学的作用将外源基因导入细胞。依据质粒在宿主细胞内是否具有自我复制能力,可将质粒载体分为整合型载体和附加体型载体两类。整合型载体无复制能力,需整合于宿主细胞染色体内方能稳定存在;而附加体型载体则是在细胞内以染色体外可自我复制的附加体形式存在。整合型载体一般是随机整合入染色体的,其外源基因的表达受插入位点的影响,同时还可能会改变宿主细胞的生长特性。相比之下,附加体型载体不存在这方面的问题,但载体 DNA 在复制中容易发生突变或重排。

附加体型载体在细胞内的复制需要两种病毒成分：病毒 DNA 的复制起始点(ori)及复制相关蛋白。根据病毒成分的来源不同，附加体型表达载体主要分为四大类，表 3-5 对这几类附加体型载体进行了简要的概括。

表 3-5   几种主要的附加体型载体及其复制特点

载体类型	所需病毒成分	复制允许细胞	载体 DNA 的复制
SV40 载体	病毒复制起始点，大 T 抗原	CV1,293 细胞	复制无节制，转染 48h 后可达 10^5 拷贝/细胞
BKV 载体	病毒复制起始点，微染色体	HeLa,293 等人源细胞	与染色体 DNA 复制同步，20~120 拷贝/细胞
BPV 载体	病毒复制起始点，微染色体维持元件，E1 及 E2 蛋白	C127 等鼠源细胞	与染色体 DNA 复制同步，10~15 拷贝/细胞
EBV 载体	病毒复制起始点及核抗原 1	人、猿等灵长类来源的多种细胞	与染色体 DNA 复制同步，10~15 拷贝/细胞

2. 表达载体的结构元件   哺乳动物细胞表达载体的必要元件包括：高活性的启动子、转录终止序列、有效的 mRNA 翻译信号、标记基因、复制起始点序列、内部核糖体进入位点等。基于启动子是表达载体中最重要的元件，这里对其进行介绍。

目前常用的强启动子包括人巨细胞病毒早期启动子(CMV-IE)、人延伸因子 1-α 亚基启动子和 Rous 肉瘤长末端重复序列。构建杂合的启动子是获得新启动子的一个重要途径。例如，由 UbiquitinC 启动子序列与 CMV 增强子组成的杂合启动子；而由鸡 β-肌动蛋白启动子和 CMV 增强子序列构成的杂合启动子不仅活性比 CMV-IE 高，而且具有更为广谱的宿主细胞范围。

3. 哺乳动物细胞高效表达载体的构建   构建高效表达载体被认为是提高重组蛋白表达水平的主要手段。一个高效表达的哺乳动物细胞表达载体构建，应从表达载体在染色体上整合位点的优化、转录翻译效率的提高及目的基因拷贝数的增加等方面综合考虑。下面分别从转录水平、翻译水平、整合位点的优化及增加目的基因拷贝数等方面作简要介绍。

(1) 转录水平：启动子及其相应增强子、转录终止信号及多聚腺苷酸加尾信号对转录水平的高低及 mRNA 的稳定性有很大影响，其中强启动子、强增强子是提高转录水平的关键因素。目前常用病毒源性和细胞源性的强启动子，如 mCMV、hCMV、hEF1a、人 c-fos 等启动子。CMV 启动子在细胞处于 S 期、细胞生长迅速时，转录活性最高。hEFla 启动子的转录起始效率更强，并且其转录活性不受细胞周期影响，更适合大规模生产重组蛋白。用含有不同启动子、增强子的组成元件构建转录效率更高的杂合启动子或杂合增强子也是提高转录效率的一种途径。

(2) 翻译水平：除了转录水平的调控外，翻译水平的调控(如 mRNA 寿命、mRNA 的翻译起始效率)和翻译产物加工修饰的效率等也对目的基因的表达产生重要影响。poly(A)的存在不但影响 mRNA 稳定性，而且能部分起"翻译增强子"的作用，提高 mRNA 翻译水平。内部核糖体进入位点(internal ribosome entrysite，IRES)能使同一 mRNA 中除第一个基因之外的其他基因得到有效表达。

(3) 整合位点的优化：一般来说，整合位点处于染色体转录活跃区的细胞形成的克隆才可高水平表达目的基因。通常利用同源重组实现这一目的，较为常用的两个定点重组系统是 Cre/loxP 系统和 Flp/FRT 系统。其中，Cre 重组酶来自 P1 噬菌体，特异性识别 loxP 序列；

Flp 识别 FRT 序列。Cre 和 Flp 两系统的缺陷在于整合酶识别位点使系统具有可反转性,可能会造成基因阅读框的颠倒。

(4) 增加目的基因拷贝数:单拷贝或低拷贝目的基因,无论表达载体调控元件如何优化、整合的染色体位点多么合适,其外源基因表达量都是有限的。因此,通过增加目的基因拷贝数来获得高表达重组药物是基因工程药物研究中不可或缺的重要环节。目的基因的扩增常采用目的基因和选择标记基因共扩增的方法,如二氢叶酸还原酶(DHFR)和谷氨酰胺合成酶(GS)是常用的扩增基因。CHO-dhfr 扩增系统常采用 dhfr 基因缺陷的细胞株(CHO-dhfr⁻),可使目的基因的拷贝数扩增至 1000 余倍。

3.2.3.2 宿主细胞的改造

随着对细胞代谢途径和调控机制的深入了解,越来越多的研究集中在对细胞本身进行改造的代谢工程,来达到优化细胞生长状态、提高产品产量和质量、延长生产周期的目的。目前哺乳动物细胞的代谢工程包括抗凋亡工程、细胞周期调控工程、糖基化工程、细胞增殖控制技术和多基因代谢工程等。

1. 抗凋亡工程 哺乳动物细胞对外部环境较为敏感,各种不良环境均会诱导凋亡发生。细胞在大规模培养初期,目的蛋白的表达与细胞的增殖速率呈正相关,但当反应器中细胞的密度达到饱和后,细胞继续增殖会导致养分和氧的大量消耗及乳酸、氨等有毒代谢产物的大量积累,细胞逐渐凋亡(apoptosis),重组蛋白表达量逐渐降低。为防止细胞培养过程中的细胞凋亡,一般可采用如下三种重要措施:①通过培养基和氧的优化供应防止营养和氧的缺乏;②用化学添加剂如抗氧化剂等阻断细胞凋亡过程;③采用抗细胞凋亡基因改造工程细胞。

2. 细胞周期调控工程 理想的生产过程必须同时维持细胞活性状态及产物蛋白的表达,即首先使细胞快速增殖到高密度,在细胞凋亡发生之前,控制细胞增殖速率并诱导其进入一个增殖静止期,即产物形成期。此时细胞将获得的代谢能量从用于细胞增殖转为用于产物分泌,细胞维持在活性相对较低的存活状态。通过控制细胞增殖速率,产物分泌量得以显著提高。

3. 糖基化工程 蛋白质的糖基化可影响蛋白质的药理活性、生理生化特性及药代动力学性质。因此,有必要采用基因工程手段对工程细胞进行糖基化工程改造,以优化重组蛋白。目前用 CHO 细胞表达的糖蛋白,由于 CHO 细胞缺少 α-2,6-唾液酸转移酶的功能,因此缺少唾液酸化的糖基。为此,一方面尽量寻找能用以生产糖蛋白类药物的人类细胞;另一方面,人们正打算采用“糖基化工程”(glycosylation engineering),即应用基因工程手段,人为地改变肽链结构、增加某些酶基因及改进和控制某些培养条件等,以达到正确糖基化的目的。

4. 代谢工程 目前的哺乳动物细胞培养,常以葡萄糖和谷氨酰胺作为主要能源,但会导致乳酸和氨的大量积累,不利于细胞生长和蛋白质表达。因此,采用代谢工程方法调整细胞代谢途径,促进细胞快速生长和产物合成,减少代谢抑制物的积累是非常必要的。在低乳酸/葡萄糖比例的细胞中,糖酵解酶和乳酸脱氢酶的表达均有所下调,提示下调相关酶的表达可能会降低乳酸积累并最终增加产物合成。

5. 细胞增殖控制工程 工业化大规模细胞培养中,常采用无血清/无蛋白培养基(serum free medium,SFM/protein free medium,PFM)来降低细胞培养和产品纯化的成本。但 SFM/PFM 缺乏生长刺激因子、黏附因子、扩展因子及其他细胞生长存活所必需的成分,在培养过程中常常出现细胞活力降低、贴壁性差、细胞增殖能力下降等现象,进而导致分泌目的蛋白的能力下降。在培养基中添加胰岛素和成纤维细胞生长因子可使细胞恢复增殖能力,同时细胞内的细胞周期调控因子 Cyclin-E 的表达也增加。Cyclin-E 能使细胞周期的 G1 期延长、S 期缩短,提示人们可通过表达 Cyclin-E 的方法来增加细胞的增殖能力。

思考题

1. 试述常用的蛋白质原核表达系统及其优缺点。
2. 简述影响大肠杆菌表达系统效率的因素。
3. 试述常用的蛋白质真核表达系统类型及其优缺点。
4. 影响酵母表达外源基因效率的因素有哪些?
5. 昆虫杆状病毒表达系统的特点及影响其高效表达的因素有哪些?
6. 构建高效的哺乳动物细胞表达载体应该考虑哪些方面的因素?
7. 哺乳动物细胞表达系统的宿主细胞改造方式有哪些?

主要参考文献

陈乃用. 1993. 枯草芽孢杆菌中质粒的稳定性问题. 微生物学通报,20:226-232

娄士林,杨盛昌,龙敏南,等. 2001. 基因工程. 北京:科学出版社

罗辽复,李晓琴. 2003. tRNA 丰度是影响蛋白质二级结构形成的一个因素. 内蒙古大学学报,34(5):519-529

任增亮,堵国成,陈坚,等. 2007. 大肠杆菌高效表达重组蛋白策略. 中国生物工程杂志,27(9):103-109

沈卫锋,牛宝龙,翁宏飚,等. 2005. 枯草芽孢杆菌作为外源基因表达系统的研究进展. 浙江农业学报,17:234-238

孙阳,张淑颖. 2006. 昆虫杆状病毒表达系统的研究及其新进展. 江西农业学报,18(5):96-99

吴乃虎. 1998. 基因工程原理(上). 北京:科学出版社

翟礼嘉,顾红雅,胡苹,等. 1998. 现代生物技术导论. 北京:高等教育出版社

张金红,陈华友,李萍萍. 2012. 基因工程菌发酵研究进展. 生物学杂志,29(5):72-75

邹立扣,王红宁,潘欣. 2003. 枯草芽孢杆菌整合载体研究进展. 生物技术通讯,14:525-527

Arnau J,Lauritzen C,Petersen GE,et al. 2006. Current strategies for the use of affinity tags and tag removal for the purification of recombinant proteins. Protein Expr Purif,48(1):1-13

Barr KA,Hopkins SA,Sreekrishna K. 1992. Protocol for efficient secretion of HAS developed from *Pichia pastoris*. Pharm Eng,12:48-51

Bowers LM,Lapoint K,Anthony L,et al. 2004. Bacterial expression system with tightly regulated gene expression and plasmid copy number. Gene,340(1):11-18

Brian KL,Lynne MG,Demarco RA,et al. 1996. High-level production of recombinant proteins in CHO cells using a dicistronic DHFR intron expression vector. Nucl Acids Res,24(9):1774

Chen H,Shaffer PL,Huang X,et al. 2013. Rapid screening of membrane protein expression in transiently transfected insect cells. Protein Expr Purif,88(1):134-142

Chumpolkulwong N,Aakamoto K,Hayashi A,et al. 2006. Translation of 'rare' codons in a cell-free protein synthesis system from *Escherichia coli*. J Struct Funct Genomics,7(1):31-36

Colosimo A,Goncz KK,Holmes AR,et al. 2000. Transfer and expression of foreign genes in mammalian cells. Biotechniques,29:314

Cregg JM,Barringer KJ,Hessler AY,et al. 1985. *Pichia pastoris* as a host system for transformations. Mol Cell Biol,5:3376

Dijk V,Faber KN,Kiel JA. 2000. The methylotrophic yeast *Hansenula polymorpha*:a versatile cell factory. Enzyme Microb Technol,26,(9-10):793

Doi RH. 1982. Multiple RNA polymerase holoenzymes exert transcriptional specificity in *Bacillus subtilis*. Archives of Biochemistry and Biophysics,214:765-772

Gellissen G,Hollenberg CP. 1997. Application of yeasts in gene expression studies:a comparison of *Saccharomyces cerevisiae*,*Hansenula polymorpha* and *Kluyveromyces lactis*-a review. Gene,190(1):87

Gellissen G,Janowicz ZA,Merkelbach A. 1991. Heterologous gene expression in *Hansenula polymopha*:efficient secretion of glucoamyase. Biotechnology,(9):291-295

Giga-Hama Y,Kumagai H. 1999. Expression system for foreign gene using the fission yeast *Schizosaccharomyces pombe*. Biotech Appl Biochem,30:235

Idiris A,Tohda H,Kumagai H,et al. 2010. Engineering of protein secretion in yeast:strategies and impact on protein production. Appl Microbiol Biotechnol,86(2):403-417

Inouye M. 2006. The discovery of mRNA interferases:implication in bacterial physiology and application to biotechnology. J Cell Physiol,209(3):670-676

Itakura K,Hirose T,Crea R,et al. 1977. Expression in *Escherichia coli* of a chemically synthesized gene for the hormone somatostatin. Science,198(4321):1056-1063

Kaufman RJ,Davies MV. 1991. Improved vector for stable expression of foreign genes in mammalian cells by use of the untranslated leader sequence from EMC virus. Nuc Acids Res,19(16):4485

Kitts PA,Ayres MD,Possee RD. 1990. Linearization of baculovirus DNA enhances the recovery of recombinant virus expression vectors. Nucleic Acids Res,18(19):5667-5672

Kitts PA,Possee RD. 1993. A method for producing recombinant baculovirus expression vectors at high frequency. Biotechniques,14(5):810-817

Kunst F,Ogasawara N,Moszer I,et al. 1997. The complete genome sequence of the gram~positive bacterium *Bacillus subtilis*. Nature,390:249-256

Luckow VA,Lee SC,Barry GF,et al. 1993. Efficient generation of infectious recombinant baculoviruses by site-specific transposon-mediated insertion of foreign genes into a baculovirus genome propagated in *Escherichia coli*. J Viro,67(8):4566-4579

Mansur M,Cabello C,Hernandez L,et al. 2005. Multiple gene copy number enhances insulin precursor secretion in the yeast *Pichia pastoris*. Biotechnology letters,27(5):339-345

Metz SW,Pijlman GP. 2011. Arbovirus vaccines:opportunities for the baculovirus-insect cell expression system. J Invertebr Pathol,107(Supl):S16-S30

Moran CP,Lang N,Legrice SFJ,et al. 1982. Nucleotide sequences that signal the initiation of transcription and translation in *Bacillus subtilis*. Mol Gen Genetics,186(3):339-346

Nuc P,Nuc K. 2006. Recombinant protein production in *Escherichia coli*. Postepy Biochem,52(4):448-456

Ogata K,Nishikawa H,Ohsugi M. 1969. A yeast capable of utilizing methanol. Agric Biol Chem,33:1519

Ou J,Yamada Y,Nagahiss K,et al. 2008. Dynamic change in promoter activation during lysine biosynthesis in *Escherichia coli* cells. Mol Biosyst,4(2):128-134

Schallmey M,Singh A,Ward OP. 2004. Developments in the use of *Bacillus species* for industrial production. Can J Microbiol,50:1-17

Valenzuela P,Medina R,Rutter WJ,et al. 1982. Synthesis and assemble of hepatitis B virus surface antigen particles in yeast. Nature,(298):347-350

Wemer RG,Noe W,Kopp K,et al. 1998. Appropriate mammalian expression systems for biopharmaceuticals. Arznermittelforschung,48(8):870

Wurm F,Bernard A. 1999. Large-scale transient expression in mammalian cells for recombinant protein production. Current Opinion Biotechnol,10:156

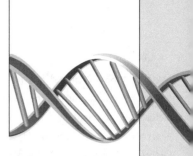

4 蛋白质的修饰

蛋白质的修饰是蛋白质工程的一项重要研究内容,同时也是改造蛋白质性质的一种有力工具。蛋白质修饰由于能够改进天然蛋白质的物理化学特性和生物学特性,已受到越来越多的重视。本章主要包括两个方面内容,即蛋白质的化学修饰和蛋白质的分子生物学改造。

4.1 蛋白质的化学修饰

从广义上说,凡通过化学基团的引入或去除,而使蛋白质共价结构发生改变的过程,都可称为蛋白质的化学修饰。一级结构的改变有时也不影响生物学功能,但多数情况下,蛋白质化学结构的改变将导致其功能的改变。蛋白质的化学修饰是研究蛋白质结构与功能关系的一种重要手段,可以改善蛋白质的生物化学性能,如降低或消除免疫原性的免疫反应性、抑制免疫球蛋白酶的产生,使酶表现出新颖的催化性能等。最终经过化学修饰的蛋白质不但可以保持较高的蛋白质生物活性,而且可以克服自身的一些缺陷,显示出优良的使用价值和经济价值。

4.1.1 蛋白质侧链基团的化学修饰

蛋白质侧链基团的化学修饰是通过选择性试剂或亲和标记试剂,与蛋白质分子侧链上特定的功能基团发生化学反应而实现的,主要目的是探测活性部位的结构。根据化学修饰剂与蛋白质分子侧链上的功能基团反应的性质不同,主要分为酰化反应、烷基化反应、氧化还原反应、芳香环取代反应等类型,可以对蛋白质侧链上的主要功能基团如氨基、羧基、巯基等进行化学修饰。在 20 种构成蛋白质的常见氨基酸中,只有具有极性的侧链基团才能进行化学修饰,这主要是由于它们的亲核性。

4.1.1.1 氨基的化学修饰

赖氨酸的 ε-氨基以非质子化形式存在时很活泼,是蛋白质分子中亲核反应活性很高的基团,可被选择性修饰。常见的修饰剂有三硝基苯磺酸(TNBS)、乙酸酐、2,4-二硝基氟苯(DNFB)或称 Sanger 试剂、氰酸盐及磷酸吡哆醛(PLP)等。

目前,氨基的烷基化试剂成为一种重要的赖氨酸修饰剂,这些修饰剂包括卤代乙酸、芳香卤和芳香族磺酸。三硝基苯磺酸是非常有效的一种氨基修饰剂,它与赖氨酸残基反应在420nm 处能够产生特定的光吸收,生成一种三硝基苯基化的氨基磺酸复合物(图 4-1)。

利用氰酸盐使氨基甲氨酰化也是重要的赖氨酸修饰方法。氰酸盐与氨基反应有稳定的衍生物产生。该法优点是氰酸根离子很小,容易接近所要修饰的基团。赖氨酸氨基在中性 pH 下与磷酸吡哆醛(PLP)反应形成席夫碱后再用硼氢化钠还原,生成的 PLP 衍生物。在 325nm处有最大吸收值,可用于定量测定。

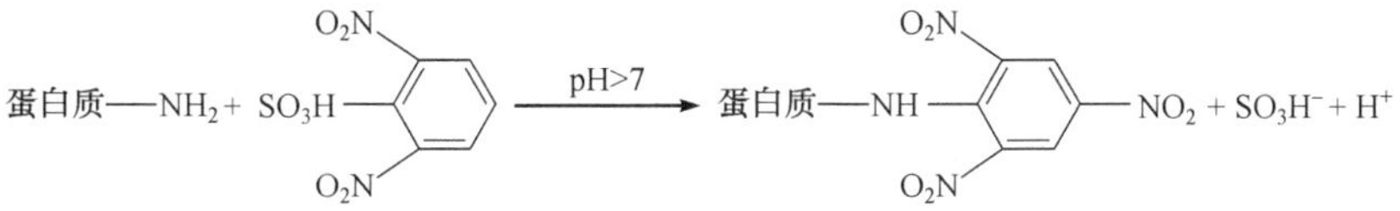

蛋白质—NH₂ + (结构式) →(pH>7) 蛋白质—NH(结构式) NO₂ + SO₃⁻ + H⁺

图 4-1 氨基的 TNBS 修饰

4.1.1.2 羧基的化学修饰

羧基的化学修饰主要涉及蛋白质分子中的谷氨酸和天冬氨酸残基,产物一般为酯类或酰胺类。水溶性的碳二亚胺使用最广泛,它的反应条件比较温和。碳二亚胺先活化羧基,活化中间物或者通过酰基而重排,或者与加入的亲核物反应形成相应的酰胺,反应如图 4-2 所示。羧基与硼氟化三甲锌盐和甲醇-HCl 反应生成甲酯,对羧基进行修饰。

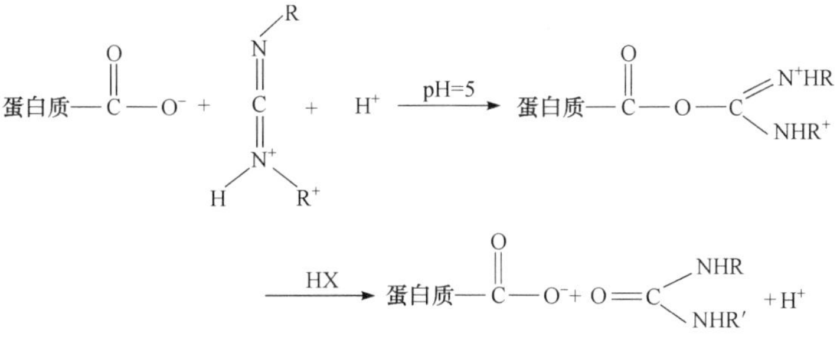

图 4-2 羧基的碳二亚胺修饰

4.1.1.3 巯基的化学修饰

由于巯基具有很强的亲核性,是蛋白质分子最容易反应的侧链基团,现已开发了许多修饰巯基的化学修饰剂。烷基化试剂是一种重要的巯基修饰剂,修饰产物稳定,便于分析。重要的有碘乙酸(图 4-3)和碘乙酰胺。目前已开发出许多基于碘代乙酸的荧光试剂。

蛋白质—SH + ICH₂COO⁻ →(pH>7) 蛋白质—S—CH₂COO⁻ + I⁻

图 4-3 巯基的碘乙酸修饰

N-乙基马来酰亚胺是一种反应专一性较强的巯基修饰试剂,其反应伴随光吸收的变化,反应产物在 300nm 处有最大吸收,因此,可通过光吸收的变化来确定反应的程度(图 4-4)。

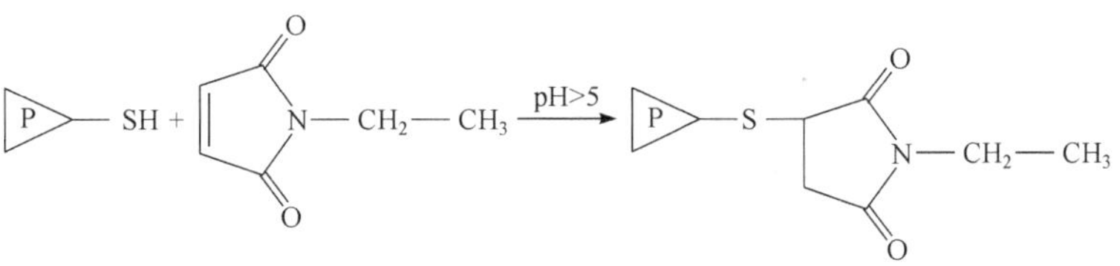

图 4-4 巯基的 N-乙基马来酰亚胺修饰

5,5-二硫-2-硝基苯甲酸(DTNB)也是最常用的巯基修饰剂之一,也称 Ellman 试剂,它与巯基反应形成二硫键,释放出 1 个 2-硝基-5-硫苯甲酸阴离子(图 4-5),此阴离子在 412nm 处有很强的吸收,可以很容易通过光吸收的变化跟踪反应程度。

巯基的氧化也是一种专一性较强的化学修饰。过氧化氢和巯基反应形成二硫键或在较大

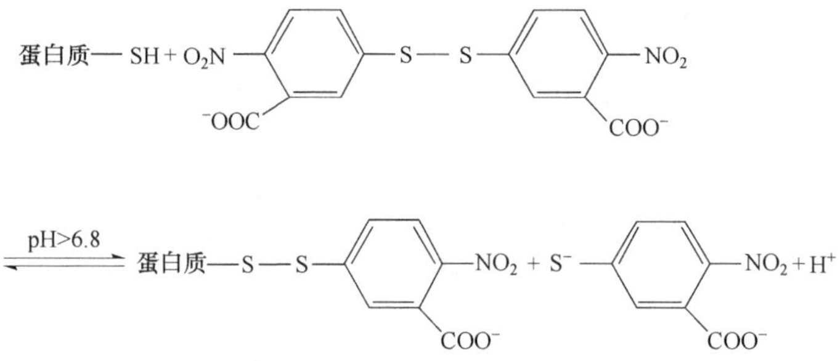
蛋白质— SH + O2N
-OOC
S— S
NO2
COO-
pH>6.8
蛋白质—S—S
NO2 + S-
NO2 + H+
COO-
COO-

图 4-5 巯基的 DTNB 修饰

量时形成磺酸，一定条件下，过氧化氢与蛋白质巯基反应也可以生成次磺酸。

4.1.1.4 二硫键的化学修饰

二硫键同巯基基团类似，根据其特点可以用来进行特异的修饰，通常是通过还原的方法，这些方法与某些巯基修饰方法相结合，以阻止二硫键的形成或计算断裂开的二硫键的数目。通常用巯基乙醇将二硫键还原成游离巯基，为使二硫键充分还原，反应必须用过量的巯基乙醇。由于二硫键在序列分析及蛋白质高级结构研究中具有重要的意义，因此二硫键的化学修饰、确定二硫键的数目及位置非常重要。一个蛋白质分子中有无二硫键，是链内二硫键还是链间二硫键，需用实验手段确定。常用的方法是通过非还原/还原双向 SDS 电泳技术进行鉴定。

4.1.1.5 其他侧链基团的修饰

精氨酸残基含有一个胍基，由于其强碱性，与大多数试剂很难发生修饰反应。反应需高 pH，容易导致蛋白质结构的破坏。具有两个邻位羰基的化合物如丁二酮等能在中性或弱碱性条件下与精氨酸反应。组氨酸残基含有咪唑基，可以通过氮原子的烷基化或碳原子的亲核取代进行修饰。组氨酸残基常位于许多酶的活性中心，常用的修饰剂有焦碳酸二乙酯(DPC)和碘代乙酸。DPC 在近中性 pH 下对组氨酸残基有较好的专一性，产物在 240nm 处有最大吸收，可跟踪反应和定量。色氨酸的吲哚基可以与一些试剂发生取代反应或者被氧化裂解，*N*-溴代琥珀酰亚胺(NBS)可以修饰吲哚基，并通过 280nm 处光吸收的减少进行监测。酪氨酸残基的修饰包括酚羟基的修饰和芳香环上的取代修饰。四硝基甲烷(TNM)反应条件比较温和，可高度专一与酪氨酸残基反应生成可电离的发色基团 3-硝基酪氨酸衍生物。

4.1.2 蛋白质的位点专一性修饰

一般只有极性氨基酸残基的侧链基团才能够进行化学修饰，并且修饰剂的专一性不强。为了克服这一缺陷，人们开发了蛋白质的亲和标记试剂。蛋白质化学修饰剂的专一性包含两层意思，一是试剂对被修饰的基团的专一性，二是试剂对蛋白质分子中被修饰部位的专一性。一般这类试剂，不但对被作用基团具有专一性，而且对被作用部位也具有专一性，将这类化学修饰称为位点专一性抑制剂，也称为亲和标记或专一性的不可逆抑制作用。

4.1.2.1 亲和标记

亲和标记可以专一性地标记于酶的活性部位上，使酶不可逆地失活，因此又称为专一性的不可逆抑制作用。这种不可逆抑制剂可分 K_s 型不可逆抑制剂和 K_{cat} 型不可逆抑制剂。前者是根据底物的结构设计的,具有和底物结构相似的结合基团,同时还具有能和活性部位氨基酸残基的侧链基团反应的活性基团。K_{cat} 型不可逆抑制剂是根据酶催化过程设计的,它不仅具有和底物类似的结构,可以被酶结合和催化的性质,还具有一个潜在反应基团,在酶催化下活化,对活性部位起不可逆抑制作用。这类抑制剂的专一性很高,被人们称为"自杀性底物"。可用作治疗某些疾病的药物。

4.1.2.2 光亲和标记

光亲和标记是亲和标记中极其重要的一类。它在结构上除有一般亲和标记的特点,还具有一个光反应基团。这类试剂反应步骤如下:首先在暗条件下,试剂先与酶活性部位特异性结合;然后在光照条件下激活试剂,产生一个非常活泼的功能基团;与活性部位的侧链基团反应,形成一个共价的标记物。

4.1.3 蛋白质的聚乙二醇(PEG)修饰

聚乙二醇(PEG)类修饰剂是应用最为广泛的大分子修饰剂。PEG 由乙二醇单体聚合而成的线性高分子材料,分子组成为 HO—$(CH_2CH_2O)_n$$CH_2CH_2$—OH。PEG 是具有良好的水溶性,也能溶于如甲苯、氯仿等大部分有机溶剂的两亲分子,且没有免疫原性,无毒,不伤害活性蛋白和细胞,在体内不残留。PEG 分子末端有两个能被活化的羟基基团,在实际中,蛋白质的聚乙二醇修饰过程常用甲氧基聚乙二醇(monomethoxypolyethylene glycol,mPEG)的衍生物。

mPEG 的一端羟基被甲基封闭,另一端的羟基化学反应活性较低,经活化后可以在温和的条件下,以较高的反应速率与蛋白质相偶联。蛋白质与 PEG 进行偶联的基团主要有氨基、羧基和巯基。多数情况下,PEG 衍生物与蛋白质的共价结合是以蛋白质分子上的氨基作为修饰位点,因为氨基具有亲核性,并且大多存在于蛋白质分子的表面。PEG 化蛋白分子模型见图 4-6。

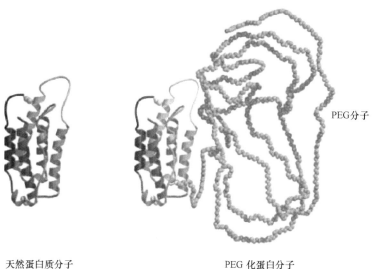

天然蛋白质分子　　　　　　　　　　PEG 化蛋白分子

图 4-6　PEG 化蛋白分子模型(引自潘红春,2006)

PEG 作为一种屏障能掩盖蛋白质表面的抗原决定簇,使得蛋白质不能与各种细胞表面受体结合,不被机体的免疫系统识别,因而能避免相应抗体的产生,能降低蛋白质的免疫原性;大分子的屏蔽效应还能阻碍蛋白酶降解,并且 PEG 与蛋白质相连后,使蛋白质的分子质量大大提高,能减少肾小球的排出,因此经 PEG 修饰的蛋白质药物类循环半衰期会有不同程度的延长;PEG 与蛋白质偶联后能将其优良的理化性质赋予蛋白质,如能改善蛋白质的生物分布和溶解性能等。

4.1.4   蛋白质的化学交联和化学偶联

蛋白质化学交联是一种重要的化学修饰反应,交联剂是能够和蛋白质反应的具有两个反应活性部位的双功能基团的化学试剂。交联可以发生于分子内的亚基之间,也可发生于多个蛋白质分子之间形成网状交联,还可将一个蛋白质分子偶联到一个化学惰性水不溶性的生物大分子上,形成固定化蛋白质,形成化学偶联。

功能基团决定了交联剂的反应特异性。交联剂可以分为同型双功能试剂、异型双功能试剂和可被光活化试剂三种类型。两个功能基团相同称为同型双功能交联剂,如可与氨基反应的双亚胺酸酯。功能基团不相同的称为异型双功能交联剂。化学交联的本质是化学试剂功能团和氨基酸残基之间的有机反应,可以归纳为表 4-1 中的几种类型。

表 4-1   化学交联剂功能团特征(引自陈勇和高友鹤,2008)

蛋白质反应基团	化学交联剂功能团	反应难易度	特异性
氨基	亚胺基酯,N-羟基琥珀酰亚胺	难	高
羧基	重氮乙酸酯,重氮乙酰胺	难	低
巯基	马来酰亚胺,乙酰基化合物,二巯基化合物	易	高
氨基,羧基	碳化二亚胺	难	低
不确定	芳香基叠氮化合物	易	低,光敏感

蛋白质化学交联方法主要有重氮化法、戊二醛法、碳二亚胺法、混合酸酐法等。其中最先使用的是戊二醛交联剂。它是一种同型双功能交联剂,一般情况下是不可裂解的。戊二醛的两个醛基可以分别与两个相同或不同分子上的伯氨基形成席夫碱,将两分子以五碳链的桥连接起来(图 4-7)。

$$R\!-\!NH_2 + HC(CH_2)_3CH + H_2N\!-\!\!\bigcirc\!\!P \longrightarrow RH\!=\!CH(CH_2)_3CH\!=\!N\!-\!\!\bigcirc\!\!P$$

图 4-7   戊二醛交联反应

戊二醛交联反应温和,在 4～40℃ 都可反应,在 pH 为 6.0～8.0 的缓冲水溶液中可进行,但是缓冲组分中不得含有氨基化合物。本交联方法易形成相同蛋白质间的连接,多用于酶标抗体的制备。

近年来,化学交联法结合质谱分析法被广泛用于蛋白质复合体结构及蛋白质相互作用的研究,这两种方法的有机结合为研究蛋白质复合体结构及蛋白质相互作用提供了一条新的途径。光亲和交联是具有高度专一性的化学交联试剂,至少有一端对活性部位或结合部位具有高度亲和性,同时具有光敏性的双功能基团,在光照下能迅速发生交联反应。

4.2 蛋白质的分子生物学改造

利用分子生物学技术对蛋白质分子进行修饰具有重要意义。根据所采用技术不同主要分为基因突变技术、基因融合技术和掺入非天然氨基酸等方法。

4.2.1 基因突变技术

基因突变技术是在基因水平上对编码的蛋白质进行改造,在其表达后用来研究蛋白质结构和功能的一种方法。利用这一技术人们可以更方便地改造蛋白质的结构,研究改造后的蛋白质的性质和功能。一般来讲,基因突变主要分为两大类,即定点突变和定向进化。

4.2.1.1 定点突变

定点突变(site directed mutagenesis,SDM)是在已知 DNA 序列中替换、增添或缺失特定的核苷酸,改变蛋白质结构中的个别氨基酸残基,从而产生新性状的蛋白质,又称理性设计。定点突变是蛋白质工程中采用的重要技术之一,它能够做到精确定位突变,因而有广泛的应用,如对启动子和 DNA 作用元件的改造;还可以改变特定的氨基酸获得突变蛋白质,研究蛋白质的结构与功能;还可对酶活性或者酶动力学特性进行改造,提高蛋白质的抗原性、稳定性等。该技术还可从微观水平上阐明正常状态下基因的调控机制、疾病的病因和机制。常用的定点突变方法主要有 PCR 介导的定点突变、寡核苷酸引物介导的定点突变及盒式突变。

1. PCR 介导的定点突变　　PCR 技术的出现推动了定点突变的发展,PCR 介导的定点突变是目前最为普遍的突变方法。常有以下几种。

1) 重叠延伸 PCR(over-lap extension PCR,OE-PCR)法　　利用 PCR 技术在体外进行有效的定点突变和基因重组,不需要内切酶和连接酶参与,使用起来简便、高效,可以快速得到产物。重叠延伸 PCR 基本原理如图 4-8 所示。根据片段 ab 和 cd 分别设计引物 a、b、c 和 d,其中 b、c 两个引物具有重叠区域。以引物 a、b 通过 PCR 合成片段 AB,再以引物 c 和 d 进行 PCR 得到片段 CD,片段 AB 和 CD 具有重叠区;然后以这两个片段为模板,两侧引物 a 和 d 为引物,合成全长片段 AD。重叠延伸 PCR 技术可以准确、高效地扩增 DNA 片段,在进行定点突变时可以提高突变效率,并且不受突变位置及突变类型的限制。此技术主要限制因素是插入片段的长度,科学家发现克隆的数量随着插入片段长度的增加而明显减少。

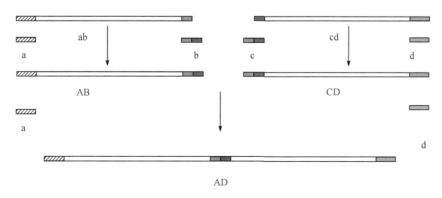

图 4-8　重叠延伸 PCR 技术(引自 Heckman and Pease,2007)

2）扩增环状质粒全长的突变方法   扩增环状质粒全长的突变方法是根据由 Stratagene 公司开发的 QuikChange 定点突变试剂盒原理改进的方法(图 4-9)。先把待突变的基因克隆、连接到克隆载体上,形成一个环状质粒,然后设计一段含突变位点的引物,以整个环状质粒作模板,进行 PCR 扩增,得到含突变位点的双链质粒,此质粒有缺口。甲基化酶 DpnI 酶切延伸产物,由于模板质粒通常来源于常规 *E. coli* 宿主菌等细菌,*E. coli* 宿主菌多为甲基化细菌,它可在细胞内对一些特定的 DNA 碱基序列进行甲基化修饰,因此对甲基化酶 DpnI 敏感,经 DpnI 处理后,可以消化掉待突变的质粒模板,而体外合成的质粒没有甲基化,对 DpnI 不敏感而不被切开,而被保留下来。再转化细菌后,*E. coli* 自身修复系统可自行环化缺口,得到含有预期突变的环状闭合质粒。这种突变方法原理和操作都相当简单,只需一次酶切和转化,可以快速完成实验。

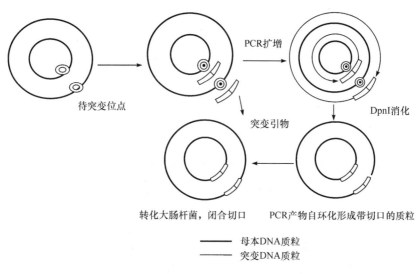

图 4-9   扩增环状质粒全长的突变方法

QuikChange 定点突变有两个缺点,一是引物易形成二聚体,二是突变引物退火易形成有缺口的 DNA。近年来,这一技术有了改进,主要在引物设计上,如采用 Single-Primer Reactions In Parallel(SPRINP,平行单引物 PCR 介导) 法(图 4-10A),每个 PCR 只用一个突变引物。另外有研究小组采用一套部分重叠突变引物,也提高了 QuikChange 效率(图 4-10B)。NEB 公司试剂盒采用两个无重叠引物(一个突变,一个沉默)用于大质粒扩增(图 4-10C)。

2. 寡核苷酸引物介导的定点突变   寡核苷酸引物介导的定点突变是以含有突变碱基的寡核苷酸作为引物,引发单链 DNA 分子进行复制,产生具有突变碱基序列的新 DNA 链。这种突变方法具有保真度高的优点,经过改进可以极大提高突变成功率,近年来该方法多采用甲基修复酶缺乏的菌株作为受菌体,极大降低了突变的修复频率,另外多用质粒作模板,极大地简化了操作步骤。该法目前多应用于基因的调控、蛋白质结构与功能的研究中。

3. 盒式突变   盒式突变就是利用一段人工合成的含有突变序列的双链寡核苷酸片段,取代野生型基因中的相应序列。如果将简并的突变寡核苷酸插入质粒载体分子中,一次实验就能得到大量的突变体。该法可以充分利用限制性内切核酸酶的限制位点来克隆外源 DNA 片段。只要有两个限制性酶切位点比较靠近,这两者之间的 DNA 序列就可以被移去,并由一段新合成的双链 DNA 片段所取代。该法优点是简单易行、突变效率高,还可以在一对限制酶

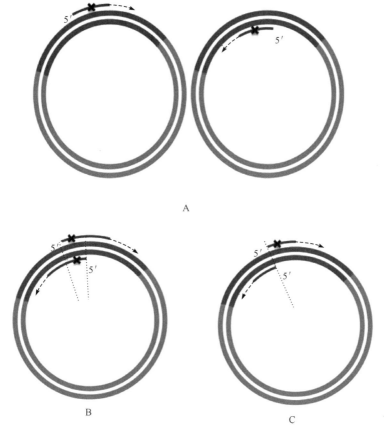

图 4-10 三种扩增环状质粒(引自 Tee et al. ,2013)

A. SPRINP;B. 部分重叠突变引物对;C. 无重叠引物对(一个突变,一个沉默)

切位点内一次突变多个位点;对于确定蛋白质分子中不同位点氨基酸的作用是非常有用的方法。

4.2.1.2 定向进化

定向进化(directed protein evolution)是 20 世纪 90 年代初兴起的一种蛋白质工程的新策略,通过实验室手段反复改造遗传多样性,结合文库高通量筛选获得理想性状或者全新功能蛋白质的一种人工进化策略。定向进化不需要事先了解蛋白质结构和功能的关系,因此又称为非理性设计。蛋白质的定向进化中有两个最关键环节,一是构建突变库,产生分子多样性;二是从突变库中快速高效地筛选突变体。

1. 构建突变库　定向进化首先需要创造基因多样性,导入适当载体构建突变库。比较常用的技术有易错 PCR(error-prone PCR)和 DNA 改组(DNA shuffling)技术。新兴的技术多是以这两种技术为基础发展起来的。

1) 易错 PCR　易错 PCR 是利用 *Taq* DNA 聚合酶无校正功能的特点,在扩增过程中不可避免地发生一些碱基的错配。通过改变 PCR 反应体系的条件,如改变 Mg^{2+} 浓度或调整 dNTP 的浓度等,使错配率提高。创造序列多样性,构建突变库。易错 PCR 不需要改变基因的长度,突变频率依据反应条件进行控制,能有效得到理想突变体。但易错 PCR 只能进行点突变,获得突变体的效率较低,其应用有一定的局限性。目前在此基础上出现了重叠延伸蛋白域文库法(PDLGO),它改造了突变率低的缺点,可以在预期区域进行随机突变。

2) DNA 改组(DNA shuffling)   DNA 改组技术又称有性 PCR 技术,是将一群相关基因经酶切随机产生一系列随机大小的 50~100bp 小片段,然后这些小片段自身互为模板和引物进行 PCR 重排,最后利用原基因的两个末端引物,扩增出与原基因同长的重排产物(图 4-11)。这些重组产物组成突变文库,经筛选得到优势突变体,可再进行下一轮 DNA 重组。经过多次循环使各突变体的优势性状产生累积,最终获得性能大幅提高的优良突变体。DNA 改组目前不仅有单基因改组,也出现了基因家族改造技术,还有范围更广泛的基因组改组。此项技术在蛋白质研究中是应用最成功的技术之一。

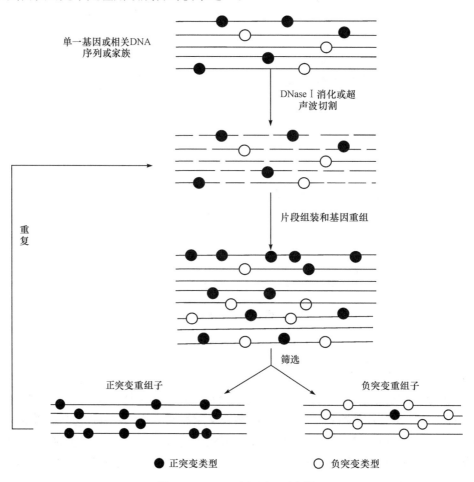

图 4-11   DNA 改组原理示意图

近年来,出现了新的依赖于同源重组的定向进化方法,有交叉延伸 PCR(StEP)、随机引物体外重组技术(random-priming in vitro recombination,RPR)和随机链交换法(RAISE)等。

交叉延伸 PCR(staggered extension process,StEP)技术,简化了 DNA 改组技术。选择两个以上有序列同源性的亲本作为模板,省去 DNA 酶切及纯化片段的步骤,在每轮循环中,退火和延伸反应控制在短时间(5s),短暂延伸形成小片段,经变性的新生链再作为引物与体系同时存在的不同模板退火进行短暂延伸,此过程反复进行,直到产生全长基因。得到间隔的含不同模板序列的杂交 DNA 分子(图 4-12)。

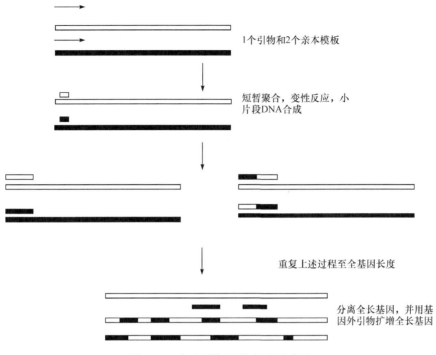

图 4-12 交叉延伸 PCR 原理示意图

随机引物体外重组技术以单链 DNA 为模板,配合一套随机序列引物,获得大量互补于模板不同位点的短 DNA 片段,在随后的 PCR 反应中,它们互为引物进行合成、组合,再组装成完整的基因长度。由于碱基的错配和错误引发,使得这些短片段中也会带有少量的点突变,从而获得新的带有突变的全长基因序列。

2. 突变库的筛选 当突变文库建立后,通过适当的筛选系统,快速从突变库中筛选出符合预期目标的蛋白质,是蛋白质定向进化能否成功的决定因素。目前出现了许多有应用价值的筛选方法。

1) 传统筛选方法 当筛选的蛋白质有可以观察的信号时,可以直接通过简单的表型观察来筛选。常用琼脂平板,通过固体平板上底物产生的颜色或菌落产生的水解圈来筛选。还有一类依据营养缺陷型互补和对细胞毒素的抗性来筛选突变体,如添加一定浓度抗生素进行平板筛选。

利用荧光产物或显色技术的微量滴定孔板也可以筛选突变体,如绿色荧光蛋白突变体非常容易通过荧光产物鉴定突变体。在定向进化中最常用的筛选仪器是高通量 96 微孔板酶标仪,根据底物或产物的反应性质,可快速、自动、定量地鉴定酶的底物特异性、热稳定性等性状。

2) 表面展示技术 表面展示技术是将目的基因克隆到特异的表达载体上,其表达产物多肽或蛋白质,以融合蛋白的形式将肽段或蛋白质展示在噬菌体或细胞表面,再通过亲和富集筛选出有特异功能的多肽或蛋白质的个体,最后将含有期望功能的多肽或蛋白质的个体从大量突变体中分离出来的筛选法。表面展示技术属于高通量的筛选方法,在蛋白质定向进化上有极大的应用价值。主要包括噬菌体展示技术、核糖体展示技术、细胞表面展示技术、mRNA展示技术等。

4. 2. 2　基因融合技术

基因融合是指将不同的基因编码区首尾相连，或利用某些连接肽等将功能基因相互连接，置于同一套调控序列(包括启动子、增强子、核糖体结合序列、终止子等)的控制之下，构成的嵌合基因。融合基因的表达产物即为融合蛋白，融合蛋白具有衍生因子的双重活性。通过基因融合，可以表达出具有新功能的蛋白质或者提高功能蛋白质的某些生物学特性；功能基因与报告基因构成融合基因，可实现蛋白质跟踪定位。通过融合基因技术构建融合酶，特别是构建具有亲和吸附和荧光的多重融合蛋白，可以实现酶的生产、分离、催化、监测等多个过程的集成，能减少酶制剂的使用成本。融合基因技术目前在新药开发上也有很多报道。

4.2.2.1　基因融合的分子设计策略

构建和设计融合蛋白的策略，主要在基因水平进行融合，另外也可在蛋白质水平进行融合，主要有如下策略。

1. 直接顺序融合　融合蛋白最简单的构建方式是直接把两个不同生物功能蛋白质的编码基因首尾相连(除去第一个蛋白的终止密码子)，构成融合基因，继而在合适的宿主中进行蛋白表达得到融合蛋白，也称为顺序融合(end-to-end fusion)，如图 4-13A 所示。

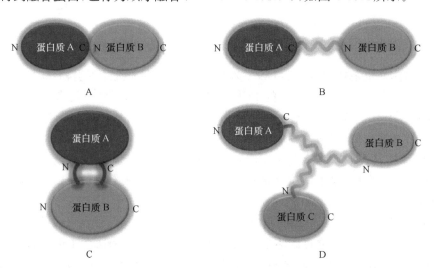

图 4-13　几种融合蛋白的分子设计策略示意图(引自黄子亮等，2012)

A. 直接顺序融合；B. 通过连接肽的顺序融合；C. 插入融合；D. 分枝融合(图中 N 和 C 分别表示蛋白质的 N 端和 C 端)

2. 通过连接肽的顺序融合　连接肽(linker)是指两个被融合的蛋白质或者结构域之间存在的一段多肽，也称为接头序列。它具有一定柔性，能使两侧的分子完成各自独立的功能，对两功能蛋白正确行使其功能至关重要(图 4-13B)。linker 设计需要考虑以下因素，首先 linker 长度一般有 10～15 个氨基酸；其次 linker 序列中氨基酸的组成也需要慎重，常见的氨基酸主要有甘氨酸、丝氨酸、脯氨酸、丙氨酸和苏氨酸等，多选择疏水性氨基酸。含有 Gly-Ser 的连接肽是目前所报道文献中使用较多的连接肽之一，其中的 $(Gly_4Ser)_3$ 具有较合适的氨基酸长度，结构简单，同时具有疏水性和伸展性，并能使目标功能蛋白具有较好的稳定性与生物活性。

3. 插入融合　插入融合是融合蛋白的一种模式，其在酶工业中，特别是酶催化的调控中有着其他融合方式所不具备的优势。插入融合蛋白是指将一个客体结构域插入一个主体结构域内部形成的融合蛋白(图 4-13C)。它的设计较难,需要考虑融合后两个结构域的相互空间结构。Ehrmann 等将碱性磷酸酶 PhoA 插入跨膜蛋白 MalF 中,成功获得同时具有两者活性的插入融合蛋白。另外,还有其他融合方法,如分枝融合,是利用蛋白-蛋白融合技术发展出来的一种新的融合方式,其分子设计策略如图 4-13D 所示。

4.2.2.2 融合蛋白标签

融合蛋白标签是指在目标蛋白的 N 端或者 C 端融合一种易于其表达或纯化的"融合标签"(fusion tag)的编码基因,当宿主菌表达时,标签基因和目标蛋白基因在载体启动子的作用下,顺序转录,形成一条完整的 mRNA,然后翻译生成融合蛋白。融合标签技术最初是为了简化蛋白质的纯化,即通过重组蛋白质所含融合标签同固相介质中配体的特异相互作用,来实现重组蛋白质的亲和纯化。随着蛋白质组学和基因工程的发展,融合标签技术被广泛地应用于科研及工业领域,如可以增加重组蛋白质的表达量、提高溶解性、膜蛋白结构研究、蛋白质生理功能研究等。

目前融合标签一般根据分子质量大小可以分为两类:大的肽类或蛋白质分子和小的多肽片段。对于很小的肽标签,它不会与融合的蛋白质发生干扰。常见的有多聚精氨酸、多聚组氨酸、FLAG、Strep-tag 等。对于大标签,它们的使用可以增加目标蛋白的溶解性,缺点是对于一些应用如结晶或抗体产生等这类标签必须加以去除。

4.2.2.3 内含肽(intein)介导的基因剪接

蛋白质内含肽"intein"是前体蛋白质阅读框内的一段氨基酸序列。intein 可以催化自身从蛋白质前体中断裂切除,并将两侧的多肽片段连接为成熟的蛋白质,这个过程称为蛋白质剪接。两侧的多肽片段称为蛋白质外显肽(extein),位于内含肽 N 端的称为 N 端外显肽,位于内含肽 C 端的称为 C 端外显肽。目前在很多的生物中发现了 intein,它们分布在单细胞真核生物、古细菌、细菌、噬菌体和病毒的基因组中。

内含肽通常包括剪接功能结构域和内切核酸酶结构域两部分,只有剪接功能结构域是蛋白质剪接所必需的。有些内含肽没有内切核酸酶结构域,同样具有蛋白剪接功能。内含肽具有剪切功能的结构域约 150 个氨基酸,两端剪接位点的氨基酸序列是高度保守的,N 端第一个氨基酸通常是半胱氨酸(Cys)/丝氨酸(Ser)/苏氨酸(Thr),C 端通常是天冬酰胺(Asn),90% 的内含肽 C 端的倒数第二个残基为组氨酸(His),其作用是辅助相邻的 C 端末位的 Asn 环化。C 端外显肽的第一个氨基酸是 Cys/Ser,这个氨基酸残基也是全部外显肽序列中唯一保守的(图 4-14)。

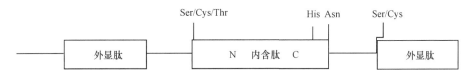

图 4-14 内含肽剪接位点氨基酸残基的保守性

内含肽的蛋白质剪接过程包含 4 个步骤,肽键的断裂和形成是蛋白质剪接的关键反应,其反应过程如下:①N 端剪切点 Cys 的酰基重整,将 N 端外显肽转移到蛋白质内含子首位氨基酸残基侧链上形成线性硫/酯中间物;②转酯反应,将 N 端外显子转移到 C 端外显子第一个氨基酸残基侧链上,形成分枝型中间体,在此过程中 N 端外显子可能会从肽链上脱落;③内含肽 C 端 Asn 环化,C 端外显肽与内含肽连接的肽键断裂,内含肽和外显肽被释放;④酰基重整,两个外显肽之间的酯键发生酰基重排,形成稳定的肽键相连。

内含肽介导的蛋白质剪接方式有两种:顺式剪接(cis-splicing)和反式剪接(trans-splicing)。顺式剪接内含肽的剪接区域存在于同一多肽片段上。而反式剪接内含肽的剪接区域分裂成两段,位于不同多肽片段上,即在 2 条多肽链前体分子之间进行剪接。

4.2.3　掺入非天然氨基酸

在遗传信息从 DNA 到蛋白质的翻译过程中,tRNA 主要起转运氨基酸的作用,由于 mRNA 和 tRNA 之间存在密码子和反密码子的特异识别关系,将 tRNA 末端连接上所期望的氨基酸,就可在相对应这种 tRNA 的蛋白质序列中引入所期望的氨基酸。tRNA 介导蛋白质工程(tRNA-mediated protein engineering)技术将人为设计的非天然氨基酸选择性地掺入蛋白质,产生新功能的蛋白质或达到设计蛋白质的目的,也称定点非天然氨基酸替代法(site-directed non-natural amino acid replacement,SNAAR)。在编码蛋白质的 mRNA 上的特定位点引入终止密码子,最后用互补的错氨酰化校正 tRNA 来通读越过此终止密码子,错氨酰化校正 tRNA 携带非天然氨基酸在蛋白质特定位点掺入,再在体外细胞游离合成系统或体内细胞体系中合成含该非天然氨基酸的蛋白质。

利用这一技术将非天然氨基酸引入,赋予了蛋白质很多新结构和新功能。例如,在生物技术领域对某些酶催化活性提高可以利用加入非天然氨基酸实现;在蛋白质结构与功能研究中,利用此技术建立了一个高效、特异性强的蛋白质 N 端标记方法;另有利用酪氨酰 tRNA 合成酶,将 50 多个非天然氨基酸引入大肠杆菌及哺乳动物细胞的蛋白质中,为哺乳动物细胞蛋白质分子的改造提供了新途径。利用此技术将荧光指示剂掺入蛋白酶中,获得对荧光高度敏感的突变体,从而可用于酶抑制剂的快速筛选。

思考题

1. 蛋白质化学修饰反应类型主要有哪些?
2. 蛋白质化学修饰反应常发生在哪些功能基团上?
3. 蛋白质的聚乙二醇修饰有哪些优点?
4. 突变文库的筛选方法主要有哪些?
5. 基因定点突变的主要方法有哪些?
6. 基因融合有哪些优势?
7. 常见的融合蛋白标签是什么?
8. 融合蛋白分子设计策略有哪些?
9. 定向进化的关键步骤是什么?
10. 内含肽是如何进行蛋白质剪接的?

主要参考文献

阿恩特 KM,米勒 KM. 2011. 现代蛋白质工程实验指南. 苏晓东,曾宗浩,杨娜译. 北京:科学出版社

陈丽芳,丁洁女,柳志强,等. 2012. 蛋白质定向进化及其在微生物代谢调控中的应用. 基因组学与应用生物学,

31：95-101

陈勇,高友鹤. 2008. 化学交联技术在蛋白质相互作用研究中的应用. 生命的化学,28(4):485-488

戴旭东,孟清,刘相钦. 2012. 蛋白质剪接在蛋白质研究和蛋白质工程中的应用. 自然杂志,34(1):32-38

杜方川,王芬,神应强,等. 2013. 非天然氨基酸修饰蛋白质研究进展. 杭州师范大学学报(自然科学版),12(5):437-445

付春晓. 2001. 蛋白的聚乙二醇修饰及其在生物医学领域的应用. 国外医学药学分册,28:79-80

黄耀江,王琰,冯健男. 2007. 蛋白质工程原理及应用. 北京:中央民族大学出版社

黄迎春. 2009. 蛋白质工程简明教程. 北京:化学工业出版社

黄子亮,张翀,吴希,等. 2012. 融合酶的设计和应用研究进展. 生物工程学报,28(4):393-409

姜忠义,高蓉,许松伟,等. 2001. 蛋白质的化学修饰研究进展. 现代化工,21:25-28

李维平. 2013. 蛋白质工程. 北京:科学出版社

刘涛,周广青,马军武. 2009. 核糖体展示技术的研究进展. 江西农业学报,21(9):143-146

刘贤锡. 2002. 蛋白质工程原理与技术. 济南:山东大学出版社

梅乐和. 2011. 蛋白质化学与蛋白质工程基础. 北京:化学工业出版社

潘红春. 2006. 重组蛋白 hCH-2 的 PEG 修饰及其初步特性研究. 重庆:重庆大学博士学位论文

邱沛然,胡芳,林英,等. 2013. 不依赖天然外显子的蛋白质内含子定向进化筛选系统. 中国生物工程杂志,33(1):79-83

陶慰孙,李惟,姜涌明. 1995. 蛋白质分子基础. 北京:高等教育出版社

汪世华. 2008. 蛋白质工程. 北京:科学出版社

王晓东,李智立. 2009. 蛋白质复合体及蛋白质相互作用研究新策略——化学交联结合质谱分析法. 生物物理学报,3:157-167

威尔金斯 MR. 2010. 蛋白质组学研究:概念、技术及应用. 张丽华,梁振,张玉奎译. 北京:科学出版社

吴珊珊,朱芸,陈珊珊,等. 2014. 融合标签在蛋白质可溶性表达中的应用进展. 化工进展,33(4):993-998

伍志权,黄卓烈,金昂丹. 2007. 酶分子化学修饰研究进展. 生物技术通讯,18:869-871

阎松,牛荣丽,张培军,等. 2005. 运用 mRNA 体外展示技术筛选胸苷酸合成酶 RNA 亲和肽. 生物化学与生物物理进展,32(11):1081-1087

阎松,张翼,吕红丽,等. 2009. 体外展示技术. 生物医学工程学杂志,26(6):1367-1371

张新国,陈文洁,曾艳龙,等. 2011. 蛋白质工程技术及其在生物药物研发中的应用. 药学进展,35(12):529-536

张志来,陈建华. 2014. 定向进化技术在蛋白质开发中的应用进展. 中国医药生物技术,9(6):464-466

周海梦,王洪睿. 1998. 蛋白质化学修饰. 北京:清华大学出版社

周亚凤,张先恩,Anthony EG. 2002. 分子酶工程学研究进展. 生物工程学报,18:401-406

Aiyar A, Xiang Y, Leis J. 1996. Site-directed mutagenesis using overlap extension PCR. Methods Mol Biol, 57(5):177-191

Amstutz P, ForrerP, Zahnd C, et al. 2001. *In vitro* display technologies:novel developments and applications. Cur Opin Biotechnol,12(4):400-405

Angelaccio S, Bonaccorsi DPM. 2002. Site-directed mutagenesis by the megaprimer PCR method:variations on a theme for simultaneous introduction of multiple mutations. Anal Biochem,306(2):346-349

Binz HK, Amsttz P, Plckthun A. 2005. Engineering novel binding proteins from non immunoglobulin domains. Nat Biotechno,23(10):1257-1268

Binz HK, Amsttz P, Kohl A, et al. 2003. High affinity binders selected from designed ankyrin repeat protein libraries. Nat Biotechnol,22(5):575-582

Brustad EM, Arnold FH. 2010. Optimizing non-natural protein function with directed evolution. Curr Opin

Chem Biol,15(2):201-210

Cowan DA,Fernandez-Affluent R. 2011. Enhancing the functional properties of thermophilic enzymes by chemical modification and immobilization. Enzymatic Microbial Technology,49(4):326-346

Davis B. 2003. Chemical modification of biocatalysts. Current Option in Biotechnology,14:379-386

Douthwaitel JA,Groves MA. 2006. An improved method for an efficient and easily accessible eukaryotic ribosome display technology. Protein Engineering Design&Selection,19(2):85

Erica G. 2001. Protein-Protein Interactions——a Molecular Cloning Manual. New York:Cold Spring Harbor Laboratory Press

Georgiou G,Poetschke HL,Stathopoulos C,et al. 1993. Practical applications of engineering gram-negative bacterial cell surfaces. Trends Biotechnol,11(1):6-10

Gram H,Marconi LA,Barbas CF,et al. 1992. *In vitro* selection and affinity maturation of antibodies from a naive combinatorial immunoglobulin library. Proc Natl Acad Sci USA,89(8):3576-3580

Gratz A,Jose J. 2008. Protein domain library generation by overlap extension(PDLGO):a tool for enzyme engineering. Anal Biochem,378(2):171-176

He M,Khan F. 2005. Ribosome display:next-generation display technologies for production of antibodies *in vitro*. Expert Rev. Proteomics,2(3):421-430

He M,Taussig MJ. 2007. Rapid discovery of protein interactions by cell-free protein technologies. Biochem Soc Trans,35(5):962-965

Heckman KL,Pease LR. 2007. Gene splicing and mutagenesis by PCR-driven overlap extension. Nat Protoc,2:924-932

Hernandez K,Fernandez-Lafuente R. 2011. Control of protein immobilization:coupling immobilization and site-directed mutagenesis to improve biocatalyst or biosensor performance. Enzyme and Microbial Technology,48:107-122

Herold DA,Keil K,Bruns DE. 1989. Oxidation of polyethylene glycols by alcohol dehydrogenase. Biochem Pharmacol,38:73-76

Hoa SN,Hunta HD,Hortonb RM,et al. 1989. Site-directed mutagenesis by overlap extension using the polymerase chain reaction. Gene,77:51-59

Horton RM,Pulien JK,Pease LR,et al. 1989. Site-directed mutagenesis by overlap extecsion using the Polymerase chain reaction. Gene,77(1):51-59

Ja WW,Roberts RW. 2004. *In vitro* selection of state-specific peptide modulators of G protein signaling using mRNA display. Biochemistry,43(28):9265-9275

Kammann M,Laufs J,Schell J,et al. 1989. Rapid insertional mutagenesis of DNA by polymerase chain reaction (PCR). Nucleic Acids Res,17(13):5404-5411

Kang LT,Tuck SW. 2013. Polishing the craft of genetic diversity creation in directed evolution. Biotechnology Advances,31:1707-1721

Kasahara N,Dozy AM,Kan YW. 1994. Tissue-specific targeting of retroviral vectors through ligand-receptor interactions. Science,266(5189):1373-1376

Kieke MC,Cho BK,Boder ET,et al. 1997. Isolation of anti-T cell receptor scFv mutants by yeast surface display. Protein Eng,10(11):1303-1310

Leemhuis H. 2003. Engineering cyclodextrin glycolsyl transferase into a starch hydrolase with a high exo-specificity. J Biotechnol,103(3):203-212

Li S,Millward S,Roberts R. 2002. *In vitro* selection of mRNA display libraries containing an unnatural amino acid. J Am Chem Soc,124(34):9972-9973

Ling MM,Robinson BH. 1997. Approaches to DNA mutagenesis:an overview. Analytical Biochemistry,

254(2):157-178

Maria G,Steven L,Julie D,et al. 2006. Affinity maturation of phage display antibody populations using ribosome display. Journal of Immunological Methods,313(122):129

Mattheakis LC,Bhatt RR,Dower WJ. 1994. An *in vitro* polysome display system for identifying ligands from very large peptide libraries. Proc Natl Acad Sci USA,91(19):9022-9026

Michael DL,Burckhard S. 2014. Advances in the directed evolution of proteins. Current Opinion in Chemical Biology,22:129-136

Milton HJ. 1992. Poly(Ethylene Glycol)Chemistry:Biotechnical and Biomedical Application. New York:Plenum Press:1-4

Ohashi H,Shimizu Y,Ying BW,et al. 2007. Efficient protein selection based on ribosome display system with purified components. Biochem Biophys Res Commun,352(1):270-276

Olejnik J,Gite S,Mamaev S,et al. 2005. N-terminal labeling of proteins using initiator tRNA. Methods,36(3):252-260

Perez P,Defay K. 1990. A nonsecretable cell surface mutant of tumornecrosis factor kills by cell to cell contact. Cell,63(2):251-257

Roberts RW,Szostak JW. 1997. RNA-peptide fusions for the *in vitro* selection of peptides and proteins. Proc Natl Acad Sci USA,94(23):12297-12302

Rothschild KJ,Gite S. 1999. tRNA-mediated protein engineering. Curr Opin Biotechnol,10(1):64-70

Sarkar G,Sommer SS. 1990. The megaprimer method of site-directed mutagenesis. Biotechniques,8(4):404-407

Smith GP,Petrenko VA. 1997. Phage display. Chem Rev,97(2):391-410

Smith GP. 1985. Filamentous fusion phage:novel expression vectors the display cloned antigens on the virion surface. Science,228:1315-1317

Stemmer WPC. 1994. Rapid evolution of a protein *in vitro* by DNA shuffling. Nature,370(6488):389-391

Veronese FM. 2001. Peptide and protein PEGylation:a reviewof problems and solutions. Biomaterials,22:405-417

Wang W,Marcolm BA. 1999. Two-stage PCR protocol allowing introduction of multiple mutations,deletions and insertions using Quick Change site-directed mutagenesis. Bio Techniques,26:680

Wayne LH,Carlos JL,Christian A,et al. 2013. Technological advances in site-directed spin labeling of proteins. Current Opinion in Structural Biology,23:725-733

Wei D,Li M,Zhang X,et al. 2004. An improvement of the site-directed mutagenesis method by combination of megaprimer,one-side PCR and Dpnl treatment. Ana Biochem,331(2):401-403

Wells JA,Yasser M,Powers DB. 1985. Cassette mutagenesis:an efficient method for generation of multiplemutations at defined sites. Gene,34(2-3):315-323

Yang B,Wu YJ,Zhu M,et al. 2012. Identification of cross-linked peptides from complex samples. Nature Methods,9:904-906

Yu K,Liu CC,Kim BG,et al. 2014. Synthetic fusion protein design and applications. Biotechnol Adv(2014). http://dx. doi. org/10. 1016/j. biotechadv. [2014-11-005]

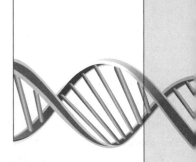

5 蛋白质的物理化学性质

1958 年,英国生物化学家 Sanger 因成功破译了构成牛胰岛素两条多肽链的折叠方式而获得诺贝尔化学奖,这是人类首次阐明一种蛋白质的全部结构。自此也掀起了蛋白质空间结构研究的热潮。DNA 编码的氨基酸序列在生物体内可以迅速合成稳定且具备特定功能的蛋白质,人们已认识到这一过程遵循已知的生物学规律。但仍存在以下两点疑问:第一,控制蛋白质折叠成三维立体结构的热力学基础是什么?第二,如何从动力学的角度描述多肽链折叠方式?本章主要通过介绍蛋白质折叠过程中的物理化学变化,阐述蛋白质折叠机制和折叠过程中的热力学和动力学理论。

5.1 蛋白质热力学函数与蛋白质构象平衡

蛋白质热力学系统主要由蛋白质分子、水、磷酸盐等缓冲离子和其他小分子化合物、辅助因子及配体共同组成,系统内部各项之间相互作用符合热力学定律。本节首先对蛋白质热力学系统中内能(U)、焓(H)、熵(S)和吉布斯自由能(G)及其关系进行介绍,其次分析蛋白质构象与热运动的关系,最后阐明蛋白质构象的主要作用力及其作用。

5.1.1 描述蛋白质体系的主要热力学函数

热力学函数是描述处于平衡态的热力学系统的宏观物理量。这些物理量的值由系统所处的状态决定,与达到平衡的过程无关,因此又被称为状态函数。蛋白质系统中的热力学函数之间相互依存,任选其中一个独立变量,其他量都可看作它们的函数。

内能(internal energy,U)是指蛋白质热力学体系中内部能量的总和,包括热能、化学能、核能和电磁能等。因此热能只是内能的一部分。蛋白质的天然构象就是多肽链与溶液相互作用的结果。因此,多肽链动能和与多肽链间距离有关的势能是决定蛋白质系统内能大小的主要因素。

焓(enthalpy,H)是物体热力学状态函数,反映一个体系的热力作用。一个系统的焓定义式如下。

$$H = U + pV \qquad (5-1)$$

式中,U 是系统内能;p 是压强;V 是体积。

系统焓即等于体系内能与体积和外界压强乘积的总和。作为一个描述系统状态的状态函数,系统状态一定,焓值不变。焓变(enthalpy changes,ΔH)即系统内焓的变化量,常压下,焓的变化量即系统热量的变化量。

熵(entropy,S)是描述体系无序或混乱程度的热力学函数,用符号 S 表示。体系无序程度增加,熵增;反之熵减。系统中熵函数就是热量与温度的比值。

利用热力学中的熵衡量生命活动过程,称为生物熵。蛋白质高级结构形成的过程中,几十种类型的成千上万个氨基酸分子按一定的规律排列组成。这种有组织的排列不是随机形成的,而是生命的自组织过程。整个过程是体系由无序状态逐步转变为有序状态,较大负熵必然有利于有序自组装的形成,而系统有序度的提高,也必然导致熵进一步减小。

吉布斯自由能(Gibbs free energy,G)又称吉布斯函数,是自由能的一种。自由能是某个热力学过程中系统减少的内能对外所做的功。吉布斯自由能也可作为衡量系统能量变化的化学势。常用 G 表示,定义式为:

$$G=H-TS=U+pV-TS \tag{5-2}$$

式中,U 是系统的内能;T 是开尔文温度;S 是体系熵;p 是压强;V 是体积;H 是焓。式(5-2)的意义是在等温等压条件下,一个封闭体系所能做的最大非膨胀功等于其吉布斯自由能的减少;若过程是不可逆的,则所做的非膨胀功小于体系吉布斯自由能的减少。

吉布斯自由能是体系的性质,它的大小只取决于体系的始态和终态,而与变化的途径无关(即与可逆与否无关)。蛋白质溶液系统的自由能变化(ΔG)是该体系的状态函数,可以用自由能的变化(ΔG)来描述系统内状态的改变情况。依据热力学原则,系统在恒定平衡状态时,ΔG是负值且自由能的绝对值最小。

5.1.2 蛋白质构象与热运动

每种蛋白质分子都具有特定的空间结构即构象。热运动是指蛋白质溶液中所有分子不停运动,包括分子相对于容器的运动和分子内部各部分之间的相对运动。了解蛋白质的构象必须了解其构象与热运动之间的关系。

在一定的空间范围和时间间隔内,蛋白质系统中平均热运动能量不再发生变化,此时蛋白质分子基本都有一个较为稳定的构象。这个构象就是蛋白质的自然态,如图 5-1 所示,蛋白质

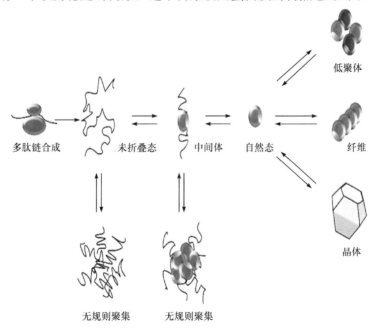

图 5-1 蛋白质构象动态转化图示

空间构象可在一定的微环境中发生改变,各种构象异构体可以调节蛋白质的折叠与功能。当溶液的生理条件发生变化(如存在失活剂等的时候),蛋白质分子的天然构象就可能被破坏。不同蛋白质的破坏程度是不同的,有的蛋白质分子只是一部分天然构象遭到破坏,多肽链退折叠转化成中间体。中间体可呈现各种不同程度随机性的状态,直至形成可逆或不可逆的聚集体。有的蛋白质分子则在不同数目的可能构象间不停地转换,如形成晶体、纤维、低聚体等。

上述构象的变化都是构成蛋白质的多肽链相互作用改变引起的。维持蛋白质天然态的环境条件丧失后,蛋白质系统中原本有序的组织被打乱,导致系统具有较大的内能。为使蛋白质分子重归稳定构象,蛋白质多肽链之间通过相互作用来降低内能,主要可以通过多肽链之间、多肽链与溶剂之间、溶剂与溶剂之间的相互作用达到这一目的。构象可变性是蛋白质任何一条多肽链所具有的特性,这种蛋白质结构与功能的多样性就是蛋白质进化的基础,也使得蛋白质能够快速适应新出现的情况,利用已有的折叠模式发展出新功能,或者进化出新的折叠模式。目前,越来越多的研究者意识到蛋白质并不是具有严谨结构的化学材料,而是一种具有生物活性的、柔软的、结构可变的动态物质。

5.1.3　维持蛋白质构象的作用力

蛋白质是具备特定结构的生物大分子,分子内存在着特定的相互作用来维持原子或基团间的相对位置,使得蛋白质能呈现出稳定的立体结构。从热力学角度上讲,伸展的多肽链处于不稳定的高能态,只有通过相互作用才能降低内能。为了维持蛋白质分子构象的稳定,分子内部之间的相互作用必然达到最大,使分子内部的吉布斯自由能达到最低值。这些使之保持稳定的相互作用力包括静电相互作用(盐键)、范德华力、氢键、疏水作用和二硫键等。图 5-2 为稳定蛋白质结构的主要化学键示意图。

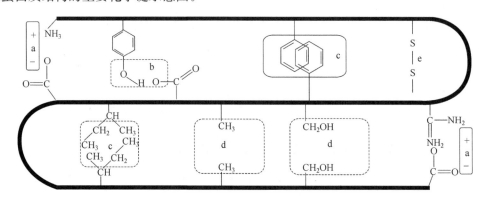

图 5-2　维持蛋白质构象的主要作用力
a. 盐键；b. 氢键；c. 疏水作用；d. 范德华力；e. 二硫键

1. 盐键　　盐键又称离子键,是原子得失电子后生成的阴阳离子之间靠静电作用而形成的化学键。静电作用就是离子键形成的本质。静电引力没有方向性,阴阳离子之间的作用可在任何方向上,因而离子键也没有方向性。同时,离子键也不具备饱和性,只要条件允许,阳离子周围可以尽可能多地吸引阴离子。

如图 5-3 所示,在近中性环境中,蛋白质分子中的酸性氨基酸残基侧链电离后带负电荷,而碱性氨基酸残基侧链电离后带正电荷,二者之间可形成盐键。蛋白质体系中盐键的形成不仅是静电吸引也是熵增加的过程。温度升高时盐键的稳定性增加,加入非极性溶剂时盐键加强,反之减弱。统计发现,蛋白质结构中的离子对数量很少,在进化中也不属于高度保守的残基。大多数的离子对都分布在分子表面,只有少数离子对分布在分子内部。如图 5-3 所示,离子对(盐键)对蛋白质稳定性有强烈的影响。但蛋白质似乎并不倾向用离子对间的静电相互作用来维持其天然结构的稳定性。

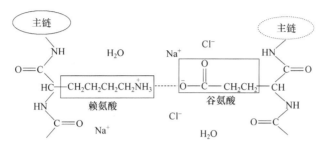

图 5-3 蛋白质分子中的盐键形成模式图

2. 范德华力   范德华力(van der Waals' force)即分子间的作用力,指中性分子之间非定向的、无饱和的、较弱的相互作用力。范德华力的来源是取向力、诱导力和色散力。取向力是指极性分子与极性分子之间的固有偶极矩相互作用。它的大小与分子的极性和温度有关。极性分子的偶极矩越大,取向力越大;温度越高,取向力越小。诱导力是指极性分子对非极性分子之间产生的诱导偶极矩与固有偶极矩相互作用,它的大小与分子的极性和变形性等有关。色散力是一对非极性分子本身由于电子的概率运动、相互配合产生的一对方向相反的瞬时偶极矩的相互作用。一般情况下,极性与极性分子之间取向力、诱导力、色散力均存在;极性分子与非极性分子之间,则存在诱导力和色散力;非极性分子与非极性分子之间,则只存在色散力。这三种类型的力的比例大小,取决于相互作用分子的极性和变形性。对大多数分子来说,色散力是主要的;只有偶极矩很大的分子(如水),取向力才是主要的;而诱导力通常是很小的(图 5-4)。

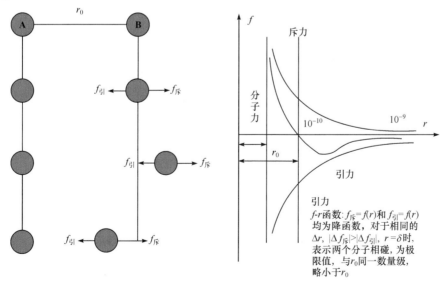

图 5-4 范德华力的形成及其作用原理图

3. 氢键   氢键是指与负电性大的原子 X(氟、氯、氧、氮等)共价结合的氢,如与负电性大的原子 Y(与 X 相同的也可以)接近,在 X 与 Y 之间以氢为媒介,生成 X—H⋯Y。水和冰的结构很难被热破坏,主要依赖于水分子中 O 原子与 H 原子之间的氢键。氢键并不只存在与 O 与 H 原子之间,O—H∶∶O,N—H∶∶O,N—H∶∶N 均有氢键形成,但 C—H 基团无法形成氢键,因为 C 原子电负性不强(图 5-5)。

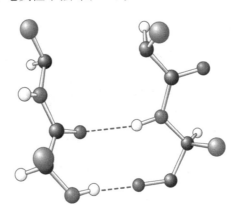

图 5-5　多肽链之间氢键的形成

氢键在稳定蛋白质结构中起着极其重要的作用,然而其在蛋白质折叠中究竟起多大的作用始终是一个有争议的问题。2006 年,杜克大学的化学家发现相对作用力较弱的氢键在线性蛋白折叠过程中发挥着决定性作用。近期研究指出,为保证生物活性的正常发挥,蛋白质合成后需马上折叠,而由相邻氢原子和氧原子之间的氢键诱导了蛋白质中央"骨架"的正确折叠。

4. 疏水作用   疏水作用是疏水基团或疏水侧链出自避开水的需要而被迫接近,对大多数蛋白质的结构和性质非常关键。蛋白质溶液系统的熵增加的主要动力是疏水作用。当疏水化合物或基团进入水中,它周围的水分子将排列成刚性的有序结构即所谓笼形结构(clathrate structure)。与此相反的过程,排列有序的水分子(笼形结构)将被破坏,这部分水分子被排入自由水中,这样水的混乱度增加即熵增加,因此疏水作用是熵驱动的自发过程。因此,在折叠过程中总是倾向与把疏水残基埋藏在分子的内部。但有趣的是,尽管在疏水作用的影响下大部分疏水基相互聚集,但仍有约 1/3 的疏水基暴露在水溶剂中。图 5-6 显示了疏水作用过程。

5. 二硫键   二硫键又称 S—S 键,是 2 个—SH 基被氧化而形成—S—S—形式的硫原子间的键。在生物化学领域中,通常是指在肽和蛋白质分子中的半胱氨酸残基中的键。半胱氨酸(Cys)的侧链有一个非常活跃的巯基,该巯基上的氢原子极易被其他原子取代。当一个半胱氨酸的硫原子与位于蛋白质不同位置的另一半胱氨酸的硫原子形成共价单键时,就形成了二硫键(图 5-7)。此键在蛋白质分子的立体结构形成上起着重要作用。

二硫键属于蛋白质一级结构中的重要作用力,几乎可以在所有的胞外肽类和蛋白质分子中发现这些共价键。长期以来,人们一直不能直接在细胞内观察二硫键的形成,有关二硫键蛋白质组的形成与细胞功能关系的研究领域进展缓慢。20 世纪初,我国二硫键蛋白质组学的研究取得新突破。2013 年出版的《美国科学院院刊》(PNAS)发表了华东理工大学生物反应器工程国家重点实验室与哈佛大学医学院合作完成的《哺乳动物细胞中线粒体对二硫键蛋白质组的调节》。该研究建立了一种灵敏、特异性的荧光标记方法,通过成像方法成功观察到细胞内二硫键的位置与水平。利用这种方法,发现伴随线粒体呼吸产生的活性氧被细胞利用形成

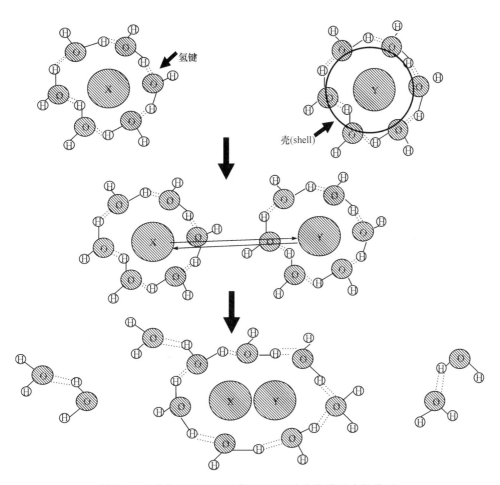

图 5-6 疏水作用过程的示意图（X,Y 均为微溶于水的分子）

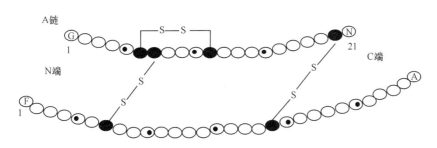

图 5-7 牛胰岛素多肽链中的二硫键示意图

细胞表面蛋白质中的二硫键。而线粒体这一细胞"能量工厂"功能的改变,可以影响二硫键的水平,进而调节这些蛋白质的折叠、转运及功能。这项研究成果,在细胞对蛋白质二硫键的调控研究上获得了突破性进展,对了解二硫键的形成及其对生命的调控、相关重大疾病机制研究与治疗具有重要意义。

以上详细讲述的氢键、盐键、疏水作用及范德华力均远弱于共价键。若破坏 1mol C—C 共价键需要 350kJ 的能量,破坏 1mol C—H 共价键则需要提供 410kJ 的能量,然而破坏 1mol 的典型范德华力则只需 4kJ 的能量即可。疏水作用也同样如此。因此氢键、离子键、疏水作用及范德华力均处于不断地形成与破坏之中。此外,共价二硫键在稳定某些蛋白质的构象方面也起着重要作用(表 5-1)。

表 5-1   稳定蛋白质结构作用力的化学能

作用力	能量[A]/(kJ/mol)
氢键	13～30
范德华力	4～8
疏水作用	12～20[B]
离子键	12～30
二硫键	210

A 是指断裂该作用力所需的自由能;B 表示 25℃时非极性侧链从蛋白质内部转移到溶剂水中所需的自由能,此能量在一定范围内随温度的升高而增加

5.2   突变与折叠

随着科技的发展,人类试图通过改变蛋白质的一级结构而改变蛋白质的功能。当天然蛋白质的序列被改变后,适用于天然蛋白质的某些结论可能就再不适用于突变蛋白质。通过与天然蛋白质序列的比较,人们发现当序列同源性高于一定阈值时,即使是不同序列的蛋白质也会折叠为非常相似,或者在粗略的眼光下看起来完全相同的结构。但是通过突变实验,人们还发现即使是单一的点突变,也有可能使得到的多肽链无法折叠为期待的构象状态。

5.2.1   突变与热稳定性

蛋白质在折叠态时,大部分侧链都折叠在分子内部的疏水环境中,不能与水接触;但是在退折叠态时,分子内或分子间的氢键会发生位置上的不断变化。通过研究疏水突变、氢键突变等定点突变对蛋白质稳定性的影响,可以了解这些物理化学性质与蛋白质稳定性的关系。对嗜热和寻常生物体内 18 种不同的蛋白质进行了系统的序列和结构的比较分析,如图 5-8 所示,等高线上稳定化自由能相等,数字表示 ΔG(kJ/mol)的值。在 $\Delta G=0$ 的线的左边折叠态更稳定,右边退折叠态更稳定。根据比较分析的结果发现了两个问题,首先在一种蛋白质内存在的导致热稳定的机制与跨种分析得到的倾向不符合;其次并不是所有嗜热与寻常生物的区别

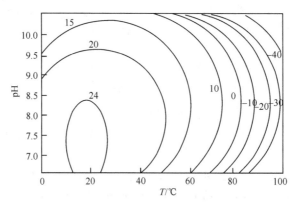

图 5-8   折叠态稳定性与 pH、温度关系的两维线图(引自王大成,2002)

都会用于提高蛋白质的热稳定性,它们可能只是种系发生上的区别。没有一个被认为是增进热稳定性的因素对所有这 18 种蛋白质都百分之百相符。在不同蛋白质间符合得最好的因素是盐键和侧链间的氢键,在大部分的嗜热蛋白中盐键与侧链氢键数都增加了。

如图 5-9 所示,嗜热蛋白质的稳定化不是通过如曲线 c 那样使整条曲线向高温方向移动,而是使曲率变小,稳定的温度范围变宽(曲线 d)或使最高稳定自由能增加(曲线 b)。两种变化的结果都使熔化温度升高。寻常的和嗜热的两种有机体的最佳生长温度 T_{opt} 和 T'_{opt} 都比它们各自的蛋白质最稳定的温度(在这个温度下,稳定化自由能 ΔG 极大)高许多,说明有机体只希望蛋白质保持适当的稳定性。

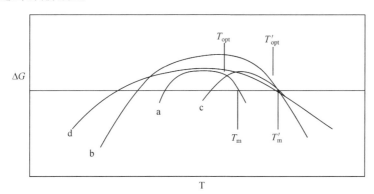

图 5-9　寻常生物蛋白质和嗜热蛋白质的稳定化自由能 ΔG 的温度截面(引自王大成,2002)

a. 寻常生物蛋白质的稳定化自由能曲线;b~d. 嗜热蛋白质的稳定化自由能曲线;
T_m 和 T'_m 分别为寻常蛋白质和嗜热蛋白质的熔化温度(退折叠转变温度)

5.2.2　蛋白质折叠

生物体内的蛋白质分子在特定环境中,依据遗传信息自我组装,这种自我组装过程称为蛋白质折叠。蛋白质折叠就是研究蛋白质特定三维空间结构形成的规律、稳定性及其生物活性的关系。这一过程既有热力学内容又涉及动力学问题。其中最根本的问题就是氨基酸序列如何决定蛋白质空间结构。涉及蛋白质折叠的研究集中在两个方面,第一方面是研究折叠的动力学问题解释蛋白质为什么能够快速折叠,第二方面是氨基酸残基之间作用力如何指导蛋白质正确折叠,这一问题被称为蛋白质折叠密码。

随着研究进展发现,在具体实验过程中蛋白质折叠涉及蛋白质体外折叠与体内折叠的理论模拟与实验数据相互结合的问题。而蛋白质折叠真正涉及的科学问题就是氨基酸序列如何决定蛋白质大分子空间结构,一级结构与复杂的二级结构和三级结构的形成存在怎样的关系。分子生物学研究指出蛋白质一级结构即氨基酸顺序由"密码子"决定,寻找控制蛋白质折叠的密码是解释蛋白质快速、精准折叠的关键。

1. 蛋白质折叠密码　科学研究发现,氨基酸序列不同,折叠而成的蛋白质结构就不同;而氨基酸序列相似,折叠而成的蛋白质结构也相似。在所有可能的氨基酸序列中,仅有少量的序列能折叠成具有生物活性的蛋白质。生物学领域普遍认为控制蛋白质折叠的密码存在于蛋白质一级结构即氨基酸序列中。而折叠密码的发现是解决蛋白质折叠热力学问题的关键。

20 世纪末研究者认为,控制蛋白质折叠的主要因素是蛋白质多肽链之间、多肽链与溶剂之间及溶剂和溶剂之间的作用力的叠加,多肽链在这些作用力的影响下,距离较近的多肽链相互作用,形成 α 螺旋和 β 折叠等二级结构,在构成二级结构的基础上组合成三级结构。这些作用力就是蛋白质折叠的密码。

2008 年起,不断有科学家发表文章质疑这一观点,普遍认为传统观点存在一定的片面性。现代结构生物学研究结果表明,蛋白质折叠的驱动力主要是蛋白质溶液体系总自由能的降低。总自由能降低的主要原因是溶剂熵和蛋白质构象熵的变化,包含蛋白质内部、蛋白质与溶剂之间共价键的形成和断裂。不同的折叠阶段,对系统自由能的贡献不同,蛋白质所处的阶段也不同。

2. 蛋白质折叠的历程   蛋白质折叠研究的中心问题是阐明蛋白质折叠的历程。近 20 年的研究指出,未折叠的肽链(P)在多种作用力的共同影响下,首先形成中间态(I),然后中间态逐步形成 α 螺旋或 β 折叠,最终形成具有特定三维结构和生物学功能的天然态(N):

$$P \xrightarrow{\ 快\ } I \xrightarrow{\ 慢\ } N$$

经历近 50 年的研究证实,对于大多数小分子蛋白质而言,退折叠的蛋白质在没有外力援助下可再次折叠成天然态。在此基础上,对蛋白质再折叠的历程有了较清晰的描述。

第一阶段:无序态的瓦解与二级结构的形成。退折叠的多肽链迅速形成二级结构,但处于不稳定状态。

第二阶段:二级结构稳定状态。

第三阶段:多途径折叠。蛋白质二级结构在不同作用力的影响下进行联合与装配,按照自己固有的模式逐步从退折叠态向天然态转变。

第四阶段:天然态形成。通过稳定的二级结构之间的相互作用,构成特有的三级结构与四级结构,最终形成天然态。这一阶段侧链被固定在特有的位置,分子结构稳固,蛋白质具备特定的生物功能。该阶段是折叠的最后过程,速度较慢。

3. 蛋白质折叠速度机制   有科学家提出,为什么多肽链构象组合数量巨大,而蛋白质在生物体内却可以在几微秒甚至更短的时间内折叠成正确的具有生物学活性的天然构象。以鸡溶菌酶为例,由多肽链折叠成天然结构仅需 2s(图 5-10)。这一点是如何做到的? 也就是说理论上蛋白质折叠成天然构象需要更多的时间,但实际上所需的时间却短很多,关于这一点的解释只能从动力学的角度进行分析。

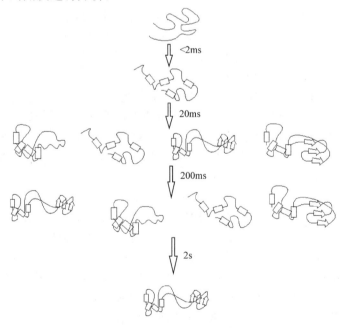

图 5-10   鸡溶菌酶体外再折叠过程

近些年来,一些新兴的研究方法出现,如变异研究、氢交换、荧光标签、激光温度跃迁和单分子方法等,使人们逐步发现了蛋白质折叠的路径。蛋白质折叠动力学认为蛋白质折叠过程中存在着多个能垒阻止蛋白质获得最稳定的构象。从整个折叠路径上来看,热力学研究设定蛋白质折叠过程是从高能态向低能态的转变,这一过程受到动力学也就是自由能的影响。但不同蛋白质的折叠过程不同,发挥的作用也存在差别,因此动力学和热力学的影响因素既相互作用,又相互制约,在这两大因素的影响下蛋白质才能快速正确地完成折叠。

5.3　蛋白质折叠热力学和动力学

　　蛋白质折叠问题主要包括以下三个不同方面:①在原子间相互作用力的影响下氨基酸如何形成稳定天然态,即蛋白质折叠的热力学问题;②如何在原子间作用力的影响下,迅速折叠成天然态,即蛋白质动力学问题;③怎样通过氨基酸序列预测天然态蛋白质的空间结构,即蛋白质的预测方法。

　　2012 年,*Science* 杂志发表文章,回顾了 50 年来关于蛋白质折叠问题的相关进展情况。自 1962 年科学家首次提出关于蛋白质折叠的问题以来,研究者在巨型计算机、新材料、药物开发及人类基本生命过程的理解上取得了巨大成就,这其中包括与蛋白质折叠相关的疾病,如阿尔兹海默病、帕金森病及 II 型糖尿病等。生物体内蛋白质的折叠是其功能正确发挥的前提,但折叠路径和过程都十分复杂而且容易出现错误,图 5-11 显示了蛋白质折叠的路径及控制因素。不少肽链在某些条件下氨基酸序列不变,而折叠发生错误,立体结构产生异常最终导致疾病,这类疾病称为"构象病"或"折叠病",如 α-抗胰蛋白酶缺陷病、阿尔茨海默病等神经退化疾病。

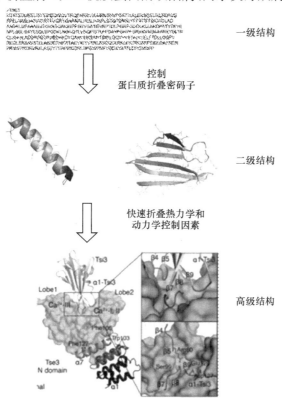

图 5-11　蛋白质折叠的路径及控制因素

5.3.1 蛋白质折叠的热力学研究

蛋白质折叠过程是极其复杂的生物学过程,其中既包含热力学变化,又离不开动力学的推动。作用于氨基酸残基序列上的作用力如何指导蛋白质折叠? 这一热力学问题,又被称为"折叠密码"。究竟是什么元素驱动蛋白质折叠成三维立体结构? 传统观点认为,氢键、范德华力、肽链角度偏好、静电相互作用和疏水作用力是蛋白质折叠的驱动力,在这些力的叠加作用下,多肽链形成二级结构,二级结构又编码了三级结构。

图 5-12 为蛋白质折叠研究的漏斗模型。从能量的角度看,漏斗表面上的每一个点代表蛋白质的一种可能构象,变性状态的蛋白质构象位于漏斗顶面,漏斗最底部的点表示用 X 射线单晶衍射或 NMR 测定的蛋白质天然构象,而漏斗侧面的斜率用来说明蛋白质折叠路径。

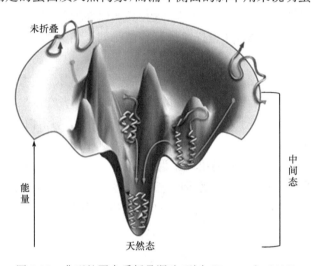

图 5-12   典型的蛋白质折叠漏斗(引自 Ken et al. ,2012)

1. 熵的作用   在已知的蛋白质结构中存在大量的氢键、范德华力和离子键。这些作用力在蛋白质折叠过程中均起到了一定的作用。生物体内任何的天然结构的形成都离不开氢键;氢键在维持具有生物学活性的蛋白质立体结构中起了重要的作用。蛋白质紧凑的天然结构依赖于范德华力的作用;蛋白质结构中的离子键数量相对较少,但对蛋白质结构的稳定性有影响。以上作用力的主要作用在于维持已形成的三维结构的稳定性。

目前,大多数观点都支持熵增效应是蛋白质折叠主要驱动力这一观点,并有大量的理论和实验数据支持此观点。依据熵与自由能的关系,熵最大化即为体系自由能最小化。为了保证蛋白质分子自由能最小化,尽可能地避免溶液中极性分子与非极性的氨基酸侧链接触,通过折叠作用将疏水集团埋入分子内部,而仅将极性和带电残基暴露于分子表面。使整个蛋白质溶液处于自由能最小的状态,其熵也就是最大的状态。同时,研究者发现只要保留多肽链原有的亲水和疏水集团的排列模式不变,适当地变动氨基酸序列,蛋白质也能折叠成其天然构象,再次证明了蛋白质体系熵增效应是蛋白质折叠的重要驱动力之一。

2. 吉布斯自由能降低的影响因素   吉布斯自由能是在恒温恒压条件下导出的衡量系统状态的热力学函数。对热力学体系而言,只要体系状态发生变化,自由能就随之改变,因此可以根据自由能的增减判断体系反应的方向。自由能变化会导致更多作用力产生,使蛋白质分子以更高的概率折叠,维持其低自由能状态。当蛋白质处于伸展状态时,多肽链及其侧链与

溶剂水之间存在相互作用,因而折叠时吉布斯自由能变化应同时考虑多肽链和溶剂两者对体系焓值变化和熵值变化的贡献,即

$$\Delta G_\text{总} = \Delta H_\text{链} + \Delta H_\text{溶剂} - T\Delta S_\text{链} - T\Delta S_\text{溶剂}$$

折叠态蛋白质与伸展态蛋白质相比是一种高度有序化的结构,因此 $\Delta S_\text{链}$ 是负数,则 $-T\Delta S_\text{链}$ 为正值。折叠态蛋白质中疏水侧链主要是通过范德华力彼此相互作用的,而伸展态蛋白质的疏水侧链和溶剂分子间的作用力比范德华力强。当 $\Delta H_\text{链}$ 对疏水侧链为正值,有利于伸展态;当 $\Delta H_\text{溶剂}$ 对疏水侧链为负值时,有利于折叠态。这是因为蛋白质处于折叠态时,许多水分子之间的相互作用将代替水分子和疏水侧链的相互作用。$\Delta H_\text{链}$ 与 $\Delta H_\text{溶剂}$ 值都不大,一般对折叠不起主要作用。如前所述,在蛋白质折叠过程中会打破水的有序化,则 $\Delta S_\text{溶剂}$ 为较大的正值,因而有利于折叠态。对于典型的蛋白质来说,对折叠结构的稳定性作出单项最大贡献的是疏水残基引起的 $\Delta S_\text{溶剂}$。在不同类型的蛋白质中,总熵变化和总焓变化所作的贡献是不同的,但结果一样,蛋白质折叠结构是生理条件下自由能最低的构象。因此,从吉布斯自由能的变化值来考虑,多肽链的折叠是热力学中的自发过程。

3. 蛋白质折叠热力学研究方法   蛋白质热力学研究方法主要是热分析技术。热分析所测定的热力学参数主要是热焓的变化(ΔH)。量热实验是近年来发展起来的一种热分析方法,用它可以直接测定热容量的变化,还可以测定焓变、熵变。微分扫描量热仪基本构造是以恒定的速率加热两个量热池,一个量热池装蛋白质溶液,另一个量热池装缓冲液作对照,两个量热池分别给热,它们热量需求的差别就是两个池中热容量的差别。此时微分扫描量热仪测定的是简单球蛋白溶液的热容与参考缓冲液热容量之差随温度的变化(图 5-13)。

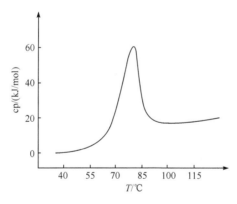

图 5-13   球蛋白退折叠微分扫描量热曲线示意图(引自王大成,2002)

生理条件下,平均每个氨基酸残基对稳定自由能的贡献比在相同条件下的平均热运动能小许多,这一点可以从退折叠态和折叠态间的实验自由能差(通常在 $20 \sim 60\text{kJ/mol}$)得到证明。这也同时强调了蛋白质折叠的协同性。多年的微分扫描量热仪研究表明,蛋白质的折叠态与退折叠态相比,其稳定性并不显著,这一现象强调了蛋白质折叠的协同性。单个残基与残基之间的相互作用不足以维持蛋白质稳定构象。但当蛋白质分子中大量残基作用积累在一起时,它们合起来的协同作用可维持蛋白质的稳定构象。

生理温度范围内,大多数蛋白质的折叠态是稳定的。温度在 $20 \sim 40℃$ 的时候,ΔG 随温度的变化很小;但随着温度的升高,ΔG 降为负值。从这个温度开始,退折叠态变得更稳定。

$\Delta G = 0$ 的温度即为退折叠转变的中间点温度（T_m）。通常情况下，蛋白质外推的冷失活温度处于冰点之下。图 5-14 为小的球蛋白退折叠热力学参数随温度变化的特征。冷失活的量热实验是很困难的，但冷失活在行为上类似于协同的退折叠转变，其热力学参数与高温退折叠数据的外推估计值相符，这一点已经得到了证明。

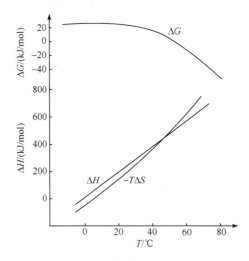

图 5-14　小的球蛋白退折叠热力学参数随温度变化特征（引自王大成，2002）

5.3.2　蛋白质折叠的动力学研究

大多数蛋白质在体外是不稳定的，外界环境如温度、酸度等的变化，都可以导致蛋白质空间结构的破坏和生物活性的丧失，但并不破坏它的一级结构。具有完整一级结构的多肽链又是如何折叠成为它特定的高级结构的呢？这成为蛋白质折叠研究中第二个根本的科学问题，即折叠的动力学问题。20 世纪 30 年代，我国科学家吴宪提出了对蛋白质变性作用的认识，被国际上广泛接受。变性的蛋白质由于一级结构仍然完整，因此虽然成为一条伸展的肽链，但根据 Anfinsen 原理它还应该可以在一定的条件下重新折叠成原有的空间结构并恢复原有的活性。这是长期以来在体外研究蛋白质折叠的基本模型。

1. 折叠与退折叠　绝大多数蛋白质并不是一步就完成了其折叠过程的，而是从一条伸展的肽链开始，经过许多折叠的中间状态，逐渐折叠成具有特定结构的、有活性的蛋白质。含有多个亚基的蛋白质分子，亚基间的相互作用使之组装成复杂的蛋白质分子。多肽链构象的变化是折叠/退折叠过程研究中的重点，不涉及化学键的变化。实际情况下，蛋白质的折叠和退折叠反应都是多重并行的，原因是退折叠态在构象上是多种多样的、不均一的。图 5-15 显示了蛋白质折叠与退折叠平衡状态。

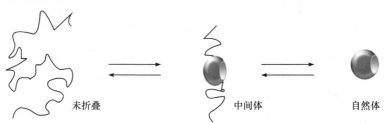

未折叠　　　　　　中间体　　　　　　自然体

图 5-15　蛋白质折叠与退折叠平衡状态

总的来看,一般多肽链的折叠/退折叠是一个非常复杂的过程,而且往往是不可逆的。蛋白质折叠/退折叠的平衡热力学和动力学的研究表明,天然态是在热力学平衡状态下存在的单一构象状态,而失活态则是多构象状态。许多单结构域的小蛋白质折叠表现出典型的两态协同过程的特征,以单分子为协同单位,又适用于过渡态理论。这种协同性是以大量的弱相互作用为基础的。单独的相互作用不足以稳定结构,但许多不同残基的协同相互作用才显现出足够的稳定效果,并引导多肽链以一定的方式运动。当然肽链本身过长也会破坏折叠的协同性,可能完成协同折叠的最长肽链长度是由热运动规律决定的。

导致蛋白质退折叠的因素有很多,如温度、pH 和失活剂的浓度增加等。前面已经提到蛋白质有各种各样的退折叠即失活状态。当失活过程中形成不可溶的聚集体或沉淀时,这样的失活就是不可逆的。从活性态到失活态的可逆转变过程是人们更感兴趣的研究。对于蛋白质工程来说,如何使溶解的多肽链复活,仍然是很有意义的研究方向。

2. 蛋白质折叠研究技术　　研究快速折叠的方法主要有三种,分别是光化学触发技术、温度或压力跃变技术及超快混合技术。

第一种是光化学触发技术。这种技术利用了一氧化碳与失活蛋白质中的血红素的结合能力要比天然蛋白质中的血红素结合能力强的事实。光解发生在小于皮秒的时间内,所以该方法可以无限制的时间分辨率来进行折叠实验研究。天然蛋白质是在没有结合一氧化碳的时候更稳定,而失活蛋白质是在结合了一氧化碳以后更稳定,因此一氧化碳的光解就可以启动失活蛋白质的重折叠。

第二种是温度或压力跃变技术。温度跃变是通过使用激光脉冲而产生的,因为温度跃变可以影响任何产生显著焓变的折叠/退折叠过程的平衡,所以这是一种被广泛采用的方法。压力跃变,就是通过压力的改变导致体积的改变,来改变折叠/退折叠平衡。几乎所有蛋白质都可以在足够高的失活剂浓度下退折叠并保持可溶,所以失活剂的稀释将成为启动蛋白质折叠的重要方法。

第三种是超快混合技术。采用这种技术,可以产生一股与容器内周围液体接触并以恒定速度流动的微观或亚微观厚度的蛋白质溶液流。通过液体以扩散方式进入或退出这一狭窄的蛋白质溶液流,两种液体发生混合。

5.3.3　蛋白质构象研究方法

研究蛋白质构象的方法主要分为两大类:一类是测定溶液中的蛋白质分子构象,如核磁共振法、圆二色性光谱法、紫外差示光谱法、激光拉曼光谱法及氢同位素交换法;另一类是晶体蛋白质分子构象,如 X 射线衍射结构分析法和小角中子衍射法。表 5-2 对各种研究方法作了简单介绍。

表 5-2　测定蛋白质构象的各种方法

方法	提供的结构信息	主要指标	主要设备	应用
核磁共振法	溶液中蛋白质分子构象;构象动力学	化学势移,谱线强度,自旋偶合常数	脉冲傅里叶 NMR 波谱仪	越来越多
圆二色性光谱法	二级结构及其变化	椭圆度	圆二色性光谱仪	很多
荧光光谱法	Tyr 或 Tyr 微区;构象变化	发射光谱,量子产率	自动扫描荧光分光光度计	很多

续表

方法	提供的结构信息	主要指标	主要设备	应用
紫外差示光谱法	Tyr 或 Tyr 微区；构象变化	不同波长 ΔOD	双光路紫外分光光度计	很多
激光拉曼光谱法	二级结构	拉曼光谱峰	激光拉曼光谱仪	不够成熟，应用比较困难
氢同位素交换法	氢键数目，规则二级结构含量	与环境水不可交换的肽键氢的个数	1. 红外分光光度计 2. 分子筛＋氚测定	较少
X 射线衍射结构分析法	多肽链上所有原子的空间排布，但氢原子除外	衍射点的强度和位置	高分辨率 X 射线衍射仪	很多
小角中子衍射法	多肽链上所有原子的空间排布	散射强度的分布	中子源；小角相机	刚起步

除上述方法之外，X 射线晶体衍射技术和核磁共振技术是至今为止研究蛋白质结构最有效的方法，运用这两种方法所能达到的精度是以往的光谱法无法达到的。但由于蛋白质体外实验时，必须获得蛋白质晶体，而获得纯度较高的蛋白质晶体较为困难，因而制约了蛋白质折叠的研究进展。因此现有的很多研究是基于近代物理学、数学和分子生物学的发展而获得的，其中，利用同源模建法预测蛋白质结构是最常用、最有效的。此种方法必须用已知同源蛋白质的结构作为模板。当没有模板时，这种方法就无法预测。此方法无法从氨基酸序列出发，直接预测蛋白质结构。因此，充分了解蛋白质折叠过程和路径，解决折叠历程中的热力学和动力学问题，是阐明蛋白质折叠机制并对其空间结构进行预测的基础。

思考题

1. 何谓焓、熵？它们分别有何意义？
2. 如何测量蛋白质溶液的热容量？
3. 蛋白质折叠动力学的研究技术有哪些？
4. 蛋白质折叠反应需满足的实验标准是什么？
5. 简述蛋白质折叠的基本过程。
6. 简述第二遗传密码的含义及意义。
7. 简述蛋白质折叠的意义及应用前景。
8. 简述蛋白质折叠的机制。
9. 试述蛋白质折叠的最新研究进展。

主要参考文献

王大成. 2002. 蛋白质工程. 北京：化学工业出版社

Adrian CHO. 2012. News flash: X-ray laser produces first protein structure. Science, 338:1136

Andersen JS, Wilkinson CJ, Mayor T. 2003. Proteomic characterization of the human centrosome by protein correlation profiling. Nature, 426(6966):570-574

Branden C, Tooze J. 1999. Introduction to Protein Structure. 2nd ed. London: Garland Publ. , Inc.

Dante N, Michael S, Mani R, et al. 2013. Structure of LIMP-2 provides functional insights with implications for SR-BI and CD36. Nature, 504(7478):172-176

Dill KA,Maccallum JL. 2012. The protein-folding problem,50 years on. Science,338(6110):1042-1046

Finkelstein AV,Ptitsyn OB. 2013. 蛋白质物理. 李安邦译. 北京:科学出版社

Garcia-Mira MM,Sadqi M,Fischer N,et al. 2002. Experimental identification of downhill protein folding. Science,298(5601):2191-2195

Koga N,Tatsumi-Koga R,Liu G,et al. 2012. Principles for designing ideal protein structures. Nature,491(7423):222-227

Kresten L-L,Stefano P,Ron OD,et al. 2011. How fast-folding proteins fold. Science,2011:517-520

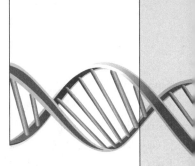

6 蛋白质的结构解析

蛋白质结构的测定与解析是生物化学和蛋白质工程的重要研究领域之一,它是通过一系列的分子生物学、生物化学和生物物理学的手段,进而获得蛋白质的高清三维立体结构。通过分析蛋白质结构,可以较精确地理解蛋白质的功能和作用方式,为控制蛋白功能和蛋白质的改造提供良好的依据。同时,蛋白质和相应小分子如辅酶、底物、抑制剂及与其他相互作用的蛋白质复合物的研究也为蛋白质结构和功能的研究奠定了基础。

蛋白质结构解析的方法主要有 X 射线晶体衍射技术、核磁共振(NMR)波谱法和电镜三维重构技术等。X 射线晶体衍射技术是目前应用最多也是最好的蛋白质三维结构的研究手段,具有实验周期短、结构清晰、适用于所有蛋白质等特点。但有些蛋白质的晶体生长困难,且结构只能反应蛋白质的静态信息。核磁共振波谱法能够反映蛋白质的动态信息,但是目前的技术只能应用于分子质量较小的蛋白质,且有时结构解析所需时间较长。目前的电子显微镜重构技术分辨率较低,只适于观察难结晶的复杂蛋白质的整体轮廓。随着科技的发展,人们在不断完善这些方法。除此之外,还有质谱法、圆二色性光谱法等可以间接地分析蛋白质的细微结构。

6.1 利用 X 射线晶体衍射技术解析蛋白质结构

目前应用于蛋白质结构解析最多的是 X 射线晶体衍射技术,它的主要优点是解析的结构较清晰、所需时间较短等。首先通过蛋白质的表达和纯化获得高纯度的蛋白质,进而获得高质量的蛋白质晶体,然后获得 X 射线晶体衍射数据,再经过一系列处理和优化才能最终得到蛋白质的结构。

6.1.1 X 射线晶体衍射技术的发展和基本原理

X 射线是在 19 世纪末由 Rontgen 首先发现的,并在大约 20 年后由 Laue 首次发现了 X 射线的衍射现象。直到 20 世纪五六十年代,才有第一个低分辨率的蛋白质结构通过结晶学获得,这意味着蛋白质结晶学进入标志性时代。这个结构是由 Perutz 和 Kendrew 解析的肌红蛋白(myoglobin),两位科学家也因此获得 1962 年的诺贝尔化学奖。此后的 10~20 年,X 射线蛋白质结晶学取得了突飞猛进的发展,有多个蛋白质的结构得以解析。特别是首个膜蛋白结构也通过 X 射线晶体衍射技术获得,标志着该技术在结构生物学中的广泛应用。随着相关科技的不断进步,蛋白质结晶学越来越趋于自动化,很多以前难于解析的蛋白质结构被攻克。现在,平均每天都有几十甚至几百个蛋白质结构得以解析。大量蛋白质结构的解析极大促进了生物化学等生物相关领域的发展,许多蛋白质的作用机制及与其他分子间的相互作用也由此得以发现。蛋白质结构还促进了制药业的发展,蛋白质结构为药物的设计和鉴定提供了准确的依据。

蛋白质晶体是蛋白质在过饱和状态下从溶液中析出的,由无数个蛋白质分子有规律地叠加形成的有序反复的固态结构状态(图6-1)。一般显微镜下可见晶体的三维大小从几微米到几百微米。有时极其微小的晶体不易被观察到,并且蛋白质晶体很少会长到很大,诸如三维都超过1mm。一般可用于X射线衍射收集数据的晶体,最小的一维结构要在几十微米以上。

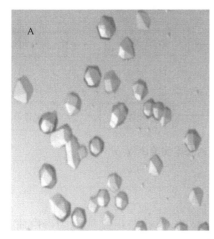
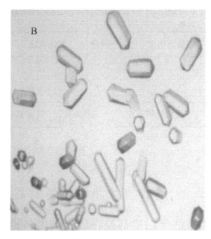

图6-1 乳酸脱氢酶的蛋白质晶体

A. 图中晶形为六边形;B. 图中晶形为棒状

X射线衍射蛋白质结晶学的原理如下:当X射线照射在蛋白质的原子上时,光线会被原子形成散射。这些所有的散射光线相互干扰,形成叠加或消减作用,最后在收集器上被收集。这些收集的信息由于是有已知波长的X射线照射在蛋白质分子后衍射形成的,包含着蛋白质内部很多重要的信息。这些信息包括原子的特性、原子间距离、排列方式等。收集到的信息再通过傅里叶转换,变换成计算机软件能分析的电子云图的形式,把可能的模型放入电子云图中,经过一系列的优化直至最终得到蛋白质结构,见图6-2。

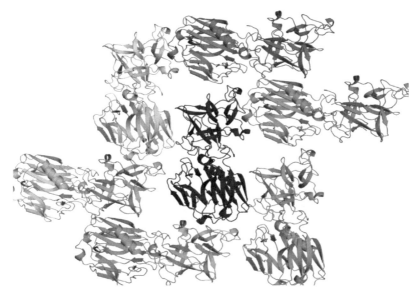

图6-2 肉毒杆菌毒蛋白血清型C/D受体结合结构域的蛋白质晶体摆列方式

其中不同的蛋白质单体用不同颜色表示

6.1.2　蛋白质结晶方法

蛋白质结晶学包括目的基因的克隆、蛋白质的表达和纯化、蛋白质的结晶、晶体数据采集和最终的结构解析等步骤(图 6-3)。其中蛋白的结晶是最为关键的步骤,并不是所有的蛋白质都能获得高质量的晶体。晶体数据的相位分析一般也很关键,尤其对于新的蛋白质结构来说。而对于有些困难蛋白质,表达和纯化也是很有挑战的步骤。

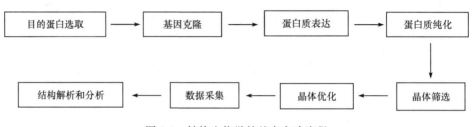

图 6-3　结构生物学的基本实验流程

6.1.2.1　蛋白质结晶的样品制备

绝大多数的蛋白质都是在较高纯度条件下结晶的,因此获得高纯度的蛋白质是结晶的关键步骤之一。这一过程主要包括目的基因的克隆、蛋白质的表达和蛋白质的纯化三个主要步骤。这些内容已经在绪论中讲述,这里不再赘述。

6.1.2.2　蛋白质结晶的基本方法

蛋白质晶体是蛋白质在溶液中达到过饱和后,以一种相对耗能较小的物理存在形式。晶体的形成首先是形成晶核,然后其他蛋白质分子以非常规律、有序的方式堆积在晶核上,逐渐形成晶体。在得到尽可能纯的蛋白质的前提下,蛋白质结晶的原则是在一定沉淀剂的条件下,缓慢地使蛋白质达到过饱和,从而结晶。具体来讲,是将蛋白质溶液和沉淀液混合,同时加入一些添加剂,在一定 pH 下以盐析作用使蛋白质浓度缓慢过饱和从而结晶。沉淀剂一般是较高浓度的盐溶液如硫酸铵或不同分子质量的 PEG。添加剂通常是低浓度的金属盐或维持目的蛋白功能的小分子,蛋白质结晶的 pH 则以中性左右居多。沉淀剂的筛选可以购买商业试剂盒,在蛋白质结晶实验之前,一般把蛋白质溶液换到较低盐的缓冲液里。蛋白质的浓度一般初试 5~10mg/mL,然后根据具体实验结果再调整浓度。

自从发现蛋白质结晶以来,曾经使用的方法有透析法、液相扩散法、气相扩散法等。近年来,由于大规模、高通量结晶技术和设备的使用,人们更常用气相扩散结合批量板(microbatch)法。

1. 倒置液滴气相扩散法　　倒置液滴(hanging drop)气相扩散法是将 $1~10\mu L$ 蛋白质溶液和等体积的沉淀液,在事先处理过的盖玻片上均匀混合,然后将载有液滴的盖玻片倒置在盛有 $500~1000\mu L$ 沉淀液的小容器上封紧。倒置在盖玻片上的液滴由于是蛋白溶液和沉淀液 1：1 的混合,浓度较容器中的沉淀液低,所以水分会从液滴慢慢挥发到容器中,从而和沉淀液的浓度达到一致。这一过程中,液滴里的蛋白质浓度缓慢升高,在一定条件下达到饱和并形成晶体(图 6-4A)。

2. 正置液滴气相扩散法　　正置液滴(sitting drop)气相扩散法的原理和倒置液滴气相

扩散法一致,设置也非常相似。蛋白质和沉淀液通常也是1:1的混合。不同的是用正置液滴法在小容器的底部有一个突起的小槽来放置蛋白质液滴。盖玻片的作用只是封闭容器而不承载液滴。一般如果蛋白质的表面张力较小,用倒置液滴法会使溶液扩散,可以选择正置液滴法。

3. 批量板法　　批量板(microbatch)法是目前最常用的大规模结晶筛选的方法。每个批量板可同时筛选96种或更多的结晶条件。将蛋白质溶液和沉淀液1:1混合在批量板的小孔中,然后在溶液之上轻轻加一滴液状石蜡以达到半密封的效果。随着水分透过液状石蜡缓慢蒸发,溶液中的蛋白质浓度逐渐升高达到饱和并可能在一定条件下结晶。随着大规模结晶技术特别是自动结晶机器人的发展,批量板法因为其适于高通量筛选的优点而越来越多地被人们使用。特别是最近研制出了可以用倒置液滴或正置液滴气相扩散法的批量板,更多的研究者倾向于使用这一方法(图6-4B)。

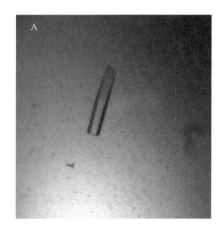 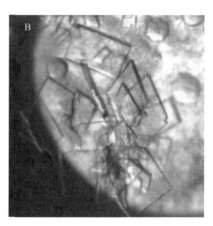

图 6-4　气相扩散法与批量板法制备蛋白质晶体

A. 用倒置液滴气相扩散法得到的 γ-羟基丁酸脱氢酶的蛋白质晶体;B. 用批量板法得到的 γ-羟基丁酸脱氢酶的蛋白质晶体

6.1.2.3　蛋白质结晶仪器

由于蛋白质结晶条件的不可预测性,通常需要筛选上千种或更多的可能结晶条件。加上考虑调整不同蛋白质浓度、结晶温度等因素,需要试验的条件则更多。近年来,几种结晶筛选机器人的出现极大缩短了筛选的过程,同时所需的蛋白质量很小。对于一些较难纯化的蛋白质,机器人的优势就十分明显。除筛选之外,机器人还可用于晶体的优化,如加入添加剂等来获得高分辨率的晶体。总之,利用结晶机器人来进行蛋白质结晶已经成为结构生物学实验室的发展趋势。

6.1.2.4　蛋白质结晶的影响条件

蛋白质的结晶受多个条件因素影响,如蛋白质的纯度、浓度等。近年来,由于越来越多的商业化结晶试剂盒的出现,很多可能的结晶条件都被包括。具体分述如下。

1. 蛋白质本身　　蛋白质本身的特性是蛋白质能否结晶的关键因素。首先蛋白质的纯度要高,绝大多数结晶的蛋白质纯度都在90%~95%以上。一般蛋白质纯度越高,结晶的可能性就越大。除纯度高以外,蛋白质的聚体形式一般要求比较单一,如都是单聚体,或都是二聚体等,而两种或更多的聚体形式的混合状态则通常不易结晶,如果存在聚集形式的蛋白质则更不易结晶。

并不是所有蛋白质在现有的技术条件下都能结晶。如果全长蛋白不能获得结晶,可以首先考虑限制性蛋白酶切法。限制性蛋白酶切法的原理是蛋白质结构松散的部分较结构紧密的部分易于短时间被蛋白酶所切断,然后通过生物化学方法能够鉴定结构紧密的蛋白质部分。再应用基因工程手段克隆和纯化这部分蛋白质,从而把导致不易结晶的蛋白质部分除去达到增加蛋白质结晶可能性的效果。

如果难结晶的蛋白质是复杂的多结构域蛋白,可以考虑克隆并纯化单个或几个结构域来结晶。因为多结构域蛋白通常结构域的连接处比较灵活,导致各个结构域之间有一些动态变化。而这些动态变化常影响结晶。单个结构域或几个结构域则相对稳定,增加结晶的可能性。

如果难结晶的蛋白质分子质量较小,可以考虑用较大的易结晶的蛋白质和目的蛋白融合表达和纯化的方式,这样易结晶的融合蛋白可能带动不易结晶的目的蛋白来共同结晶。除具有助结晶的作用外,融合蛋白通常还可以增加目的蛋白的可溶性并帮助纯化。除此之外,因为融合蛋白有已知的结构,所以融合蛋白和目的蛋白共结晶后还能利用已知的结构来解决结构解析过程中的位相问题。

2. 蛋白质的浓度   结晶实验时初始蛋白质的浓度一般在 $5\sim10\mathrm{mg/mL}$。有时可根据蛋白质的具体特性来升高或降低蛋白质的浓度。是否最佳浓度可根据蛋白质在沉淀液中的状态进行判断。如果所有条件中蛋白质沉淀的 $70\%\sim80\%$,就应该考虑降低蛋白质浓度。反之,如果所有条件中没有蛋白质沉淀的部分大于 $70\%\sim80\%$ 且没有晶体形成,则可适当增加蛋白质浓度。

3. 沉淀剂   沉淀剂是导致蛋白质结晶的主要物质,在蛋白质结晶中起关键作用。沉淀剂主要分为盐类如硫酸铵和有机物类如 PEG。它们总的作用就是使蛋白质和水分子分离,从而使蛋白质形成有规律的聚集状态进而结晶。近年来商业化的试剂盒中通常都含有比较完全的沉淀剂条件,节省了设计和调配沉淀剂的时间。

4. 温度   温度在蛋白质结晶过程中也起较为重要的作用。蛋白质在不同温度下可溶性不同,进而影响蛋白质在溶液中的饱和程度。很多蛋白质在低温条件下可溶性降低,而有些蛋白质只有在低温的条件下较为稳定。因此,一般都把相同的筛选或优化条件在 4℃和室温(22~24℃)同时进行。

5. pH   一般来讲,结晶溶液的 pH 离蛋白质的等电点越近,越容易使蛋白在溶液中析出,形成晶体。远离等电点有时会增加蛋白质和水分子的相互作用,不利于形成晶体。商业的结晶条件试剂盒中都包含了较详尽的 pH 范围,一般不需要实验者在筛选结晶条件时去设计pH 的单独筛选。

总之,蛋白质结晶是多种条件共同作用的结果,在进行结晶筛选或优化实验时要同时考虑多种条件。除上述影响因素外,其他条件诸如压力、震动、电磁场等都会对蛋白质的结晶造成一定影响。

6.1.2.5 蛋白质晶体的优化

蛋白质晶体的获得是蛋白质结晶学的关键步骤之一。由于结晶沉淀液一般都是浓度较高的盐溶液,并且只有较小的体积,水分的挥发有时容易使盐分达到饱和并形成盐晶体。盐晶体一般排列紧密,晶体相对结实。而蛋白质晶体一般含有一半以上的水分子成分,较盐晶体易破碎。虽然通过筛选得到的晶体有的直接就是高质量晶体,但大多数还需要进一步优化以得到高质量晶体。优化的目的是获得高质量、高分辨率的晶体(一般 X 射线衍射数据分辨率要高于 3Å)(图 6-5)。

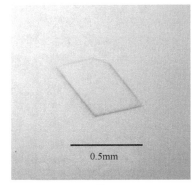

A   B

图 6-5 肉毒杆菌毒蛋白血清型 D 受体结合结构域的蛋白质晶体

A. 初筛得到的晶体大多数长在一起不易分离和进行 X 射线衍射;B. 经优化后得到的适于 X 射线衍射的晶体(1.65Å)

1. 优化结晶条件 最常用的晶体优化方法是改变已经获得晶体的结晶条件。结晶的条件包括沉淀液浓度、添加剂浓度、pH、蛋白质浓度、温度等。可以设计一个简单的矩阵,围绕获得晶体的条件,将各个参数调整后再进行实验。首先较大范围地粗调整,得到较好晶体后,再围绕相应条件作细调整。同时,也可以改变结晶的方法,如将倒置液滴气相扩散法改为正置液滴气相扩散法等。

2. 添加剂 有些蛋白质的局部结构平时比较松散,只有与相关功能的分子结合后,才能形成紧密有序的稳定结构,易于结晶或形成高分辨率的晶体。根据蛋白质的不同,这些分子可能是辅酶、底物或类似物、抑制剂、糖类等。同时,一些含有金属阳离子如钙、锌、镁、钴等的盐有时也会对高质量的晶体形成有帮助。另外,少量的去垢剂也可能有助于晶体的优化。

3. 晶体种植法 有时蛋白质形成无数的微小晶体(microcrystal),无法以单个晶体的形式从沉淀液中捞出。对于这种情况可以考虑晶体种植(seeding)法。将许多的微小的蛋白质晶体从溶液中捞出,放入含有相同条件的溶液中,然后用物理的方法进一步将微小的晶体打碎。这一方法的原理是大量微小晶体的形成是由于蛋白质溶液中有太多的晶核,而经过打碎和稀释后,在新的溶液中种植少数的几个晶核,这样蛋白质会围绕这几个晶核生长,从而形成大的适于衍射的晶体。

4. 优化操作 得到的晶体需要从溶液中捞出,放在有防冻剂的溶液中,保存在液氮中直至放到衍射仪上。这一过程的操作不慎常导致晶体部分融化,从而使衍射分辨率降低。所以首先要保证这一操作过程熟练准确。另外,有时有些防冻剂会对不同的晶体产生不同程度的损伤,所以要测试几种不同的防冻剂。

6.1.3 X 射线晶体衍射解析蛋白质结构的基本方法

在获得蛋白质晶体后,蛋白质结构的解析过程主要包括晶体的冷冻和防冻、数据采集、位相分析、最终模型的建立和优化等步骤(图 6-3)。近年来,随着蛋白质结晶技术及相关软件的发展,这一部分已经越来越自动化,只要能获得高质量的蛋白质晶体,结构解析这一部分即使有时会有一些挫折，一般最终都能得以实现(图 6-6)。

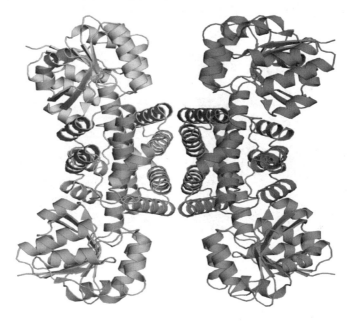

图 6-6　γ-羟基丁酸脱氢酶的蛋白质结构(四聚体)

6.1.3.1　晶体冷冻和防冻

由于晶体的冷冻和防冻技术的出现，蛋白质的晶体很快就被应用到蛋白质结构研究领域。蛋白质晶体在离开母液后，如果没有保护通常会快速融化，不能进行下一步的 X 射线衍射研究。晶体首先要在液氮中快速冷冻保存，并且所有的转运过程都要在冷冻状态下进行。由于晶体冷冻时不可避免地会带一些母液，母液在冷冻时形成的冰晶可能影响蛋白质晶体的衍射质量。所以要使用防冻液来防止冰晶的形成，防冻液一般用甘油或小分子的 PEG 和糖类等。

6.1.3.2　数据采集

蛋白质晶体 X 射线衍射的数据收集主要用两种方式收集。一种是普通的阳极靶式光源，另一种是同步加速器辐射光源。前一种光源是学校、公司等研究机构常用的，它能满足一般数据收集的需要。同步加速器辐射光源光束细、稳定性强、波长范围大、能量高，它的光强度是阳极靶式的 100 倍以上，蛋白质晶体的分辨率也较阳极靶式的光源有明显提高，尤其是对分辨率低的晶体如蛋白质复合体、膜蛋白等。同步光源由于光束细，可以衍射较小的晶体，对于有些很难长大的晶体帮助很大。而且，同步光源极大缩短了数据收集时间。X 射线的收集装置主要有图像板(image plate)和 CCD 两种，收集装置能将衍射数据通过电信号的方式转化成电脑支持的数据并进行处理。近年来很多同步加速器辐射光源都采用机器人自动取样装置，集分辨率较高的晶体数据，而不像手工操作时为防止操作失误而收集多套晶体数据。

6.1.3.3　晶体位相的分析方法

蛋白质结构的解析需要至少三方面的信息：强度、位置和相位。蛋白质晶体 X 射线衍射所收集的数据中含有强度、位置的信息，但是没有相位的信息。所以在获得衍射数据后，要首先找到位相。主要有分子置换法、同型置换法和多波长非常规散射法等几种方法来解决相位的问题。

6.1.3.4　模型的建立和优化

蛋白质结构解析是将 X 射线衍射的数据通过傅里叶转换计算成电子密度图谱,然后将通过相位分析获得的蛋白质结构模型放入电子云中,经过一系列的优化,通过比较模型和电子云的差别确定最终模型(图 6-7)。在刚找到相位后,得到的初步模型比较粗糙,模型和实际电子云的差距较大。经过多轮的反复修正,直到最佳的模型。由于蛋白质晶体通常有大约一半左右的水分子组成成分,在修正过程中,要加入水分子,这样使模型和实际数据符合度更高。

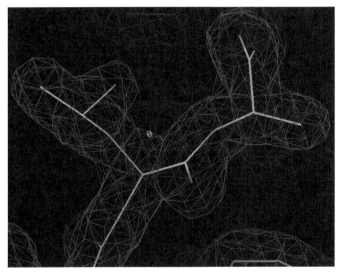

图 6-7　肉毒杆菌毒蛋白血清型 D 受体结合结构域的蛋白质结构解析过程中的局部电子云

近年来,蛋白质结晶学软件发展迅速,可以较快地建立最终的结构模型。常用的计算软件有 Phenix、CCP4、CNS 等,常用的电子云密度下模型修饰软件有 Coot、O 等。特别是 Phenix 结合 Coot 最近发展较快,能够迅速地解析蛋白质结构(图 6-8)。在蛋白质结构解析完成后,可以将结构上传到蛋白质数据库中。一般发表蛋白质结构的文章都要求有蛋白质数据库的结构序列号。

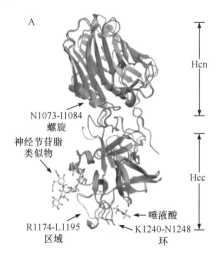

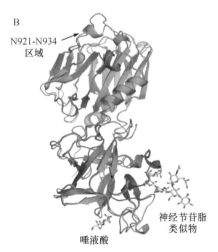

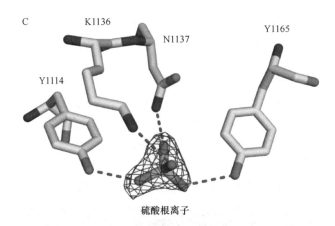

图 6-8　通过 CCP4、Phenix、Coot 等软件解析的肉毒杆菌毒蛋白血清型 D
受体结合结构域的蛋白质结构(引自 Zhang et al.,2011)
A、B. 整体结构;C. 与受体结合的可能位点的细微结构

6.2　核磁共振波谱法解析蛋白质结构

核磁共振波谱法(nuclear magnetic resonance spectroscopy,NMR),又称核磁共振波谱,是将核磁共振现象应用于测定分子结构的谱学技术,已被广泛应用于在溶液或非晶态中测定生物大分子的三维结构。截至 2014 年,PDB 数据库(http://www.rcsb.org/)已经收录了10 600多个经 NMR 测定的蛋白质三维结构信息,一些高分辨率(2.0~2.5Å)的蛋白质结构信息得到解析。许多难以获得单晶而无法进行 X 射线衍射的蛋白质,通过 NMR 获得了结构解析。

在 1946 年,Purcell 和 Bloch 发现,将原子核放置于磁场中,施加以特定频率的射频场后,就会出现原子核吸收射频场能量的现象,为此他们两人获得 1950 年的诺贝尔物理学奖。此后,有多名科学家在核磁领域获得了诺贝尔奖。其中,在利用核磁共振波谱法研究蛋白质的三级结构的历程中,瑞士科学家 Wüthrich 作出了巨大的贡献,获得 2002 年的诺贝尔化学奖。如今,这种 NMR 方法已经成为所有 NMR 结构分析的基础。

6.2.1　有关核磁共振波谱法的基础理论

核磁技术已经发展 50 多年,已经很多优秀的著作和教材对核磁技术的研究进行了详细的论述,在这里仅简单介绍核磁共振波谱法的一些基础概念和理论。

6.2.1.1　核自旋的量子特征

核磁共振(nuclear magnetic resonance)现象主要是指因为核自旋的特性,具有自旋的核具有磁矩,在外围磁场的作用下,共振吸收某一特定频率的射频辐射的物理过程。核自旋量子数可以用(I)来表示,其中如果质量数和质子数均为偶数的原子核,I 则为零;质量数为奇数的原子核,I 则为半整数;质量数为偶数,质子数为奇数的原子核,I 则为非零整数。其中,能产生核磁共振现象的主要是核磁矩不为零的核,如^{12}C 和^{16}O 的核磁矩等于零,所以它们无法产生 NMR 的信号;而 $I=1/2$ 的原子核,如^{1}H、^{13}C、^{19}F、^{31}P 信号原子核有核磁矩的产生。

6.2.1.2 弛豫(relaxation)

在物理学中,人们常常遇到由于某种原因,整个系统由偏离的平衡态恢复到系统的过程称为弛豫。在核磁共振研究中,弛豫的过程是指原子核从激化的状态恢复到平衡排列的状态。弛豫的过程有两种:自旋晶格弛豫和自旋-自旋弛豫。

自旋晶格弛豫也称为纵向弛豫时间(T_1),它反映了高能态的自旋核将能量传递给周围的核,在这种过程中核的总能量是降低的。在溶液中 T_1 与蛋白质大分子的总旋转速度相关,当然也因为内部分子复杂的构象而改变。

自旋-自旋弛豫也称为横向弛豫时间(T_2),它反映了高能态的自旋核将能量传递给低能态的同类核,让后者跃迁到高能态,它们之间互相交换能量,但是自旋核的总能量是不变的。T_2 的发生取决于蛋白质内部的动力学,在蛋白质 NMR 波谱学过程中,许多因素都可能影响到 T_2,包括蛋白质分子质量、温度、所选溶液的黏稠度(图 6-9)。

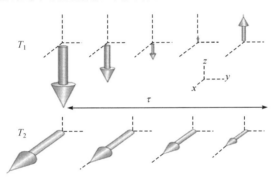

图 6-9 弛豫过程中,纵向弛豫(T_1)和横向弛豫(T_2)差别(引自 Mittermaier et al.,2006)

6.2.1.3 化学位移

化学位移(chemical shift)也称为化学势移,分子运动中的电子在外围磁场的作用下,电子的运动形成了电子云,会产生感应的电流,这种感应电流会产生感应磁场。引起原子核能量跃迁的感应磁场并不是只有外围的感应磁场,核外电子的屏蔽作用也很关键,因此诱发能级跃迁的磁场为核外部的感应磁场与外围磁场的叠加。

在 NMR 频谱中,化学位移主要表示沿着频率轴的共振位置,表示为 δ,化学单位为 ppm,定义为:

$$\delta = \frac{H_{参考} - H_{样品}}{H_{参考}} \times 10^6 \, \mathrm{ppm}$$

不同仪器得到的谱很难进行比较,因此进行化学位移测定的同时,会选定一个参照品,把标准物化学位移定义为 0。由于原子核所处化学环境决定了核外电子云的大小,核外电子云的大小又和整个化学位移有关。因此化学位移与原子核种类、与周围各种化学基团的相互作用都有一定的关系。

6.2.1.4 耦合常数

核与核之间会以价电子为媒介相互耦合引起谱峰裂分,这种现象称为自旋裂分。在自旋裂分中,相邻原子核之间的相互作用,会引起共振谱线增多,谱线峰之间的距离称为自旋耦合常数或者是自旋-自旋耦合常数,以 J 值来表示,单位为 Hz,它是 NMR 中非常重要的参数。耦合常数 J 不受外围磁场的影响,并且这种相互作用比较独立。

6.2.1.5　奥弗豪塞尔核(NOE)效应

对于利用 NMR 技术测定蛋白质结构的鉴定来说,奥弗豪塞尔核(NOE)应该是最重要的测量参数。在核磁共振中,两个原子核如果在空间上处于非常临近的位置,相互的弛豫较强,若用双共振法照射其中的一个核,当该核原子受到照射饱和时,由于偶极相互作用或者空间上相互作用,会使另一个靠近的质子的共振信号增加,这种效应称 NOE 效应。NOE 效应以照射后信号增强的百分率来表示,其数值大小直接反映了相关原子核的空间距离,所以可以通过其来确定蛋白质分子中氢原子的数目和空间相对位置。

6.2.1.6　射频场

在 NMR 波谱分析中,常常使用与自旋频率相近的射频场(radio frequency interaction)来激发研究体系中的核自旋,射频场垂直于静磁场,大小远小于静磁场。静磁场与射频场的分布直接决定着核磁共振信号幅值的大小,因此低频场脉冲核磁共振信号往往微弱,信噪比低,得不到较好的核磁数据。

6.2.1.7　峰谱面积

在核磁共振的谱图中,台阶状的积分曲线高度表示对应峰的面积。在核磁共振的氢谱中,其峰面积与相应的质子数目成正比。

6.2.2　多维核磁共振技术

核磁技术可以分为一维和多维核磁技术。多维核磁技术的类型主要根据核磁波谱的共振信号究竟由两个、三个或者是四个频率变量的函数所组成来进行定义。多维技术可分为二维技术、三维技术和四维技术。以下就对这几种核磁波谱学技术进行相应的介绍。

6.2.2.1　一维 NMR 谱

早期的 NMR 谱的研究方法与其他波谱学方法类似,采用连续波谱方法来寻找和捕捉共振信号,图 6-10 就是一个核磁谱仪的示意图。在 20 世纪六七十年代,发展出来的脉冲傅里叶变换核磁共振技术(FT-NMR)提高了核磁共振检测的灵敏度。这种方法采用强脉冲射频信号,使得样品中的各个核都会对脉冲中单个频率产生吸收;待脉冲结束,横向磁化围绕外磁场运动的同时,由于自旋-自旋作用也会出现持续衰减,检测器检测其随时间衰减的时间域信号,该信号称为自由感应衰减信号(FID)。在检测过程中,这种信号是比较复杂的干涉波,发生在核激发态的弛豫过程,是一种时间函数,各种原子核还可能由于化学屏蔽等作用而存在多种信号,因此接收到的信号其实是各自 FID 信号的叠加。FID 信号收集后,经过傅里叶变换转变后,就得到 NMR 谱实际谱图。

6.2.2.2　二维 NMR 谱

对于复杂的有机化合物和溶液中的生物大分子而言,尽管一维 NMR 波谱技术有了质的

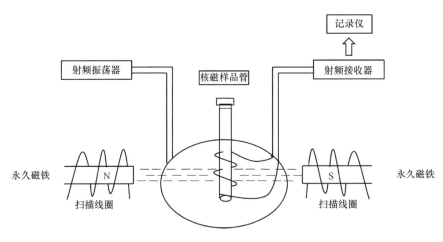

图 6-10　NMR 谱仪的示意图

飞越,但是峰重叠问题非常严重,仅靠一张一维谱的数据难以得到解谱的信息,如对化学位移和耦合常数的认定就相当困难。二维核磁共振由 Jeener 提出,Wüthrich 首先将此方法用于解析生物大分子——蛋白质结构。

1. 二维 NMR 谱的基本概念　　二维核磁共振谱被定义为二个独立的频率变量 $S(\omega_1, \omega_2)$ 的函数。与一维 NMR 不同的是,二维 NMR 谱其实是指时间域的二维实验。在这个过程中,主要用连续的脉冲去激发在外磁场下的核自旋,得到在时间域上的自由感应衰减信号 $S(t)$。自由感应衰减信号 $S(t)$ 有两个时间变量(t_1 和 t_2),对 $S(t_1, t_2)$ 经两次傅里叶变换就得到上述两个独立的频率变量 $S(\omega_1, \omega_2)$。通常情况下,把第二个时间变量 t_2 表示为采样时间,第一个时间变量 t_1 是与 t_2 无关的独立变量,是脉冲序列中的某一个变化的时间间隔。与一维 NMR 谱图相比,二维 NMR 谱图的优势在于减少了信号间的重叠,但又能突出自旋核之间的相互作用,能比一维谱图提供更多结构信息。

2. 二维 NMR 谱的分类和表示方法　　常见的二维 NMR 谱主要可以分为以下几类。①J(耦合分解)谱:在这个谱中可以将化学位移 δ 和自旋耦合 J 分开,便于解析图谱。这一般不会比一维谱能提供出更多的信息。②化学位移相关谱:二维化学位移谱(2D-COSY)(图 6-11),可以将相互耦合、具有交换能力的化学位移和弛豫原子核的化学位移相关联,这比 J 谱更为实用。若用水溶液中的蛋白质分子做 COSY 实验,在 2D 波谱中观察到的谱峰,反映的就是 NH 和 HA 质子的连接。同时 COSY 谱还可以分为同核谱和异核谱两类。③多量子谱:核磁共振的谱线所测定的多为单量子跃迁,而利用脉冲序列可以检测出多量子跃迁,从而获得多量子跃迁二维谱。④NOESY 二维谱:二维核奥弗豪泽增强谱(NOESY)自身的交叉峰在空间上相对比较靠近,它给出的是空间上接近的两个质子之间的 NOE 效应信号。在生物大分子研究过程中,可用来判断质子在空间上的构型位置。

6.2.2.3　三维核磁共振技术

随着所研究蛋白质分子的分子质量的增加,其氢原子的个数增加,出现重叠峰的现象依然严重,需要进一步提高核磁共振的分辨率。于是在 20 世纪 80 年代中后期,三维 NMR 技术开始发展起来。三维 NMR 是在二维 NMR 技术的原理上发展而来的,并且对于较大分子质量的蛋白质,有时还需要利用^{15}N 或者^{15}N 和^{13}C 标记的相关样品。在实验中,其有两个发展期、

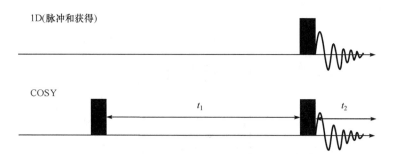

图 6-11　在蛋白质 NMR 波谱学中使用 1D 同核脉冲次序示意图(引自 D. 惠特福德,2008)

脉冲方案名称 COSY 定义了基本磁化转化模式

三个独立的频率变量。简单地说,就是在检测期记录时间 t_3 函数和各种质核横向矢量 FID 的变化,初始向和振幅与 t_1、t_2 有关,通过逐步改变 t_1 和 t_2,就能得到关于三维时间的信号 $S(t_1, t_2, t_3)$;再通过傅里叶变换,就可以获得独立的频率 $S(\omega_1, \omega_2, \omega_3)$。

在使用 NMR 解析蛋白结构中,二维谱图解析的过程中常常需要上述提及的两个二维谱 COSY 谱和 NOESY 谱。若将这两个二维核磁实验合并起来,便成为一个三维实验(COSY-NOESY)。有时候在三维实验中还会引入 TOCSY 谱,TOCSY 谱也称 HOHAHA(homonuclear hartmann-hahn correlation spectroscopy),它可以展示整个自旋体系所有同核原子间的交叉峰。因此,若 TOCSY 谱中存在交叉峰,我们便可断定该交叉峰对应的原子属于同一个自旋体系,这类图谱常常被来识别蛋白质的氨基酸侧链(图 6-12)。

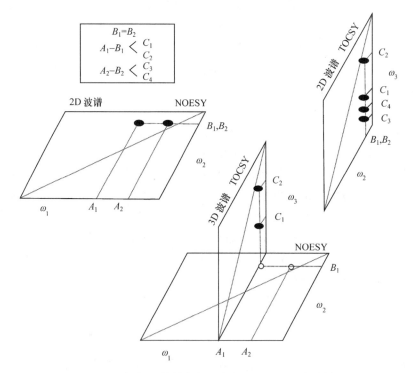

图 6-12　以 3D NOESY-TOCSY 解析二维谱中交叉峰有重叠的两组自旋体系(引自夏佑林等,1999)

为了解决同核三维实验出现的一些问题,人们对于较大分子质量的蛋白质,有时还需要利用^{15}N 或者^{15}N 和^{13}C 联合标记相关的样品。在含有^{13}C 和^{15}N 的蛋白质上会出现异核标量耦合,^{13}C 的天然丰度只占有 1.1%,^{15}N 的天然丰度更少,大约有 0.37%,蛋白质溶液在这个条件无法进行有效的磁化矢量转移,所以异核多维 NMR 实验要求在同位素标记的蛋白质样品上进行。比较简单的异核 2D-NMR 谱中,是利用^{15}N 的化学位移与它隶属的质子关联起来(图 6-13)。在 2D 谱图中,可以根据氮和氢原子的化学位移把交错峰分开,蛋白质上的残基都具有^{15}N 和^{13}C 特征的化学位移,可以根据交错峰判定残基的类型。

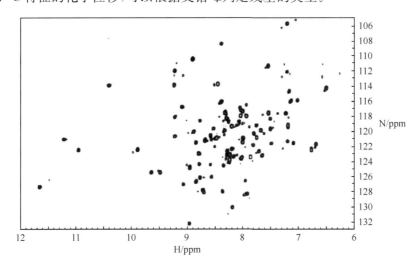

图 6-13　蛋白质的 2D 异核^{15}N-^{1}H 相关图谱(引自 D. 惠特福德,2008)

如所研究的目的蛋白分子质量大,含有的氨基酸数目过多,而无法进行分段标记,那么仅依靠上述的几种研究方法,还可能面临谱峰的重叠障碍。在这种情况下,往往需要利用特殊的脉冲技术,如可在解析的过程中利用四维核磁谱。

6.2.3　NMR 测定蛋白质空间结构的步骤和关键环节

自从 NMR 技术用来研究结构生物学后,特别是多维核磁技术发展与普及,NMR 技术研究范围非常广泛。它不仅可以用来解析生物大分子的结构,还涉及多个领域如生物大分子的相互作用、生物大分子动力学和热力学等。核磁技术是一种非损伤的技术,并且还可以根据核磁图谱分析某些组分的分布与浓度,这是 X 射线衍射晶体技术和冷冻电子显微所不能胜任的。

6.2.3.1　用于 NMR 实验样品的制备

用 NMR 技术测定蛋白质的空间结构,其对样品的要求非常严格,特别是多维核磁共振时间较长,需要高稳定蛋白质。因此蛋白质分子最好水溶性较好,稳定性高,不会降解也不容易聚集,同时可以进行同位素标记。

1. 重组蛋白的表达和蛋白质的同位素标记　重组蛋白的表达主要有两种体系,即原核表达系统和真核表达系统。原核表达系统比真核表达系统的优势在于速度快、产率高、费用低、操作简单等,真核表达系统在翻译后修饰方面更具有优势。在同位素标记过程中,同位素标记原核重组蛋白较为成熟,能够均匀或选择性地将^{15}N、^{13}C 和^{2}H 标记到重组蛋白的分子上。

2. 样品缓冲液的选择   为了得到高分辨率的核磁图谱,对蛋白质溶液也有一定要求,最好不要含有固体颗粒、金属杂质,黏度也不能过高。因此,选择合适的缓冲液对提高蛋白质的溶解度和稳定性将会产生巨大影响。比如,最好将蛋白质溶解在 pH < 7.0、浓度 10~50mmol/L 盐离子的溶液中。另外,除了在缓冲液中添加适宜的盐,有时候还可以加入少量的甘油、异丙醇、蔗糖及氨基酸等,用来提高蛋白质分子的溶解度和稳定性。

6.2.3.2 NMR 谱仪的选择

为了提高谱图的分辨率,需要先进的 NMR 谱仪提供支持。近年来,NMR 谱仪的改进也为提高谱图的分辨率提供了巨大帮助。例如,采用超低温探头,将探头检测线圈及前置放大器置于系统中,就可以较好地改善信噪比。还有厂商推出了超屏蔽磁体,以附加磁场消除主磁场中的杂散磁场,同时降低外界对谱仪磁场的干扰,也为该研究提供了更高的分辨率和灵敏度。

6.2.3.3 从 NMR 得到信息确定蛋白质结构

确定蛋白质的空间构象主要分为两大类:一类反映了角度的信息,另一类反映了距离的信息。如果蛋白质内部的原子间可以测定足够多的角度和距离,就可以确定整个蛋白质分子的空间构象。大部分的蛋白质构象是通过同核、异核 NOESY 的实验,经过计算的方法把 NOE 交错峰转变为两个核的距离,NOE 距离是通过限制扭角来确定蛋白质结构。从 NMR 得到信息确定蛋白质结构的流程图可以用图 6-14 表示。

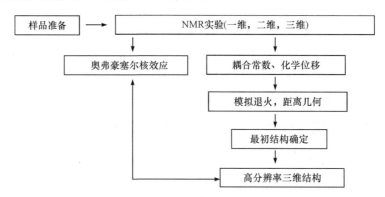

图 6-14   从 NMR 得到信息确定蛋白质结构的流程图

6.2.4   核磁技术的发展与应用

目前,核磁共振技术已经成为结构生物学研究中重要的研究手段。在其发展的短短几十年间,核磁共振方法在研究生物大分子方面具备了一定特有的优势。例如,核磁共振研究的样品在检测时一般处于更接近其真实存在的生理环境,并且一些柔性较大的蛋白质或者许多的膜蛋白很难形成结晶,阻碍了高分辨率衍射蛋白质晶体数据的获得。当前,核磁共振技术一般可以测定 40~50kDa 的蛋白质分子。随着技术的突变,这个限制正在被打破,用该方法可以测定的最大单链蛋白质的分子质量已达到 82kDa。同时,核磁共振技术还可以应用到蛋白质功能动力学、蛋白质相互作用及蛋白质折叠的相关研究中。因此,随着核磁技术的不断突破,核磁共振技术将获得更广泛的发展,并可以应用到生命科学各个方面中。

6.3 蛋白质结构研究的其他方法

目前蛋白质结构研究的方法主要是蛋白质晶体学和核磁共振方法,其中更是以蛋白质结晶学为主。近年来结晶学取得了突飞猛进的发展,使得很多以前难以得到晶体的蛋白质获得了结晶,并解析了相应结构。但是,还是有一些蛋白质,特别是与高等动物如人类相关的复杂蛋白、膜蛋白及蛋白质复合体还没能得到结晶。所以,其他结构解析方法,如电镜三维重构技术,是蛋白质结构解析的一个重要补充方法。本节将介绍一些其他的蛋白质结构研究方法,包括电镜三维重构技术、质谱技术、光谱技术等。

6.3.1 电镜三维重构技术

电镜三维重构技术是利用电子显微镜拍摄到冷冻状态下的蛋白质样品图像,将其转换成计算机可分析的电子云图,再将蛋白质结构在电子云图上构建出来(图6-15)。虽然该技术目前能得到的蛋白质结构分辨率较低(通常在10Å以上),而不能给出精细的分子细节,但是非常适用于较难形成结晶的复杂蛋白如膜蛋白、病毒、蛋白质复合体等。

电子显微镜直接观察到的是物质的二维平面图像,不能反映物质内部组成成分的空间关系,所以不能直接解析蛋白质的三维结构。但是,如果收集不同角度的二维信息,再对这些信息进行三维重构,就能从二维的平面图相中推导出物质的三维信息。电镜三维重组技术的理论基础是中央截面定理,该技术认为每一张电镜图片都是一个截面的信息,当获取样品足够多的截面信息后,就会首先得到傅里叶空间的三维信息,然后经过傅里叶反转换从而得到物体的实际结构信息。当样品是蛋白质时,由于蛋白质在正常状态下被电子束照射会形成损伤,人们用液氮对蛋白质进行高压低温快速冷冻。所以电镜研究蛋白质结构的方法通常称为冷冻电镜三维重组技术。

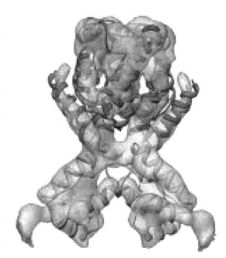

图6-15 利用电镜三维重构技术解析的
一种反转录病毒外壳蛋白的二聚体
(引自Bharat et al.,2012)

6.3.2 质谱技术

质谱法(mass spectrometry,MS)是利用电磁学原理,对带电荷分子或亚分子裂片依其质量和电荷的比值(质荷比,m/z)进行分离和测量的方法。可用于有机物或无机物的定性和定量分析、化合物的结构分析、同位素的测定及固体表面的结构和组成的分析。用来测量质谱的仪器称为质谱仪,一般可以分成三个部分:离子化器、质量分析器和检测器(图6-16)。试样中的成分在离子化器中发生电离,生成不同荷质比的带电荷离子,经加速电场的作用,形成离子束,进入质量分析器。在质量分析器中,再利用电场或磁场使不同质荷比的离子在空间上或时间上分离,然后将它们分别聚焦到检测器上进行信号放大、记录和数据处理,从而得到质量或浓度相关的质谱图谱。由此可获得有机化合物的分子式,提供其一级结构的信息。质谱图的横坐标是离子的质荷比,纵坐标是检测器检测出来的离子强度信号。

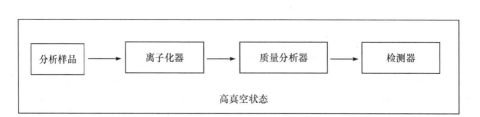

图 6-16　质谱仪的结构图

在离子化器里的离子化方法主要有两种软电离技术:基质辅助激光解吸电离(matrix-assisted laser desorption/ionization,MALDI)和电喷雾电离(electrospray ionization,ESI)。用于 MALDI 的样品要首先和基质晶体混合,然后在激光脉冲的激发下,使样品从基质晶体中挥发并离子化。MALDI 适于分析简单的肽混合物,准确度和分辨率都不如 ESI 高,但是不需要分离,适合快速分析样品。ESI 可以直接检测在溶液相中电离的分析物,适合与能够进行液相分离的色谱联用来分析复杂的蛋白样品。生物质谱的质量分析器主要有 4 种:离子阱(ion-trap,IT)、飞行时间(TOF)、四极杆(quadrupole)和傅里叶变换离子回旋共振(fourier transform ion cyclotron resonance,FTICR)。它们的结构和性能各不相同,每一种都有自己的长处与不足。它们既可以单独使用,也可以互相组合。

为了较好地分离复杂的生物样品,质谱一般都和色谱联用起来。主要有液相色谱串联质谱法和气相色谱串联质谱法两种。液相色谱串联质谱法主要适用于蛋白质和多肽的分析测定(图 6-17)。而气相色谱串联质谱要求检测分子能气化或者衍生后能够气化,所以只适用于小分子(分子质量<1000Da)和易挥发的分子。在蛋白质组学研究中,蛋白质混合物首先要酶切成多肽,然后经液质联用分离鉴定,也可用液相色谱柱分离后,每一组分再酶切后用质谱鉴定。

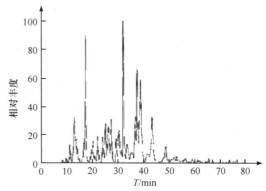

图 6-17　质谱仪(左侧仪器)和液相色谱(右侧仪器)串联使用(左图)和质谱图(右图)

6.3.3　荧光共振能量转移技术

荧光共振能量转移技术(fluorescence resonance energy transfer,FRET)在生物学研究中逐步得到应用,它的原理是当两个不同的发光基团足够接近,且一个发光基团的发射光谱和另一个发光基团的激发光谱重合时,前一个发光基团(供体)的发射光会被后一个发光基团(受体)吸收成为它的激发光。这样两个发光基团的最终发射光主要是受体发光基团的发射光谱,而供体发光基团的发射光会被显著减弱或掩盖。当给予供体发光基团激发光后,通过检测供体发光基团的发射光,或者检测受体发光基团的发射光,就能判定两个发光基团是否在一定距离内。根据这一原理,将待检测的两个分子分别结合两种不同的相应发光基团,对供体给予激发光,当两个分子在一定距离内,由于能量共振转移现象,供体的发射光很低或检测不到,而受体的发射光可以观察到。当两个分子距离较远时,则能检测到供体的发射光,而检测不到受体的发射光。

把荧光共振能量转移技术应用到蛋白质结构研究上,可以间接地进行蛋白质的动态分析。根据发光基团与结合蛋白质位置的不同,可以分析结构域和结构域之间的动态关系、蛋白质结合底物、辅酶、抑制剂等后的形态变化、蛋白质内部特定点位之间的大致距离及具体区域氨基酸之间的动态等。特别是对于一些大的、复杂的无法用核磁共振来分析又不易得到结晶的蛋白质,荧光共振能量转移技术是蛋白质结构研究的一个重要补充。

除研究蛋白质结构外,荧光共振能量转移技术还有更广泛的应用,它可用于蛋白质与蛋白质、核酸等小分子之间的相互作用、细胞内部特定状态分析、生物体生理路径相关作用蛋白的鉴定等的研究。近年来,许多酶活的检测方法都是根据荧光共振能量转移技术设计的,这些方法既包括体外生化酶活的测定,也包括体内特定酶的活性检测。

思考题

1. 解析蛋白质结构的方法都有哪些?各自的优缺点都是什么?
2. 通过 X 射线衍射方法解析蛋白质结构的基本步骤都有哪些?
3. 蛋白质结晶的基本原理是什么?都有哪些因素影响蛋白质结晶?
4. 蛋白质结晶有哪些方法?怎样优化获得的蛋白质晶体?
5. 核磁共振解析蛋白质结构的基本原理是什么?具体来讲都有几种方法,它们的基本原理是什么?
6. 核磁共振解析蛋白质结构的基本步骤和关键环节都有哪些?
7. 请阐述电子显微镜技术在蛋白质解析过程中的应用和原理。
8. 请阐述质谱学技术在蛋白质解析过程中的应用和原理。
9. 请阐述荧光共振能量转移技术在蛋白质解析过程中的应用和原理。

主要参考文献

梁毅. 2005. 结构生物学. 北京:科学出版社

汪世华. 2008. 蛋白质工程. 北京:科学出版社

夏佑林,吴季辉,刘琴,等. 1999. 生物大分子多维核磁共振. 合肥:中国科技大学出版社

阎隆飞,孙之荣. 1999. 蛋白质分子结构. 北京:清华大学出版社

朱淮武. 2005. 有机分子结构波谱解析. 北京:化学工业出版社

Bharat TA,Davey NE,Ulbrich P,et al. 2012. Structure of the immature retroviral capsid at 8 Å resolution by cryo-electron microscopy. Nature,487(7407):385-389

D. 惠特福德. 2008. 蛋白质结构与功能. 魏群译. 北京:科学出版社

Gale R. 2000. Crystallography Made Crystal Clear. New York:Academic Press

Igor M,Niko H. 2014. FRET-förster resonance energy transfer:from theory to applications. Wiley Online Library

Jaewoo P,Lee S. 2013. Mass spectrometry coupled experiments and protein structure modeling methods. Int J Mol Sci,14:20635-20657

Joachim F. 2006. Three-Dimensional Electron Microscopy of Macromolecular Assemblies: Visualization of Biological Molecules in Their Native State. Oxford: Oxford University Press

Katta V, Chait BT. 1991. Conformational changes in proteins probed by hydrogen-exchange electrospray-ionization mass spectrometry. Rapid Commun. Mass Spectrom, 5(4): 214

Kuo J. 2007. Electron Microscopy: Methods and Protocols. 2nd ed. New Jersey: Humana Press Inc.

Mark L, Rex P. 2003. Structure Determination by X-ray Crystallography. New York: Kluwer Academic/Plenum Publisher

Mittermaier A, Kay L E. 2006. New tools provide new insights in NMR studies of protein dynamics. Science, 312(5771): 224-228

Terese B. 2009. Protein Crystallization. California: International University Line

Wales TE, Engen JR. 2006. Hydrogen exchange mass spectrometry for the analysis of protein dynamics. Mass Spectrom Rev, 25(1): 158-170

Zhang Y, Buchko GW, Qin L, et al. 2010. Structural analysis of the receptor binding domain of botulinum neurotoxin serotype D. Biochemical and Biophysical Research Communications, 401: 498-503

Zhang Y, Buchko GW, Qin L, et al. 2011. Crystal structure of the receptor binding domain of botulinum neurotoxin mosaic serotype C/D reveals potential roles of lysines 1118 and 1136 in membrane interactions. Biochemical and Biophysical Research Communications, 404: 407-412

Zhang Y, Gao X, Buchko GW, et al. 2010. High-level expression, purification, crystallization, and preliminary X-ray crystallographic studies of the receptor binding domain of botulinum neurotoxin serotype D. Acta Crystallographica Section F: Structural Biology and Crystallization Communications, F66: 1610-1613

Zhang Y, Gao X, Zheng Y, et al. 2011. Identification of succinic semialdehyde reductases from Geobacter: expression, purification, preliminary functional and crystallographic analysis. Acta Biochimicaet Biophysica Sinica, 43(12): 996-1002

Zhang Y, Gao X. 2011. Expression, purification, crystallization and preliminary X-ray crystallographic analysis of L-lactate dehydrogenase and its mutant H171C from Bacillus subtilis. Acta Crystallographica Section F: Structural Biology and Crystallization Communications, F68: 63-65

Zhang Y, Zheng Y, Qin L, et al. 2014. Structural characterization of a β-hydroxyacid dehydrogenase from Geobactersulfurreducens and Geobactermetallireducens with succinic semialdehyde reductase activity. Biochimie, 104: 61-69

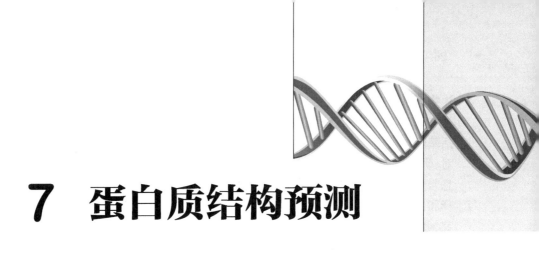

7 蛋白质结构预测

生物信息学是生物学、计算机科学和信息学相互渗透形成的交叉学科,在蛋白质工程中具有广泛的应用。本章在简要介绍生物信息学概况及其应用的基础上,以图文并茂的形式着重介绍蛋白质工程中常用的数据库,并按照由基因到蛋白质,由序列比对到结构预测的思路,以人畜共患的病原菌鼠伤寒沙门氏菌(*Salmonella typhimurium*)H1 相鞭毛蛋白 FLIC_SALTY(P06179)的结构预测为例,详尽介绍生物信息学在蛋白质结构预测中的应用。

7.1 生物信息学与蛋白质工程

生物信息学是一门交叉学科,在蛋白质研究中具有重要应用。本节对生物信息学的发展、主要研究内容、研究现状与展望及生物信息学在蛋白质工程研究中的应用作以简要介绍。

7.1.1 生物信息学概述

生物信息学是生物学与计算机科学及信息学等学科相互交叉而形成的一门学科,通过对生物学实验数据的获取、加工、存储、检索与分析,揭示数据所蕴含的生物学意义。

7.1.1.1 生物信息学发展

生物信息学的产生最早可上溯至 20 世纪 50 年代末期,计算机开始在生物学中应用。早期研究主要是利用数学模型、统计学方法和计算机处理宏观生物学数据。随后,计算机开始应用于分子生物学研究,其中包括建立分子生物学数据库及蛋白质结构的计算机辅助分析与预测等。在上述学科领域中,逐步建立了生物信息学的理论基础,产生了相关研究方法、模型与软件。

生物信息学经历了三个发展阶段:前基因组时代(生物数据库的建立、检索工具的开发及 DNA 和蛋白质序列分析等);基因组时代(基因寻找和识别、网络数据库系统的建立和交互界面的开发等);后基因组时代(大规模基因组、转录组、非编码 RNA、蛋白质组、代谢组等组学数据的分析及各种数据的比对与整合等)。

7.1.1.2 生物信息学的主要研究内容

目前,国际公认的生物信息学研究内容主要有以下几个方面。

1. 生物信息的收集、存储、管理与提供 对不断更新的生物信息数据的收集、存储、管理与提供,是进行同源检索、序列分析、功能及结构预测的基础,此方面的工作包括建立国际基本生物信息库和生物信息传输的国际互联网系统、建立生物信息数据质量的评估与检测系统、生物信息的在线服务及生物信息的可视化与专家系统等。

2. 基因组序列信息的提取与分析　　基因组序列信息的提取与分析涵盖的内容很多,包括基因的发现与鉴定、基因组中非编码区的信息分析、模式生物完整基因组的信息分析与比对、研究遗传密码起源、基因组结构的演化、基因组空间结构与 DNA 折叠的关系及基因组信息与生物进化关系等。这些都需要大量不同的数据分析软件系统,其中主要集中在数据的注释和比对、序列片段的拼接、基因区域的预测、基因的电子克隆、非编码区分析和 DNA 语言研究、分子进化与比较基因组学的研究等方面。

3. 功能基因组相关信息分析　　功能基因组学是后基因组研究的核心内容,它强调用发展和整体的实验方法分析基因组序列来阐明基因功能,特点是采用高通量的实验方法结合大规模数据统计进行研究,基本策略是从研究单一基因或蛋白质上升到从系统角度研究所有基因或蛋白质。这方面的研究主要包括:与大规模基因表达谱分析相关的算法和软件、基因表达调控网络研究、与基因组信息相关的核酸和蛋白质空间结构的预测与模拟及蛋白质功能预测等。

4. 生物大分子结构模拟与药物设计　　人类基因组计划的目的之一在于阐明人体 3 万～4 万种蛋白质的结构、功能、相互作用及与人类各种疾病之间的关系,还包括药物治疗方法,即生物大分子结构模拟与药物设计。此方面研究包括:RNA 结构模拟与反义 RNA 分子设计、生物活性分子的结构预测与设计、纳米生物材料的模拟与设计、基于细胞表面受体结构的药物设计及基于 DNA 结构的药物设计等。

5. 生物信息分析的技术与方法研究　　生物信息分析的技术与方法研究的主要内容包括:发展能有效地支持大尺度作图与测序需要的软件、数据库及数据库分析工具,如电子网络等远程通讯工具;改进现有的理论分析方法,如统计方法、模式识别方法、隐马尔科夫过程方法、分维方法、神经网络方法、密码学方法、多序列比对方法等;创建适用于基因组信息分析的新方法、新技术,包括引入复杂系统分析技术、信息系统分析技术等;建立严格的多序列比对方法;发展与应用密码学方法及其他算法与分析技术,用于解释基因组的信息、探索 DNA 序列及其空间结构信息的新表征;发展研究基因组完整信息结构网络的研究方法等;发展进行生物大分子空间结构模拟和药物设计的新方法与新技术等。

7.1.1.3　生物信息学研究现状

目前,国内外生物信息学处于快速发展阶段,由于其具有巨大的应用前景,各国纷纷置身于生物信息学相关领域的研究中。

1. 国外生物信息学研究现状　　随着"人类基因组计划"的提前完成,以蛋白质和药物基因学为研究重点的后基因组时代已经来临。随着第二代高通量测序技术的广泛应用及第三代单分子测序技术的兴起,挖掘海量生物数据尤其是复杂的组学数据所隐含的生物学规律,破译基因组这本"生命天书"已成为自然科学面临的巨大挑战之一。国际上众多科研机构、高等院校、企业纷纷投入到生物信息学相关领域的研究之中,尤其是高通量测序技术产生的呈指数级增长的组学数据,极大地推动了生物信息学的迅猛发展。

2. 我国生物信息学研究现状与展望　　目前,我国生物信息学处于快速发展阶段。1997年 3 月北京大学成立了生物信息学中心,在国内建立 EMBL 镜像数据库。生物信息学天空、生物通、生物秀、丁香园、小木虫等网站和论坛为生物信息学知识的普及和经验交流提供了方便快捷的网络平台。目前绝大多数生物信息学资源免费共享,为我国生物信息学研究跻身国际先进行列提供了一个极好的历史机遇。要充分发挥我国巨大的智力资源优势,系统深入开展生物信息学相关领域研究,经过不懈努力,我国完全有希望在世界生物信息学的舞台上扮演主角。

7.1.2 生物信息学与蛋白质工程

生物信息学与蛋白质研究之间具有密切的关系。蛋白质研究为生物信息学提供了极为丰富的研究数据,极大地推动了生物信息学的发展。生物信息学在蛋白质序列分析、蛋白质结构预测、蛋白质功能预测、蛋白质分子设计等方面具有重要作用。

7.1.2.1 蛋白质序列分析

序列比对是生物信息学的基础,通过比较两个或多个蛋白质序列的相似区域和保守位点,确定相互间具有共同功能的序列模式和分子进化关系,进一步分析其结构和功能。此外,把未知结构的蛋白质与已知具有三维结构的蛋白质进行序列比对,有助于进一步了解该未知结构蛋白质的空间折叠信息。通过生物信息学手段可以对核酸和蛋白质序列进行分析,预测其理化性质、空间结构及生物学功能。

7.1.2.2 蛋白质结构预测

蛋白质结构预测包括二级和三维结构预测,是生物信息学最重要的课题之一。目前,蛋白质结构预测的方法分为理论分析方法和统计分析方法两种。理论分析方法是在理论计算的基础上进行结构预测;统计分析方法则是在对已知结构的蛋白质进行统计分析的基础上,建立由序列到结构的映射模型,对未知结构的蛋白质直接从氨基酸序列预测其结构。

7.1.2.3 蛋白质功能预测

利用生物信息学理论与技术可以对蛋白质的功能进行预测。由于蛋白质不同区段进化速率不同,通过与相似序列的数据库和序列模体数据库进行比对,确定某蛋白质序列中的保守区域,从而进一步预测其功能。也可以直接从蛋白质序列预测其疏水性和跨膜螺旋等。蛋白质功能预测流程见图 7-1。

7.1.2.4 蛋白质分子设计

蛋白质一级结构决定其空间结构,蛋白质空间结构决定其生物学功能。因此可通过对蛋白质进行分子设计,有目的地改造其空间结构,使其发挥特定的功能。蛋白质分子设计可按照被改造部位的多少分为"小改""中改"和"大改"三种类型,其具体内容将在第 8 章详细阐述。

7.1.3 生物信息学与蛋白质组学

蛋白质组学(proteomics)以蛋白质组为研究对象,其目的在于阐明某生物体全部蛋白质的表达模式及功能模式。蛋白质组学研究内容主要包括蛋白质的表达、存在方式、结构、功能及蛋白质间的相互作用等。生物信息学与蛋白质组学研究关系密切,生物信息学理论、技术方法和软件等在蛋白质组学相关数据库的建立、应用及蛋白质组分析等方面具有重要的作用。应用生物信息学方法处理肽指纹图谱可得到具有一定功能意义的结构信息,甚至可以预测蛋白质的功能。生物信息学相关软件在蛋白质 2-DE 电泳图像分析,质谱数据的综合分析,未知

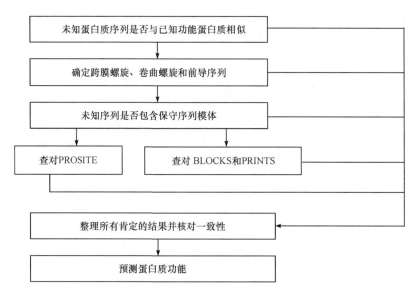

图 7-1   蛋白质功能预测流程(引自樊龙江,2010)

蛋白质的序列分析,以及蛋白质结构、功能、等电点预测等方面已被广泛应用。

7.2   蛋白质工程常用数据库

生物信息学数据库是将不断积累的生物学实验数据按一定的目标收集和整理而成,其几乎涉及生命科学各个研究领域。*Nucleic Acids Research* 每年第 1 期均会详细介绍各种最新版本的生物信息学数据库,2016 年已有 15 大类 1685 个生物信息学数据库,比 2015 年新增了62 个数据库,更新了 95 个数据库。

用户可通过 NAR 网络版的数据库分类目录,通过网络链接访问各类数据库(http://www. oxfordjournals. org/our_journals/nar/database/cap/),也可通过名称直接访问各数据库(http://www. oxfordjournals. org/our_journals/nar/database/a/)。

NAR 的 15 大类数据库如下:

核酸序列数据库(Nucleotide Sequence Databases)。

RNA 序列数据库(RNA sequence databases)。

蛋白质序列数据库(Protein sequence databases)。

结构数据库(Structure Databases)。

基因组数据库(无脊椎动物)[Genomics Databases(non-vertebrate)]。

代谢和信号通路数据库(Metabolic and Signaling Pathways)。

人类和其他脊椎动物基因组数据库(Human and other Vertebrate Genomes)。

人类基因和疾病数据库(Human Genes and Diseases)。

芯片和其他基因表达数据库(Microarray Data and other Gene Expression Databases)。

蛋白质组数据库(Proteomics Resources)。

其他分子生物学数据库(Other Molecular Biology Databases)。

细胞器数据库(Organelle databases)。

植物数据库(Plant databases)。

免疫学数据库(Immunological databases)。

细胞生物学数据库(Cell Biology)。

根据数据来源可将生物信息学数据库分为一次数据库和二次数据库两大类。一次数据库的数据直接来源于实验获得的原始数据,仅对原始数据进行简单归类整理和注释,如 GenBank、EMBL 和 DDBJ 等核酸序列数据库,SWISS-PROT、PIR 等蛋白质序列数据库,PDB 等蛋白质结构数据库。二次数据库是针对不同的研究内容和需求,在一次数据库、实验数据和理论分析的基础上对相关生物学知识和信息进一步分析和整理,如蛋白质家族数据库 Pfam、蛋白质结构分类数据库 SCOP2 等。

各数据库提供相关的数据查询、数据处理等服务,大多数数据库可通过网络免费访问,或下载到本地使用。一些生物学计算中心将多个相关数据库进行整合,提供综合服务,如 EBI 的 SRS(Sequence Retrieval System)包含核酸序列库、蛋白质序列库、蛋白质三维结构库等多个数据库,用户可利用 CLUSTALW、PROSITESEARCH 等搜索工具进行多数据库查询。

生物信息学数据库之间的相互关系见图 7-2。

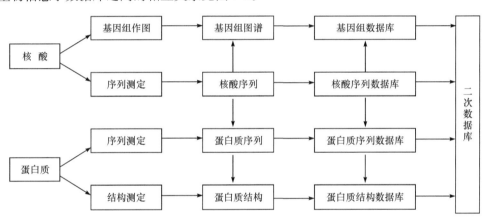

图 7-2 生物信息学数据库之间的相互关系

蛋白质工程常用数据库见表 7-1。

表 7-1 蛋白质工程常用数据库

类型			名称	网址	简介
核酸	序列	一次	GenBank	http://www.ncbi.nlm.nih.gov/genbank/	NCBI 核酸序列数据库
			EMBL	http://www.ebi.ac.uk/ena/	欧洲核酸序列数据库
			DDBJ	http://www.ddbj.nig.ac.jp/index-e.html/	日本核酸序列数据库
	基因组	一次	GOLD	https://gold.jgi-psf.org/	基因组、宏基因组在线数据库
			Ensembl Genomes	http://ensemblgenomes.org/	基因组注释数据库
	结构	一次	NDB	http://ndbserver.rutgers.edu/	核酸大分子三维结构数据库

类型			名称	网址	简介
蛋白质	序列	一次	SWISS-PROT	http://www. uniprot. org/uniprot/	UniProtKB 数据库,包含经过人工校检注释的非冗余蛋白质序列
			TrEMBL	http://www. uniprot. org/uniprot/	UniProtKB 数据库,包含未经过人工校检自动注释的冗余蛋白质序列
			PIR	http://pir. georgetown. edu/	国际上最大的经过注释分类的、非冗余的公共蛋白质序列资源数据库
		复合	UniParc	http://www. uniprot. org/uniparc/	包含大部分已知公共蛋白质序列的非冗余数据库
			OWL	http://www. bioinf. manchester. ac. uk/dbbrowser/OWL/index. php	非冗余蛋白质序列复合数据库
		二次	UniRef	http://www. uniprot. org/uniref/	由密切相关的蛋白序列整合得到的非冗余蛋白质数据库
			InterPro	http://www. ebi. ac. uk/interpro/	蛋白质序列分析和分类数据库
			Pfam	http://pfam. xfam. org/	经人工筛选的蛋白质家族数据库
			PROSITE	http://prosite. expasy. org/	蛋白质结构域、家族和功能位点数据库
			PRINTS	http://www. bioinf. man. ac. uk/dbbrowser/PRINTS/index. php	蛋白质指纹图谱数据库
			TIGRFAMs	http://www. jcvi. org/cgi-bin/tigrfams/index. cgi	蛋白质序列分类、自动功能注释数据库
			CDD	http://www. ncbi. nlm. nih. gov/cdd/	蛋白质保守结构域数据库
			COGs	http://www. ncbi. nlm. nih. gov/COG/	全基因组编码蛋白质系统分类数据库
			PRF	https://www. prf. or. jp/aboutdb-e. html	蛋白质和多肽序列数据库
			SMART	http://smart. embl-heidelberg. de/	蛋白结构预测和功能分析工具集合
	结构	一次	wwPDB	http://www. wwpdb. org/	PDB 数据收集、处理和分配中心
			RCSB PDB	http://www. rcsb. org/pdb/home/home. do	蛋白质结构数据库
			PDBe	http://www. ebi. ac. uk/pdbe/	欧洲蛋白质结构数据库
			PDBj	http://pdbj. org/#!	日本蛋白质结构数据库
		二次	PDBsum	http://www. ebi. ac. uk/pdbsum/	PDB 三维结构图形数据库
			BMRB	http://www. bmrb. wisc. edu/	生物大分子核磁共振数据库
			EMDataBank	http://www. emdatabank. org/	大分子电子显微镜三维结构数据库
			MMDB	http://www. ncbi. nlm. nih. gov/Structure	NCBI 大分子三维结构数据库
			PSI SBKB	http://sbkb. org/	PSI -Nature 结构生物学数据库
			Disprot	http://www. disprot. org/	蛋白质无序化区域数据库
			Homeodomain	http://research. nhgri. nih. gov/homeodomain/	同源异形结构域数据库

续表

类型			名称	网址	简介
蛋白质	结构	二次	DSSP	http://www.cmbi.ru.nl/dssp.html	PDB 数据库中蛋白质二级结构数据库
			HSSP	http://swift.cmbi.ru.nl/gv/hssp/	蛋白质同源序列比对数据库
			3Dee	http://www.compbio.dundee.ac.uk/3Dee/	蛋白质结构域数据库
		结构分类	SCOP2	http://scop2.mrc-lmb.cam.ac.uk/	蛋白质结构分类数据库
			CATH	http://www.cathdb.info/	蛋白质结构域分类数据库
	分类	二次	ProtoMap	http://www.scripps.edu/cravatt/protomap/	蛋白质分类数据库
	蛋白质组	索引	AAindex	http://www.genome.jp/aaindex/	氨基酸索引数据库
		鉴定	PRIDE	http://www.ebi.ac.uk/pride/archive	蛋白质组学数据库
		互作	VisANT	http://visant.bu.edu/	可视化的相互作用、代谢网络分析
			IntAct	http://www.ebi.ac.uk/intact/	大分子相互作用数据库
			STRING	http://string-db.org/	蛋白质之间功能相关性预测数据库
			DOMINE	http://domine.utdallas.edu	蛋白质结构域互作数据库
			DIP	http://dip.doe-mbi.ucla.edu/	经实验验证的蛋白质相互作用数据库
		双向电泳	GelScape	http://www.gelscape.ualberta.ca:8080/htm/index.html	蛋白质凝胶电泳图谱注释数据库
			GelBank	http://www.gelscape.ualberta.ca:8080/htm/gdbIndex.html	蛋白质凝胶电泳图谱数据库
			SWISS-2DPAGE	http://world-2dpage.expasy.org/swiss-2dpage/	蛋白质双向电泳图谱数据库
		酵母	YPL.db	http://wwwoas.kfunigraz.ac.at:8010/pls/al12/ypl.htm	酵母蛋白质定位数据库

本节主要介绍蛋白质工程中常用的序列数据库和结构数据库。

7.2.1 核酸数据库

蛋白质工程研究中常用的核酸数据库主要包括核酸序列数据库、基因组数据库。

7.2.1.1 核酸序列数据库

目前,国际上主要有 GenBank、EMBL、DDBJ 三大核酸序列数据库,三大核酸数据库之间每天相互交换数据,保持数据同步更新。

1. GenBank 核酸序列数据库　　GenBank 由美国国家生物技术信息中心(National Center of Biotechnology Information,NCBI)建立和维护。GenBank 数据来源于测序工作者提交的序列、测序中心提交的大量 EST 序列、其他测序数据及与其他数据机构协作交换的数据四个方面。

GenBank 包含所有已知的核酸序列和蛋白质序列，还包括对序列的简要描述、科学命名、物种分类名称、参考文献、序列特征表等辅助信息。序列特征表包含编码区、转录单元、重复区域、突变位点或修饰位点、编码氨基酸等注释。

　　为方便查询，GenBank 将所有数据记录划分为细菌类、病毒类、植物、真菌和藻类、灵长类、啮齿类、无脊椎动物类、EST 数据、基因组测序数据、大规模基因组序列数据等 18 类。

　　1）GenBank 数据检索　　通过选择 NCBI 首页"Search"选项中的"Gene"或"Nucleotide"等选项，在检索窗口输入对应的检索词进行直接检索；也可利用"Search"选项中的"All Databases"，在检索窗口输入检索词进行综合检索。

　　All Databases 将核酸序列、蛋白质序列、基因图谱、蛋白质结构等数据库整合，并可通过生物医学文献摘要数据库（PubMed），获取与序列相关的文献信息。利用 All Databases 对鼠伤寒沙门氏菌 *Salmonella typhimurium* Ⅰ 相鞭毛蛋白基因 *H-1-i* 的综合检索结果见图7-3。

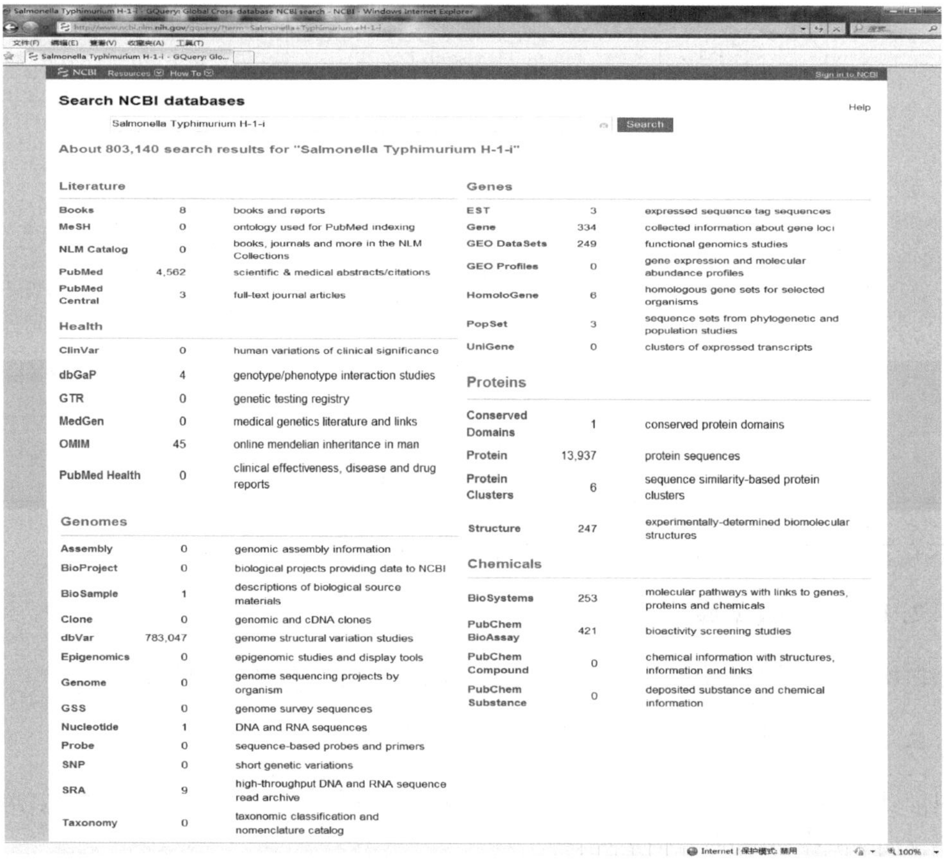

图 7-3　*Salmonella typhimurium H-1-i* 的 NCBI All Databases 综合检索界面图

　　选择"Nucleotide"选项进行进一步检索，可得到 *Salmonella typhimurium H-1-i* 的核苷酸序列，其代表了 GenBank 核酸数据库的基本格式，见图 7-4。

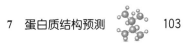

LOCUS	STYFLGH1-I 1485 bp DNA linear BCT 26-APR-1993	序列标识
DEFINITION	Salmonella typhimurium H-1-i gene encoding phase 1 flagellar	简要描述
	filament protein(flagellin),complete cds.	
ACCESSION	M11332	序列登录号
VERSION	M11332.1 GI:153978	序列版本号
KEYWORDS	flagellin.	关键词
SOURCE	Salmonella enterica subsp. enterica serovar Typhimurium(Salmonella typhimurium)	来源种属
ORGANISM	Salmonella enterica subsp. enterica serovar Typhimurium	来源分类
	Bacteria; Proteobacteria; Gammaproteobacteria; Enterobacteriales;	
	Enterobacteriaceae; Salmonella	
REFERENCE	1 (bases 1 to 1485)	引文条目
AUTHORS	Joys,T. M.	引文作者
TITLE	The covalent structure of the phase-1 flagellar filament protein of	引文标题
	Salmonella typhimurium and its comparison with other flagellins	
JOURNAL	J. Biol. Chem. 260(29),15758-15761(1985)	引文出处
PUBMED	2999134	交叉索引
COMMENT	Original source text:S. typhimurium SL877 DNA.	引文评述
	Draft entry and clean copy sequence for[1] kindly provided by T. M. Joyce,	
	18-FEB-1986.	
	Individual *Salmonella* serotypes usually alternate between the production of two	
	antigenic forms of flagella,termed phase-1 and phase-2,each specified by separate	
	structural genes. Both ends of the flagellin gene act in the regulation of flagellin	
	synthesis.	
FEATURES	Location/Qualifiers	特征表
source	1..1485	数据来源
	/organism="*Salmonella typhimurium*"	
	/mol_type="genomic DNA"	
	/db_xref="taxon:602"	
CDS	13..1485	编码区
	/note="phase-1 flagellar filament protein"	
	/codon_start=1	
	/transl_table=11	
	/protein_id="AAA27072.1"	
	/db_xref="GI:153979"	
	/translation="MAQVINTNSLSLLTQNNLNKSQSALGTAIERLSSGLRINSAKDD	氨基酸序列
	AAGQAIANRFTANIKGLTQASRNANDGISIAQTTEGALNEINNNLQRVRELAV	
	QSANSTNSQSDLDSIQAEITQRLNEIDRVNGQTQFSGVKVLAQDNTLTIQVGA	
	NDGETIDIDLKQINSQTLGLDTLNVQQKYKVSDTAATVTGYADTTIALDNSTF	
	KASATGLGGTDEKIDGDLKFDDTTGKYYAKVTVTGGTGKDGYYEVSVDKTN	
	GEVTLAAVTPATVTTATALSGKMYSANPDSDIAKAALTAAGVTGTASVVKM	
	SYTDNNGKTIDGGLAVKVGDDYYSATQDKDGSISIDTTKYTADNGTSKTALN	
	KLGGADGKTEVVTIDGKTYNASKAAGHDFKAEPELAEQAAKTTENPLQKID	
	AALAQVDTLRSDLGAVQNRFNSAITNLGNTVNNLSSARSRIEDSDYATEVSN	
	MSRAQILQQAGTSVLAQANQVPQNVLSLLR"	
ORIGIN	98 bp upstream of TaqI site.	开始标志
	1 aaggaaaaga tcatggcaca agtcattaat acaaacagcc tgtcgctgtt gacccagaat	
	61 aacctgaaca atcccagtc cgctctgggc accgctatcg agcgtctgtc ttccggtctg	

121 cgtatcaaca gcgcgaaaga cgatgcggca ggtcaggcga ttgctaaccg ttttaccgcg 181 aacatcaaag gtctgactca ggcttcccgt aacgctaacg acggtatctc cattgcgcag 241 accactgaag gcgcgctgaa cgaaatcaac aacaacctgc agcgtgtgcg tgaactggcg 301 gttcagtctg ctaacagcac caactcccag tctgacctcg actccatcca ggctgaaatc 361 acccagcgtc tgaacgaaat cgaccgtgta aatggccaga ctcagttcag cggcgtgaaa 421 gtcctggcgc aggacaacac cctgaccatc caggttggtg ccaacgacgg tgaaactatc 481 gatatcgatc tgaagcagat caactctcag accctgggtc tggatacgct gaatgtgcaa 541 caaaaatata aggtcagcga tacggctgca actgttacag gatatgccga tactacgatt 601 gctttagaca atagtacttt taaagcctcg gctactggtc ttggtggtac tgacgagaaa 661 attgatggcg atttaaaatt tgatgatacg actggaaaat attacgccaa agttaccgtt 721 acgggggggaa ctggtaaaga tggctattat gaagtttccg ttgataagac gaacggtgag 781 gtgactcttg ctgcggtcac tcccgctaca gtgactactg cgacagcact gagtggaaaa 841 atgtacagtg caaatcctga ttctgacata gctaaagccg cattgacagc agcaggtgtt 901 accggcacag catctcgttgt taagatgtct tatactgata ataacggtaa aactattgat 961 ggtggtttag cagttaaggt aggcgatgat tactattctg caactcaaga taaagatggt 1021 tccataagta ttgatactac gaaatacact gcagataacg gtacatccaa aactgcacta 1081 aacaaactgg gtggcgcaga cggcaaaacc gaagtcgtta ctatcgacgg taaaacctac 1141 aatgccagca aagccgctgg tcatgatttc aaagcagaac cagagctggc ggaacaagcc 1201 gctaaaacca ccgaaaaccc gctgcagaaa attgatgctc ctttggcaca ggttgacacg 1261 ttacgttctg acctgggtgc ggtacagaac cgtttcaact ccgctattac caacctgggc 1321 aacaccgtaa acaacctgtc ttctgcccgt agccgtatcg aagattccga ctacgcgacc 1381 gaagtctcca acatgtctcg cgcgcagatt ctgcagcagg ccggtacctc cgttctggcg 1441 caggcgaacc aggttccgca aaacgtcctc tctttactgc gttaa	
//	结束标志

图 7-4 Salmonella typhimurium H-1-i 的 GenBank 核酸数据库格式

2）向 GenBank 提交序列数据   少量核酸序列可以利用 BankIt 程序提交,大量核酸序列利用 Sequin 程序进行提交,其中 SRA 平台用于储存新一代高通量测序产生的原始序列。

NCBI 网站提供数据查询、序列相似性搜索等服务,从其 FTP 服务器可免费下载 GenBank 数据。

NCBI 网址:http://www. ncbi. nlm. nih. gov/

GenBank 网址:http://www. ncbi. nlm. nih. gov/genbank/

BankIt 网址:http://www. ncbi. nlm. nih. gov/WebSub/? tool=genbank

Sequin 网址:http://www. ncbi. nlm. nih. gov/Sequin/

2. EMBL 核酸序列数据库   EMBL 核酸序列数据库创建于 1982 年,由欧洲生物信息学研究所(European Bioinformation Insititute,EBI)管理维护。EMBL 使用序列提取系统(SRS)进行查询检索,利用基于网络的 WEBIN 工具,也可利用文件传输软件 FTP、Aspera 向 EMBL 提交序列,其中 ERA 平台用于储存新一代高通量测序产生的原始序列。

EMBL 网址:http://www. ebi. ac. uk/ena/

SRS 网址:http://srs. ebi. ac. uk/

WEBIN 网址:https://www. ebi. ac. uk/ena/submit/sra/#home

EMBL 和 GenBank 数据库的行识别标志见表 7-2。

表 7-2　**EMBL 和 GenBank 数据库的行识别标志及含义**

EMBL 识别标志	GenBank 识别标志	含义
ID(identifier)	LOCUS	序列标识及性质描述
XX(spacer line)		为阅读清晰而加的空行
AC(accession number)	ACCESSION	序列登录号
SV(sequence version)	VERSION	序列版本号
DT(data)	DATE	序列提交、创建和最后更新日期
DE(description)	DEFINITION	简单描述
KW(keywords)	KEYWORDS	关键字
OS(organism species)	SOURCE	来源种属
OC(organism classification)	ORGANISM	来源分类谱系
OG(organelle)		来源细胞器
RN(reference number)	REFERENCE	引文编码
RC(reference comment)	REMARK	引文评述
RP(reference positions)		引文对应序列位置
RX(cross-reference)	PUBMED	交叉索引
RA(reference authors)	AUTHORS	引文作者
RT(reference title)	TITLE	引文题目
RL(reference location)	JOURNAL	引文出处
DR(database cross-reference)		数据库间交叉索引
CC(comments)	COMMENT	评述或注释
FH(feature header)		特征表头
FT(feature table data)	FEATURES	特征表
source	source	数据来源
RBS	RBS	核糖体结合位点
exon	exon	外显子区
CDS	CDS	编码区
misc_feature	misc_feature	尚未归类的特性
SQ(sequence header)	ORIGIN	序列开始标志
//	//	序列结束标志

资料来源：张阳德，2004；赵国屏等，2002；樊龙江，2010

3. DDBJ 核酸序列数据库　　DDBJ 核酸序列数据库创建于 1986 年，由日本国家遗传学研究所负责维护和管理。使用 SRS 工具进行数据检索和序列分析，通过 NSSS、MSS 系统向该数据库提交序列，其中 DRA 平台用于储存新一代高通量测序产生的原始序列。为方便检索，DDBJ 主页可进行日文和英文互换。

DDBJ 日文版网址：http://www.ddbj.nig.ac.jp/index-j.html/

DDBJ 英文版网址：http://www.ddbj.nig.ac.jp/index-e.html/

7.2.1.2　基因组数据库

各种生物在基因组大小、遗传信息存储特性等方面差异较大。基因组数据库的初级数据主要来源于各种基因组计划。

1. GOLD   GOLD (Genomes Online Database)是一个基因组和宏基因组序列及其相互关联的综合数据库。GOLD 为已完成的和正在进行的测序项目提供最新的数据及注释。用户可访问简化直观的 GOLD(v. 6)报告或启动搜索工具，界面支持 Studies、Biosamples、Projects 和 Organisms 四个层次的基因组计划分类系统。

GOLD 网址：https：//gold. jgi-psf. org/

2. Ensembl Genomes   Ensembl Genomes 基因组注释资料数据库是欧洲生物信息学研究所(EBI)与英国剑桥大学韦尔科姆基金会桑格学院研究所(Wellcome Trust Sanger Institute，WTSI)共同建立。Ensembl Genomes 用于注释、分析和显示自 2000 年以来已测序脊椎动物的基因组数据。2009 年以来，增加了细菌、原生生物、真菌、植物和无脊椎动物五类基因组数据。

Ensembl Genomes 数据库记录由原始序列数据及其注释组成，不同数据库的注释质量差异较大。Ensembl Genomes 是已注释的基因组资料库，可通过在线形式获得相关数据。

Ensembl Genomes 网址：http：//ensemblgenomes. org/

7.2.2   蛋白质数据库

常用的蛋白质数据库主要包括蛋白质序列数据库、蛋白质结构数据库、蛋白质分类数据库及蛋白质组数据库等。

7.2.2.1   蛋白质序列数据库

常用的蛋白质序列数据库有 UniProt、PIR 等，分述如下。

1. UniProt   UniProt(全球蛋白质资源数据库)是一个集中收录蛋白质资源并与其他资源相互联系的数据库，是目前为止收录目录最广泛、功能注释最全面的一个蛋白质序列数据库。UniProt 由欧洲生物信息学研究所(EBI)、美国蛋白质信息资源中心(PIR)和瑞士生物信息学研究所(The Swiss Institute of Bioinformatics，SIB)等机构共同组成的 UniProt 协会(The UniProt Consortium)进行编辑、制作和维护。目前，UniProt 将 TrEMBL、PIR-PSD、SWISS-PROT 三个数据库合并。可通过文本检索、相似序列检索及 UniProt Ftp 网站获得蛋白质序列，对目的蛋白进行交互式分析或特定分析。

UniProt 数据库由 UniProt 知识库(UniProtKB)、UniProt 非冗余参考数据库(UniRef)、UniProt 档案库(UniParc)及 UniProt 宏基因组学与环境微生物序列数据库(UniMES)构成，UniProt 数据库的构成单元见图 7-5。

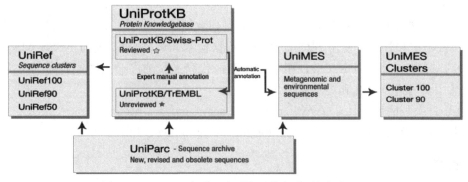

图 7-5   UniProt(全球蛋白质资源数据库)构成单元图

UniProtKB 数据库(UniProt Knowledgebase)：它是蛋白质序列、功能、分类、交叉引用等信息的存储中心,并与其他核酸、蛋白质数据库交叉引用。UniProtKB 包含人工注释信息(UniProt/SwissProt)和直接利用计算机程序获得的记录信息(UniProt/TrEMBL)两部分,其中人工注释信息来自于文献信息和在专家监督下的计算机分析信息。UniProtKB 还包括 SwissProt 和 TrEMBL 中未收录 PIR-PSD 记录。

UniRef 非冗余参考数据库(UniProt Reference Clusters):为提高检索速度,UniRef 将紧密相关的蛋白序列合并到同一条记录中。根据序列相似程度可将 UniRef 数据库分为 UniRef 100、UniRef 90 和 UniRef 50 三个子数据库。其中 UniRef 100 数据库将同一序列的所有记录进行聚类,相同序列及子片段被记录为一条 UniRef 100 条目,包含所有合并条目的接收号、蛋白质序列及相关链接。

UniParc 档案库(UniProt Archive):记录所有已公开发表的蛋白质序列的当前状态及历史信息,每条蛋白质序列具有唯一的 UniParc 标识符。

UniMES:宏基因组学与环境微生物序列数据库。

Salmonella typhimurium FLIC_SALTY 的 UniProt 搜索结果见图 7-6。

图 7-6　UniProt 基本数据与功能

1) SWISS-PROT　　SWISS-PROT 数据库由瑞士日内瓦大学于 1986 年创建,现由欧洲生物信息学研究所(EBI)和瑞士生物信息学研究所(SIB)共同协作进行维护和管理,是目前国际上最权威的蛋白质序列数据库之一。SWISS-PROT 数据库提供蛋白质序列查询及相似蛋白质序列搜索等服务,可以较完整地获得蛋白质的序列信息。2016 年 9 月 SWISS-PROT 收录了 552 259 条序列。

SWISS-PROT 数据由数据行排列组成,行识别标志与 EMBL 数据库相同(表 7-2)。SWISS-PROT 数据库注释精炼完善,每条蛋白质序列按照各种数据行的格式排列,分为核心数据和注释两大类。核心数据包括蛋白质序列、引用文献、分类信息等;注释包括结构域、功能位点、跨膜区域、二硫键位置、翻译后修饰、与其他蛋白质的相似性等。数据格式主要包括 Function,Names & Taxonomy,Subcellular location,PTM / Processing,Expression,Interaction,Structure,Family & Domains,Sequence,Cross-references,Publications,Entry information,Miscellaneous 和 Similar proteins 14 个部分。

在 SWISS-PROT 主页检索窗口内输入检索词进行一般性检索,检索词可以是登记号(AC)、标识号(ID)、序列描述内容(description)、基因名称(genename)、物种名称(organism)等。利用 SWISS-PROT 数据库得到蛋白质序列,再通过交叉索引(cross-references)得到序列数据库、三维结构数据库、蛋白质相互作用数据库、蛋白质组学数据库等多种数据库中的相关数据。

Salmonella typhimurium H-1-i 鞭毛蛋白 FLIC_SALTY(P06179) SWISS-PORT 数据格式见图 7-7。

ID	FLIC_SALTY　　　　　Reviewed；　　　　495 AA.	序列标识
AC	P06179；P97160；Q02871；Q56088；	登录号
DT	01-JAN-1988，integrated into UniProtKB/Swiss-Prot.	登录日期
DT	23-JAN-2007，sequence version 4.	创建日期
DT	07-JAN-2015，entry version 127.	更新日期
DE	RecName：Full＝Flagellin；	简要描述
DE	AltName：Full＝Phase 1-I flagellin；	
GN	Name＝fliC；Synonyms＝flaF，hag；OrderedLocusNames＝STM1959；	基因名称
OS	Salmonella typhimurium(strain LT2 / SGSC1412 / ATCC 700720).	来源种属
OC	Bacteria；Proteobacteria；Gammaproteobacteria；Enterobacteriales；	来源分类
	Enterobacteriaceae；Salmonella.	
OX	NCBI_TaxID＝99287；	分类号
RN	［1］	引文条目
RP	NUCLEOTIDE SEQUENCE［GENOMIC DNA］.	序列位置
RX	PubMed＝2999134；	交叉索引
RA	Joys T. M.；	引文作者
RT	"The covalent structure of the phase-1 flagellar filament protein of *Salmonella*	引文标题
RT	*typhimurium* and its comparison with other flagellins."；	
RL	J. Biol. Chem. 260：15758-15761(1985).	引文出处
……		
CC	-!-FUNCTION：Flagellin is the subunit protein which polymerizes to form the filaments	功能评述
CC	of bacterial flagella.	
CC	-!-INTERACTION：	相互作用
CC	P26609；fliS；NbExp＝6；IntAct＝EBI-2011501,EBI-2011519；	
CC	-!-SUBCELLULAR LOCATION：Secreted. Bacterial flagellum.	亚细胞定位
CC	-!-INDUCTION：Inhibited in nutrient-poor medium(at protein level).	诱导表达
CC	{ECO：0000269|PubMed：21278297}.	
CC	-!-MISCELLANEOUS：Individual Salmonella serotypes usually alternate between the	其他特征
CC	production of 2 antigenic forms of flagella，termed phase 1 and phase 2，each specified	
CC	by separate structural genes，fliC and fljB.	
CC	-!-SIMILARITY：Belongs to the bacterial flagellin family.	相似性
CC	{ECO：0000305}.	
CC	--	
CC	Copyrighted by the UniProt Consortium，see http://www. uniprot. org/terms	
CC	Distributed under the Creative Commons Attribution-NoDerivs License	
CC	--	
DR	EMBL；M11332；AAA27072. 1；-；Genomic_DNA.	EMBL 索引
……		
DR	PIR；A24262；A24262.	PIR 索引
……		
DR	RefSeq；NP_460912. 1；NC_003197. 1.	RefSeq 索引
DR	PDB；1IO1；X-ray；2. 00 A；A＝54-451.	PDB 索引
……		
DR	PDBsum；1IO1；-.	PDBsum 索引
……		
DR	DisProt；DP00026；-.	DisProt 索引
DR	ProteinModelPortal；P06179；-.	ProteinModelPortal
DR	SMR；P06179；2-495.	SMR 索引

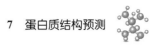

DR	DIP；DIP-43768N；-.	DIP 索引
DR	IntAct；P06179；1.	IntAct 索引
DR	MINT；MINT-2831235；-.	MINT 索引
DR	STRING；99287. STM1959；-.	STRING 索引
DR	PaxDb；P06179；-.	PaxDb 索引
DR	PRIDE；P06179；-.	PRIDE 索引
DR	EnsemblBacteria；AAL20871；AAL20871；STM1959.	EnsemblBacteria
DR	GeneID；1253480；-.	GeneID 索引
DR	KEGG；stm:STM1959；-.	KEGG 索引
DR	PATRIC；32382477；VBISalEnt20916_2074.	PATRIC 索引
DR	eggNOG；COG1344；-.	eggNOG 索引
DR	HOGENOM；HOG000255144；-.	HOGENOM 索引
DR	KO；K02406；-.	KO 索引
DR	OMA；GGITFKW；-.	OMA 索引
DR	OrthoDB；EOG6M9DVB；-.	OrthoDB 索引
DR	PhylomeDB；P06179；-.	PhylomeDB 索引
DR	BioCyc；SENT99287:GCTI-1970-MONOMER；-.	BioCye 索引
DR	Reactome；REACT_24954；NFkB and MAPK activation mediated by TRAF6.	Reactome 索引
......		
DR	EvolutionaryTrace；P06179；-.	EvolutionaryTrace
DR	Proteomes；UP000001014；Chromosome.	Proteomes 索引
DR	GO；GO:0009420；C:bacterial-type flagellum filament；IEA:InterPro.	GO 索引
......		
DR	InterPro；IPR001492；Flagellin.	InterPro 索引
......		
DR	Pfam；PF00700；Flagellin_C；1.	Pfam 索引
......		
DR	PRINTS；PR00207；FLAGELLIN.	PRINTS 索引
PE	1；Evidence at protein level；	
KW	3D-structure；Bacterial flagellum；Complete proteome；Reference proteome；Secreted.	关键词
FT	INIT_MET 1 1 Removed. {ECO:0000250}.	特征表
FT	CHAIN 2 495 Flagellin.	
FT	/FTId=PRO_0000182578.	
FT	CONFLICT 127 127 S -> N(in Ref. 1；AAA27072).	不同库间冲突位点
FT	{ECO:0000305}.	
......		
FT	HELIX 59 99 {ECO:0000244|PDB:1IO1}.	二级结构信息
......		
FT	TURN 137 139 {ECO:0000244|PDB:1IO1}.	
......		
FT	STRAND 142 147 {ECO:0000244|PDB:1IO1}.	
......		
SQ	SEQUENCE 495 AA；51612 MW；4BD7849FA3B936BA CRC64；	序列开始标志
	MAQVINTNSL SLLTQNNLNK SQSALGTAIE RLSSGLRINS AKDDAAGQAI ANRFTANIKG	氨基酸序列
	LTQASRNAND GISIAQTTEG ALNEINNNLQ RVRELAVQSA NSTNSQSDLD SIQAEITQRL	
	NEIDRVSGQT QFNGVKVLAQ DNTLTIQVGA NDGETIDIDL KQINSQTLGL DTLNVQQKYK	
	VSDTAATVTG YADTTIALDN STFKASATGL GGTDQKIDGD LKFDDTTGKY YAKVTVTGGT	

GKDGYYEVSV DKTNGEVTLA GGATSPLTGG LPATATEDVK NVQVANADLT EAKAALTAAG VTGTASVVKM SYTDNNGKTI DGGLAVKVGD DYYSATQNKD GSISINTTKY TADDGTSKTA LNKLGGADGK TEVVSIGGKT YAASKAEGHN FKAQPDLAEA AATTTENPLQ KIDAALAQVD TLRSDLGAVQ NRFNSAITNL GNTVNNLTSA RSRIEDSDYA TEVSNMSRAQ ILQQAGTSVL AQANQVPQNV LSLLR	
//	序列结束标志

图 7-7   *Salmonella typhimurium* H-1-i 鞭毛蛋白的 SWISS-PORT 数据格式

SWISS-PROT 网址：http://www.uniprot.org/uniprot/

2）TrEMBL   TrEMBL 数据库创建于 1996 年，是一个经计算机注释的蛋白质数据库，采用 SWISS-PROT 数据库格式，主要包含从 EMBL、GenBank、DDBJ 三大核酸数据库中根据编码序列翻译的、尚未集成到 SWISS-PROT 数据库中的蛋白质序列。TrEMBL 为 SWISS-PROT 数据库提供及时补充。

TrEMBL 网址：http://www.uniprot.org/uniprot/

2. PIR   PIR 是第一个蛋白质分类和功能注释数据库，数据量较大，包含尚未验证的序列，而且注释也不完善。20 世纪 80 年代初，Margaret Dayhoff 等搜集了当时所有已知的蛋白质序列和结构信息，编著了《蛋白质序列与结构图册》。在此基础上，1984 年美国国家生物医学研究基金会（National Biomedical Reserch Foundation，NBRF）创建了蛋白质信息资源数据库。1988 年成立了国际蛋白质信息中心（PIR-International），共同收集和维护 PIR 国际蛋白质序列数据库（PIR-PSD）。2002 年 PIR 同 EBI 和 SIB 一起创建了 UniProt，原有的 PIR-PSD 数据库被整合到 UniProt Knowledgebase。

目前 PIR 数据库包括 iProClass、Protein Ontology、iProLINK、PIRSF、PIR-PSD 和 Uni-Prot 6 个子数据库。PIR 数据库按照数据的性质和注释层次分为 4 个不同部分：PIR1 序列已经验证，注释最为详尽；PIR2 为尚未确定的冗余序列；PIR3 序列既未检验，也未注释；PIR4 序列来自其他渠道，既未验证，也无注释。PIR 提供基于文本的交互式检索和序列相似性搜索，以及结合序列相似性、注释信息和蛋白质家族信息的高级检索。PIR 的检索结果包括蛋白质一般信息、交叉索引文献、相关蛋白质家族，并可跳转到 UniProt 数据库。

Salmonella typhimurium H-1-i 鞭毛蛋白 FLIC_SALTY（PIR-PSD ID 是 A24262）的 PIR 搜索结果见图 7-8。

PIR 网址：http://pir.georgetown.edu/

7.2.2.2   蛋白质序列二次数据库

常用的蛋白质序列二次数据库有 PROSITE、PRINTS、InterPro 等。

1. PROSITE   PROSITE 是蛋白质家族保守区域和功能位点数据库，也是第一个蛋白质序列二次数据库，由 SIB 建立和维护，收录蛋白质家族中同源序列多重比对所确定的保守性区域，如酶活性位点、配体结合位点、金属离子结合位点、其他蛋白质结合位点等蛋白质位点和序列模式。通过检索 PROSITE 数据库，可确定一段新蛋白质序列中包含的功能位点及其归属的蛋白质家族。

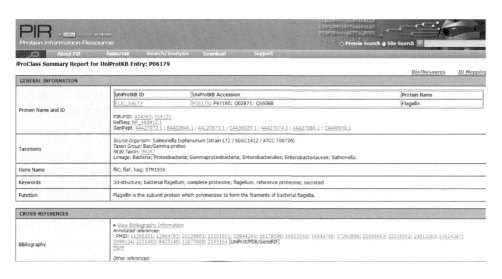

图 7-8 *Salmonella typhimurium* H-1-i 鞭毛蛋白的 PIR 检索结果

PROSITE 数据库包含 Prosite（数据文件）和 PrositeDoc（说明文件）两个文件数据库。2016 年 9 月发布的 20.130 版含有 1769 个文件（documentation entries），1309 个序列模式（patterns），1168 个序列特征谱（profiles）和 1184 条简则（ProRule）。

PROSITE 网址：http://prosite.expasy.org

2. PRINTS PRINTS 蛋白质指纹图谱数据库将多个保守序列模式作为识别蛋白质家族的特征，与 PROSITE 数据库单个序列模式相比，PRINTS 数据库具有更好的识别率。

PRINTS 网址：http://www.bioinf.man.ac.uk/dbbrowser/PRINTS/index.php

3. InterPro InterPro 是集成的蛋白质结构域和功能位点综合性数据库，主要用于蛋白质序列分析、鉴定和自动注释，由 EBI 维护。InterPro 将蛋白质序列按照超家族、家族、子家族等不同水平进行分类，预测蛋白质序列的功能保守域、重复序列、关键位点、信号肽注释等。InterPro 还可对蛋白质序列进行快速 GO 注释。

Interpro 数据库主要以功能域信息为中心，其中功能域信息整合了采用不同的方法来识别功能域的 11 个数据库信息，并将每个相同的功能域用同一 InterPro 记录（IPR）表示。每个 IPR 记录代表一个特定的功能域，除了给出功能信息，还包括其他数据库链接，如 GO 数据库、UniProtKB 数据库及 GenePep 数据库。

可利用搜索工具 InterProScan 从 InterPro 数据库搜索某蛋白质的功能域信息，如未搜索到，则会利用 BLAST 搜索与目标蛋白质序列相似的蛋白质，给出对应的功能域信息。

InterPro 网址：http://www.ebi.ac.uk/interpro/

7.2.2.3 蛋白结构数据库

常用的蛋白质结构数据库有 wwPDB、RCSB PDB、PDBe、PDBj、BioMagResBank、EMDataBank、PSI SBKB 及 MMDB 等。

1. PDB PDB（Protein Data Bank）即蛋白质结构数据库，是国际上最完整的蛋白质、核酸、糖类、蛋白质-核酸复合物及病毒等生物大分子三维结构数据库。1971 年建立于美国 Brookhaven 国家实验室，当时只有 7 个蛋白质结构。1998 年 10 月起 PDB 由结构生物学合作研究组织(Research Collaboration for Structural Bioinformatics,RCSB)负责管理和维护。截至 2016 年 10 月,PDB 数据库已收录 123 456 个结构,其中蛋白质结构约占 92.8%。PDB 数据库增长曲线见图 7-9。

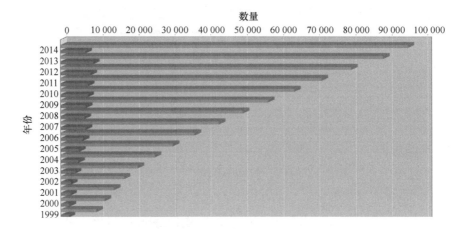

图 7-9　PDB 数据库增长曲线截图(浅色图:总结构数;深色图:新增结构数)

资料来源:http://www.rcsb.org/pdb/statistics/contentGrowthChart.do? content=molType-protein&seqid=100

PDB 数据库收录通过 X 射线晶体衍射、核磁共振(NMR)和电子显微镜等实验方法测定及由理论计算得出的生物大分子的三维结构。PDB 的 ID 由 A~Z 和 0~9 四个字符串组合而成。PDB 数据库每一个结构包含名称、文献、序列、一级结构、二级结构、交叉检索、原子坐标等与结构相关的信息。

PDB 数据库检索结果可通过网页格式显示,三维结构在网页格式为静止平面结构,可通过 KiNG Viewer、Jmol Viewer、SWISS-PDB Viewer 等插件进行立体结构的动态展示。

Salmonella typhimurium H-1-i 鞭毛蛋白 F41 片段晶体结构 PDB 的 ID 为 1IO1,其 PDB 数据库格式见图 7-10,其网页格式见图 7-11,其二级结构见图 7-12。

HEADER	STRUCTURAL PROTEIN　　　28-DEC-00　　1IO1	标头(子类,日期,ID)
TITLE	CRYSTAL STRUCTURE OF F41 FRAGMENT OF FLAGELLIN	标题(实验方法类型)
COMPND	MOL_ID:1;	晶体结构分子组成
COMPND	2 MOLECULE:PHASE 1 FLAGELLIN;	
COMPND	3 CHAIN:A;	
COMPND	4 FRAGMENT:F41 L-TYPE(RESIDUES 54-451);	
COMPND	5 ENGINEERED:YES;	
COMPND	6 MUTATION:YES	
SOURCE	MOL_ID:1;	晶体结构生物来源
SOURCE	2 ORGANISM_SCIENTIFIC:SALMONELLA TYPHIMURIUM;	
SOURCE	3 ORGANISM_TAXID:602;	
SOURCE	4 STRAIN:SJW 1660;	
SOURCE	5 EXPRESSION_SYSTEM:ESCHERICHIA COLI;	
SOURCE	6 EXPRESSION_SYSTEM_TAXID:562	
KEYWDS	BETA-FOLIUM,FLAGELLIN,STRUCTURAL PROTEIN	
EXPDTA	X-RAY DIFFRACTION	关键词
AUTHOR	F. A. SAMATEY,K. IMADA,S. NAGASHIMA,F. VONDERVISZ,	测定结构所用实验方法
AUTHOR	2 T. KUMASAKA,M. YAMAMOTO,K. NAMBA	结构测定者

REVDAT	3 24-FEB-09 1IO1 1 VERSN	修订日期
REVDAT	2 15-APR-03 1IO1 1 SOURCE DBREF SEQADV	
REVDAT	1 04-APR-01 1IO1 0	
JRNL	AUTH F. A. SAMATEY,K. IMADA,S. NAGASHIMA,F. VONDERVISZ,	发表坐标集的文献
JRNL	2 AUTH T. KUMASAKA,M. YAMAMOTO,K. NAMBA	
……		
REMARK	1	相关文献
REMARK	2	
REMARK	2 RESOLUTION. 2.00 ANGSTROMS.	最大分辨率
REMARK	3	
REMARK	3 REFINEMENT.	用到的程序和统计方法
……		
REMARK	4 1IO1 COMPLIES WITH FORMAT V. 3.15,01-DEC-08	一级结构(4-999)
REMARK 100		
REMARK 100 THIS ENTRY HAS BEEN PROCESSED BY RCSB ON 05-JAN-01.		
REMARK 100 THE RCSB ID CODE IS RCSB005108.		
……		
DBREF	1IO1 A 53 50 UNP P06179 FLIC_SALTY 53 450	其他数据库的有关记录
SEQADV	1IO1 ALA A 426 UNP P06179 GLY 426 CONFLICT	PDB 与其他记录的出入
SEQRES	1 A 398 PHE THR ALA ASN ILE LYS GLY LEU THR GLN ALA SER ARG	残基序列
SEQRES	2 A 398 ASN ALA ASN ASP GLY ILE SER ILE ALA GLN THR THR GLU	
……		
FORMUL	2 HOH * 354(H2 O)	非标准残基化学式
HELIX	1 1 ILE A 57 ALA A 99 1 43	二级结构(α 螺旋)
HELIX	2 2 SER A 104 THR A 129 1 26	
……		
SHEET	1 A 2 ASN A 141 GLN A 146 0	二级结构(β 折叠)
SHEET	2 A 2 THR A 154 LEU A 159 -1 O ILE A 155 N ILE A 145	
……		
CRYST1	51.750 36.440 118.350 90.00 91.15 90.00 P 1 21 1 2	晶胞参数
ORIGX1	1.000000 0.000000 0.000000 0.00000	直角-PDB 坐标
ORIGX2	0.000000 1.000000 0.000000 0.00000	
ORIGX3	0.000000 0.000000 1.000000 0.00000	
SCALE1	0.019324 0.000000 0.000388 0.00000	直角-结晶学坐标
SCALE2	0.000000 0.027442 0.000000 0.00000	
SCALE3	0.000000 0.000000 0.008451 0.00000	
ATOM	1 N ASN A 56 -49.795 -3.667 -4.351 1.00 30.60 N	原子坐标
ATOM	2 CA ASN A 56 -48.833 -2.701 -3.726 1.00 29.93 C	
……		
TER	2881 ARG A 450	链末端
HETATM 2882 O HOH A 501 29.624 -1.335 16.688 1.00 11.99 O		非标准基团原子坐标
HETATM 2883 O HOH A 502 -35.019 -3.209 -7.005 1.00 10.33 O		
……		
MASTER	259 0 0 7 21 0 0 6 3234 1 0 31	版权拥有者
END		记录结束

图 7-10 *Salmonella typhimurium* H-1-i 鞭毛蛋白 F41 片段晶体结构的 PDB 数据库格式

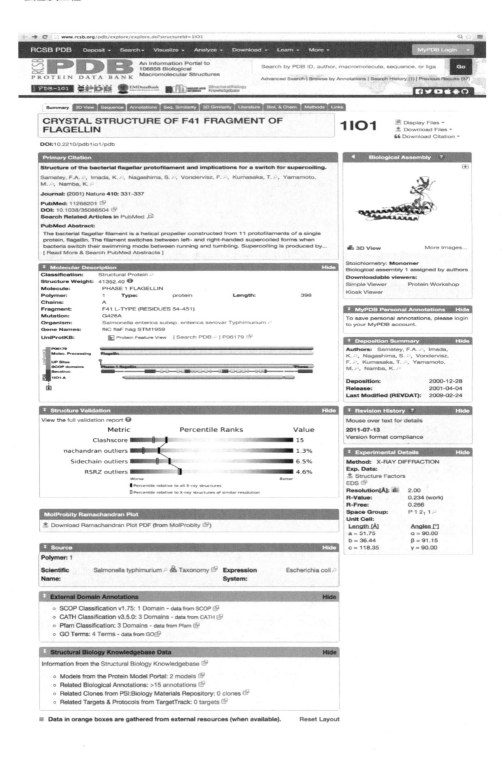

图 7-11   *Salmonella typhimurium* H-1-i 鞭毛蛋白 F41 片段晶体结构的 PDB 网页

PDB 网址：http://www.rcsb.org/pdb/home/home.do

2. MMDB   分子模型 MMDB(Molecular Modeling Database) 是 NCBI 生物信息数据库集成系统 Entrez 的组成部分，只收录通过 X 射线晶体衍射和核磁共振实验测定的生物大分子结构数据。

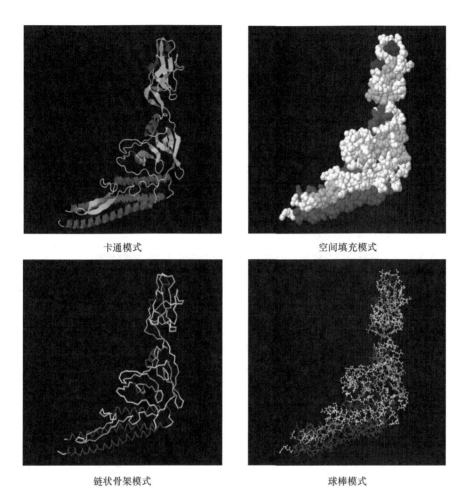

卡通模式 空间填充模式

链状骨架模式 球棒模式

图 7-12 *Salmonella typhimurium* H-1-i 鞭毛蛋白 F41 片段的二级结构（SWISS-PDB Viewer）

MMDB 增加了大分子的生物学功能及产生机制、分子进化历史、生物大分子之间关系等附加信息，还具有生物大分子三维结构模型展示、结构分析和结构比对等功能。*Salmonella typhimurium* H-1-i 鞭毛蛋白 F41 片段 MMDB 三维结构见图 7-13 和图 7-14。

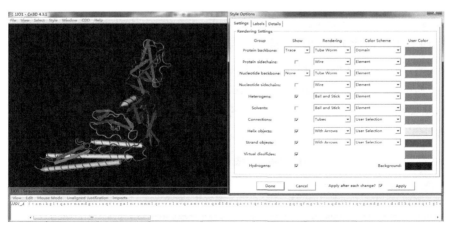

图 7-13 *Salmonella typhimurium* H-1-i 鞭毛蛋白 F41 片段（1IO1）的三维结构（Cn3D4.3.1）

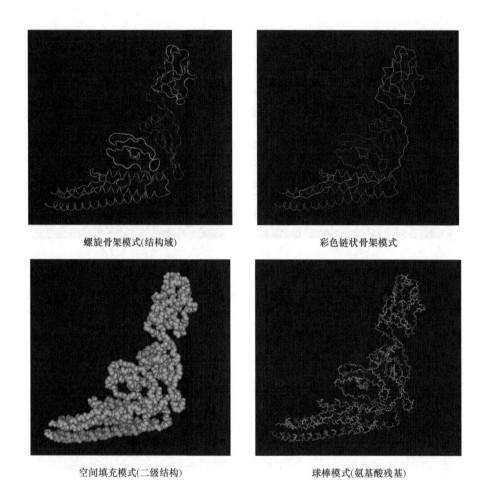

螺旋骨架模式(结构域)　　　　　彩色链状骨架模式

空间填充模式(二级结构)　　　　　球棒模式(氨基酸残基)

图 7-14 *Salmonella typhimurium* H-1-i 鞭毛蛋白 F41 片段(1IO1) 的三维结构展示(Cn3D4.3.1)

MMDB 网址:http://www.ncbi.nlm.nih.gov/Structure/

7.2.2.4 蛋白质结构二次数据库

常用的蛋白质结构二次数据库有 DSSP、HSSP、PDBsum 和 3Dee 等。

1. DSSP DSSP(Database of Secondary Structure of Protein)是一个二级结构推导数据库,用于研究蛋白质序列与结构之间的关系。DSSP 数据库是由 DSSP 算法生成的一个存放蛋白质二级结构分类数据的数据库,其中包括了 PDB 数据库中的所有条目。针对 PDB 数据库中蛋白质的原子坐标,计算其各个氨基酸残基中氢键、二面角、二级结构类型等二级结构构象参数,从而根据三维结构推导出其对应的二级结构。DSSP 将蛋白质二级结构分为 7 种类型,见表 7-3。

表 7-3　DSSP 数据库的 7 种二级结构类型

类型	H	E	G	I	B	T	S
含义	α 螺旋	β 折叠	3(10)螺旋	π 螺旋	孤立 β 桥	氢键转折	弯曲

DSSP 网址:http://www.cmbi.ru.nl/dssp.html

2. HSSP　　HSSP(Homelogy-Derived Secondary Structure of Protein)是一个蛋白质同源序列比对数据库,将相似序列的蛋白质聚集成结构同源的家族,并隐含二级结构和空间结构信息。HSSP可用于分析蛋白质保守区域、确定序列模式,也可用于蛋白质的折叠、进化关系和分子设计等研究。

　　HSSP网址:http://swift.cmbi.ru.nl/gv/hssp/

3. PDBsum　　PDBsum数据库通过对PDB数据库中所有蛋白质结构信息进行总结和分析,提供蛋白质的主链数目、配体、金属离子、二级结构和折叠图等相关信息。PDBsum数据库图文并茂,提供检索蛋白质各级结构信息的统一界面。

　　Salmonella typhimurium H-1-i 鞭毛蛋白(P06179)片段 F41(1IO1) PDBsum 数据库检索结果见图7-15。

图7-15　*Salmonella typhimurium* H-1-i 鞭毛蛋白 F41 片段(1IO1)PDBsum 检索结果

　　PDBsum网址:http://www.ebi.ac.uk/thornton-srv/databases/pdbsum/

7.2.2.5　蛋白质结构分类数据库

常用的蛋白质结构分类数据库有 SCOP2 和 CATH。

1. SCOP2　　SCOP(Structural Classification of Protein)是一个蛋白质结构分类数据库,由英国医学研究委员会(Medical Research Council,MRC)分子生物学实验室和蛋白质工程研究中心开发和维护。SCOP数据库对已知三维结构的蛋白质进行结构分类,并提供蛋白质之间的结构和进化关系等信息。SCOP数据库的核心工作是对PDB数据库储存的蛋白质进行结构分析。此外,对于收录的每一个蛋白质,SCOP数据库提供PDB链接、蛋白质序列、空间结构图像展示和参考文献链接等服务。

　　SCOP2在SCOP的基础上,更注重每一个蛋白质自身序列和结构的独特性,试图将已获得的蛋白质结构信息纳入新的数据库中。SCOP2数据库先将蛋白质分为全α型、全β型、α/β型、α+β型等11个结构类型,再将属于同一结构类型蛋白质按照折叠、超家族、家族层次进行细分。

　　SCOP2网址:http://scop2.mrc-lmb.cam.ac.uk/

2. CATH　　CATH蛋白质结构分类数据库由英国伦敦大学UCL开发和维护。CATH数据库分为:类型(class,C-level)、构架(architecture,A-level)、拓扑结构(topology,T-level)、同源性(homology,H-level)、序列(sequence family levels)等层次。

CATH 数据库类型层次按蛋白质结构域不同分为 α 主类、β 主类、α-β 类(α/β 型和 α＋β 型)、低二级结构类 4 类。构架层次依据由 α 螺旋和 β 折叠形成的超二级结构的排列方式进行分类,而不考虑它们之间的连接关系。拓扑层次为二级结构的形状和二级结构之间的联系。同源性层次通过序列比对和结构比对确定。序列层次根据序列同源性不同分为 S、O、L、I、D5 种。

CATH 网址:http://www.cathdb.info/

7.2.2.6 蛋白质分类数据库

ProtoMap 蛋白质分类数据库是利用计算机对 SWISS-PROT、TrEMBL 和 TrEMBL-new 等数据库中全部蛋白质进行层次分类,将相关蛋白质聚类分组而成。ProtoMap 数据库有助于对已知蛋白质家族进行精细划分,阐释家族间的相互关系。

ProtoMap 网址:http://www.cs.cornell.edu/Protomap/

7.3 蛋白质结构预测

蛋白质的空间结构决定其生物学功能,蛋白质的空间结构由蛋白质的氨基酸序列决定。随着生物信息学的发展,利用生物信息学手段直接从氨基酸序列预测蛋白质空间结构的效率和精确度不断提高。目前,蛋白质结构预测方法主要有理论分析方法与统计方法两种。理论分析方法(又称从头计算方法,Ab initio)是在理论计算的基础上进行结构预测。统计方法通过对已知结构的蛋白质进行统计分析,建立序列到结构的映射模型,进而对未知结构的蛋白质根据映射模型直接从氨基酸序列预测其结构。映射模型可以定性,也可以定量。蛋白质结构预测流程见图 7-16。

7.3.1 蛋白质序列比对

通过序列比对确定两个或多个序列之间的相似程度,是生物信息学研究中最常用和最经典的研究手段,也是生物信息学相关研究的基础。

通过蛋白质序列之间或核酸序列之间的双重比对或多重比对,确定序列之间的相似区域、保守性位点,从而探寻相互间的分子进化关系及产生相同功能的序列模式。通过蛋白质序列与对应核酸序列之间的比对有助于确定核酸序列中可能的阅读框,分析和预测一些新基因的功能。通过蛋白质序列与已知空间结构信息的蛋白质序列之间的比对,预测该蛋白质的空间结构及其生物学功能。此外,将所提交蛋白质序列与整个数据库序列进行比对,找出最相似的序列,从而获得有价值的参考信息,有助于进一步分析该序列的结构与功能。

常用的序列比对软件有:BLAST、ClustalW 等,可从 NCBI 和 EBI 网站免费下载到本地进行比对,也可进行网上远程比对。NCBI 网站 BLAST 的基本类型见表 7-4。

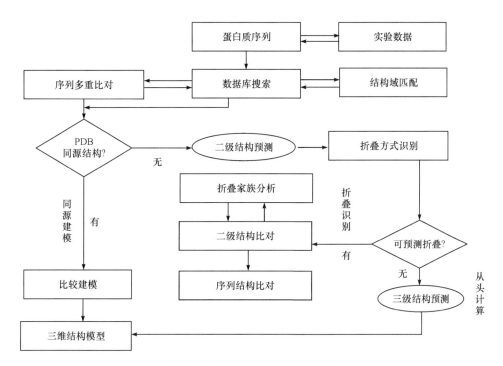

图 7-16　蛋白质结构预测流程图

(引自 http://www.russelllab.org/gtsp/flowchart2.html)

表 7-4　BLAST 基本类型

程序	数据库	查询序列	应用
nucleotide blast(blastn)	核酸	核苷酸	同源比对
protein blast(blastp)	蛋白质	蛋白质	同源比对
blastx	蛋白质	已翻译核苷酸	DNA 序列、EST 序列分析
tblastn	已翻译核苷酸	蛋白质	编码区分析
tblastx	已翻译核苷酸	已翻译核苷酸	EST 序列分析

为便于进行蛋白质序列比对,20 种基本氨基酸均有其对应的单字符,见表 7-5。

表 7-5　基本氨基酸简写字符表

英文名称	三字符	单字符	中文名称	英文名称	三字符	单字符	中文名称
alanine	Ala	A	丙氨酸	histidine	His	H	组氨酸
arginine	Arg	R	精氨酸	isoleucine	Ile	I	异亮氨酸
asparagine	Asn	N	天冬酰胺	leucine	Leu	L	亮氨酸
aspartic acid	Asp	D	天冬氨酸	lysine	Lys	K	赖氨酸
cysteine	Cys	C	半胱氨酸	methionine	Met	M	甲硫氨酸
glutamine	Gln	Q	谷氨酰胺	phenylalanine	Phe	F	苯丙氨酸
glutamic acid	Glu	E	谷氨酸	proline	Pro	P	脯氨酸
glycine	Gly	G	甘氨酸				

续表

英文名称	三字符	单字符	中文名称	英文名称	三字符	单字符	中文名称
serine	Ser	S	丝氨酸	asparagine	Asn	B *	天冬酰胺
threonine	Thr	T	苏氨酸	glutamine	Gln	Z *	谷氨酰胺
tryptophan	Trp	W	色氨酸			X *	不明氨基酸
tyrosine	Tyr	Y	酪氨酸			- *	空位
valine	Val	V	缬氨酸				

* 表示 FASTA 格式含义

Salmonella typhimurium H-1-i 基因 ClustalW 多重比对见图 7-17。

```
H1-c-1482   GGTACCGAAAAACTGCTGCGAATAAATTAGGTGGCGCAGACGGTAAAACCGAAGTTGTT   1116
H1-c-1602   GGTACCGAAAAACTGCTGCGAATAAATTAGGTGGCGCAGACGGTAAAACCGAAGTTGTT   1236
H1-i-1500   GGTACATCCAAAACTGCACTAAACAAACTGGGTGGCGCAGACGGCAAAACGGAAGTTGTT   1134
H1-i-1826   GGTACATCCAAAACTGCACTAAACAAACTGGGTGGCGCAGACGGCAAAACGGAAGTTGTT   1340
H1-i-1485   GGTACATCCAAAACTGCACTAAACAAACTGGGTGGCGCAGACGGCAAAACGGAAGTTGTT   1119
H1-r-1479   GGTACATCCAAAACTGCACTAAACAAACTGGGTGGCGCAGACGGCAAAACGGAAGTTGTT   1118
H1-a-1497   GGCAACACTAAAACTGCACTAAACAAACTGGGTGGCGCAGACGGTAAACTGAAGTTGTT   1131
H1-d-1521   GGCGGTAAACACTGCACTGTGAAATTCGGTGGCGCAGACGGTAAACCGAAGTTGTT   1152

H1-c-1482   ACT----ATCGACGGTGGAAACTACAATGCCAGCAAAGCGCTGGGCACAACTTCAAAGCA   1173
H1-c-1602   ACT----ATCGACGGTAAAACCTACAATGCCAGCAAAGCGCTGGGCACAACTTCAAAGCA   1293
H1-i-1500   TCT----ATTGGTGGTAAAACTTACGCTGCAAGTAAAGCCGAAGGTACAACTTTAAAGCA   1191
H1-i-1826   TCT----ATTGGTGGTAAAACTTACGCTGCAAGTAAAGCCGAAGGTCATGATTTAAAGCA   1397
H1-i-1485   TCT----ATTGGTGGTAAAACTTACGCTGCAAGTAAAGCCGAAGGTCATGATTTAAAGCA   1176
H1-r-1479   TCT----ATTGGTGGTAAAACTTACGCTGCAAGTAAAGCCGAAGGTCATGATTTAAAGCA   1173
H1-a-1497   TCT----ATCGACGGTGGAAATTACGCTGCAAGTAAAGCCGAAGGTACAACTTTAAAGCA   1185
H1-d-1521   ACTGCTACACGATGGTAAGACTTACTTAGCAGGCGACCTTGACAAAACTAACTTCAGAACA   1212

H1-c-1482   CAGCCAGAGCTGGCGGGAACGGGCTGCTACAACCACTGAAAACCGCTGCAGAAATTGAT   1233
H1-c-1602   CAGCCAGAGCTGGCGGGAACGGGCTGCTACAACCACTGAAAACCGCTGCAGAAATTGAT   1353
H1-i-1500   CTGCCTGATCTGGCGGGAACAGGCGCTACAACCACCGAAAACCGCTGCTGAAATTGAT   1251
H1-i-1826   GAACCTGATCTGGCGGGAACAGGCGCTACAACCACCGAAAACCGCTGCTGAAATTGAT   1457
H1-i-1485   GAACCTGATCTGGCGGGAACAGGCGCTACAACCACCGAAAACCGCTGCTGAAATTGAT   1236
H1-r-1479   GAACCTGATCTGGCGGGAACAGGCGCTACAACCACCGAAAACCGCTGCTGAAATTGAT   1233
H1-a-1497   CTGCCTGATCTGGCGGGAACAGGCGCTACAACCACCGAAAACCGCTGCTGAAATTGAT   1248
H1-d-1521   GGCGGTGAAGCTTAAAGGAGGTTAATACAGATAAGACTGAAAACCACTGCAGAAATTGAT   1272

H1-c-1482   GCTGCTTTTGGCGCCAGGTGGATGCGCTGCGTTCTGACCTGGTTGGTGTTTCAGAACGTTTC   1293
H1-c-1602   GCTGCTTTTGGCGCCAGGTGGATGCGCTGCGTTCTGACCTGGTTGGTGTTTCAGAACGTTTC   1413
H1-i-1500   GCTGCTTTTGGCACAGGTGACACGTTTACGTTCTGACCTGGTGGTTCAGAACCGTTTC   1311
H1-i-1826   GCTGCTTTTGGCACAGGTGACACGTTTACGTTCTGACCTGGTGGTTCAGAACCGTTTC   1517
H1-i-1485   GCTGCTTTTGGCACAGGTGACACGTTTACGTTCTGACCTGGTGGTTCAGAACCGTTTC   1296
H1-r-1479   GCTGCTTTTGGCACAGGTGACACGTTTACGTTCTGACCTGGTGGTTCAGAACCGTTTC   1293
H1-a-1497   GCCGCTTTGGCGCCAGGTTGATGCGCTGCGTTCTGACCTGGTTGGTGTTTCAGAACGTTTC   1308
H1-d-1521   GCTGCTTTGGCACAGGTGACACGTTCGTTCTGACCTGGTGGTTCAGAACCGTTTC   1332
```

图 7-17　*Salmonella typhimurium H-1-i* 基因 ClustalW 多重比对的部分截图

由图 7-17 可知，*H-1-i* 基因在鼠伤寒沙门氏菌不同菌株之间（*H-1-i*-1500、*H-1-i*-1826、*H-1-i*-1485）具极高的同源性，而与其他沙门氏菌具有较高的同源性。

Salmonella typhimurium H-1-i 鞭毛蛋白 Blastp 比对，运行界面见图 7-18，序列同源性比对见图 7-19。

图 7-18　*Salmonella typhimurium* H-1-i 鞭毛蛋白的 Blastp 比对运行界面

由图 7-19 可知，鼠伤寒沙门氏菌 H1 相鞭毛蛋白与其他沙门氏菌 H1 相鞭毛蛋白之间具有极高的同源性。

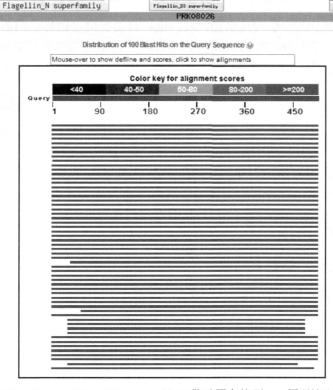

图 7-19 *Salmonella typhimurium* H-1-i 鞭毛蛋白的 Blastp 同源性比对图

7.3.2 蛋白质基本性质分析

利用生物信息学软件可直接预测蛋白质的基本性质,如氨基酸组成、相对分子质量、等电点(pI)、疏水性、电荷分布、信号肽、跨膜区域及结构功能域分析等。用于蛋白质基本性质预测的生物信息学软件较多,可将相关软件下载到本地进行预测,也可直接在线预测。在此以 Ex-PASy Proteomics Tools 相关的蛋白质基本性质预测软件为例,作以简要说明。

7.3.2.1 等电点和相对分子质量预测

利用 Compute pI/MW 程序可以计算出蛋白质序列的等电点和相对分子质量。输入蛋白质的氨基酸序列,Compute pI/MW 程序会自动计算出输出序列的等电点和相对分子质量。也可直接提供蛋白质序列的 SWISS-PROT 数据库序列编号(AC)或 SWISS-PROT 标识(ID),利用 Compute pI/MW 程序预测该蛋白质的等电点和相对分子质量。需要说明的是,Compute pI/MW 程序对于碱性蛋白质预测的等电点可能不准确。

7.3.2.2 蛋白质理化参数预测

利用 ProtParam 程序可以预测蛋白质序列的理化参数。将蛋白质的氨基酸序列输入 ProtParam 程序,会自动给出输入序列的氨基酸组成、分子式、等电点、相对分子质量等理化参数。也可直接提供蛋白质序列的 SWISS-PROT 数据库序列编号或 SWISS-PROT 标识,利用 ProtParam 程序预测该蛋白质序列的理化参数。

7.3.2.3 疏水性分析

利用 ProtScale 程序可以计算蛋白质的疏水性区域,将蛋白质的氨基酸序列输入 ProtScale 程序,预测该蛋白质的疏水性区域。也可直接提供蛋白质序列的 SWISS-PROT 数据库序列编号或 SWISS-PROT 标识,利用 ProtScale 程序预测该蛋白质的疏水性区域。此外,SAPS(蛋白质序列统计分析程序)也可预测蛋白质序列的氨基酸组成、电荷分布、疏水性区域、跨膜区域、重复结构等信息。

7.3.2.4 酶切肽段预测

利用 PeptideMass 程序可以预测蛋白质在特定蛋白酶作用下的酶切产物,或化学试剂作用下的内切产物。将蛋白质的氨基酸序列输入 PeptideMass 程序,可以预测胰蛋白酶(trypsin)、胰凝乳蛋白酶(chymotrypsin)等蛋白酶的酶切产物,CNBr 等化学试剂的内切产物。也可直接提供蛋白质序列的 SWISS-PROT 数据库序列编号或 SWISS-PROT 标识,利用 PeptideMass 程序预测该蛋白质序列的酶切结果。

7.3.3 蛋白质二级结构预测

蛋白质二级结构预测除了常规的二级结构,还包括特殊局部结构预测和三维结构预测。

7.3.3.1 二级结构预测

蛋白质的二级结构具有较强的规律性,每一段相邻的氨基酸残基具有形成一定二级结构的倾向。二级结构预测通常作为蛋白质局部结构预测和三维空间结构预测的基础。通过分析、归纳已知结构蛋白质的二级结构信息,建立各自的预测规则来预测蛋白质序列的二级结构。目前蛋白质二级结构预测的方法已有几十种,可分为统计方法、基于已有知识的预测方法和混合方法三类。

常用的蛋白质二级结构预测软件有以下几种。

1. nnPredict　nnPredict 运用神经网络方法预测蛋白质的二级结构,对全 α 蛋白质预测的准确率可达到 79%。

2. PredictProtein　PredictProtein 提供序列搜索和结构预测服务,输出结果中包含大量的预测过程中产生的信息,还包含每个氨基酸残基位点预测的可信度。PredictProtein 的平均预测准确率可达到 72% 以上。

3. SSPRED　SSPRED 与 PredictProtein 相似,先在数据库中搜索与目标序列相似的蛋白质序列,进行多序列比对,然后进行预测。在比对时考虑非保守位点的替换,并利用比对结果作为初始预测结果。

4. SOPMA　SOPMA 将 GOR 等几种预测方法综合成一个"一致预测结果",从而使蛋白质二级结构预测的准确率得到提高。

7.3.3.2 特殊局部结构预测

蛋白质特殊局部结构具有明显的序列特征和结构特征,主要包括膜蛋白的跨膜螺旋、信号肽、卷曲螺旋(coiled coils)等。

常用的蛋白质特殊局部结构预测软件主要有以下几种。

1. TMpred TMpred 依据跨膜蛋白数据库 TMbase,结合蛋白质序列中跨膜结构区段的数量、位置及侧翼信息,通过加权评分来预测蛋白质的跨膜区段及其在膜上的定位。

2. SignalP SignalP 依据已知的信号肽序列,利用神经网络方法预测分泌型蛋白质序列中信号肽的剪切位点。

3. COILS COILS 用来预测蛋白质在溶液中呈现出的左手卷曲螺旋,对右手螺旋或包埋在蛋白质内部螺旋的预测精确度较低。将目标蛋白质序列在已知的平行双链卷曲螺旋数据库中进行比对,得出相似性得分,并依此计算形成卷曲螺旋的概率。

7.3.3.3 三维结构预测

蛋白质三维结构预测是目前最复杂、最困难的结构预测,序列组成相似的蛋白质可能折叠成相似的三维结构,序列差异较大的蛋白质也可能折叠成相似的三维结构。研究发现蛋白质二级结构与三级结构之间的序列模体(基序 motif)、结构域(domain)和折叠单元(fold)对于蛋白质分类和三维结构预测具有重要作用。

蛋白质三维结构可通过实验测定和理论预测确定。实验测定是利用仪器来测定蛋白质三维结构的,主要包括 X 射线晶体衍射、核磁共振(NMR)和电子显微镜。理论预测是利用计算机根据已有理论和已知氨基酸序列等信息来预测蛋白质的三维结构,主要包括同源建模(homology modeling)、折叠识别(fold recognition)和从头计算(Ab initio)。

1. 同源建模 同源建模又称比较性模拟,将同源蛋白质家族中已知结构的蛋白质作为模板来模拟目标蛋白质的结构。同源建模是蛋白质三维结构预测的主要方法,预测速度较快,精度较高。但由于已知结构的蛋白质数量较少,许多蛋白质没有同源序列,导致同源建模具有较大的局限性。

SWISS-MODEL 自动蛋白质同源建模服务器可用于对目标蛋白质进行三维结构预测,其有简捷模式(first approach mode)和优化模式(optimise mode)两种工作模式。先在 ExPDB 晶体图像数据库中搜索与目标蛋白质相似性足够高的同源序列,建立最初的原子模型,再通过对该模型进行优化,预测目标蛋白质三维结构。

2. 折叠识别 折叠识别又称穿针引线法(threading),在无法进行同源序列比对的情况下,将目标蛋白质序列"穿"入蛋白质数据库中已知的各种蛋白质折叠模板的骨架内,由计算机来识别目标蛋白质序列与数据库中的蛋白质折叠模板是否"匹配"。设计一个评分系统,计算目标蛋白质序列折叠成各种已知折叠模板的可能性,根据得分高低判断目标蛋白质序列是否会折叠成该结构。折叠识别法适用于对大量蛋白质进行结构预测,评分系统设计是决定折叠识别方法预测准确度高低的关键。

3. 从头计算 在既没有已知结构的同源蛋白质,也没有已知结构的远程同源蛋白质的情况下,上述两种蛋白质结构预测方法均不适用,只能采用从头预测方法(Ab initio,即直接根据蛋白质序列本身来预测其结构)。从头计算方法源于安芬森的"最低自由能构型假说",与同源建模和折叠识别相比,从头计算方法不需要模板,而是以自由能作为基础预测蛋白质的折叠类型。能量函数设计和最低自由能的确定是决定从头计算方法预测准确度高低的关键。

7.3.4 蛋白质结构预测实例

以 *Salmonella typhimurium* H-1-i 鞭毛蛋白(AC 编号"P06179"或 ID 标识"FLIC_

SALTY")的结构预测为例进行说明。

7.3.4.1   *Salmonella typhimurium* H-1-i 鞭毛蛋白的氨基酸序列

从 UniProtKB 数据库获取 FASTA 格式的 *Salmonella typhimurium* H-1-i 鞭毛蛋白质的氨基酸序列。

（1）进入 UniProtKB 主页（http://www.uniprot.org/uniprot/）。

（2）在 Search 栏输入"Flagellin"，在结果中选择"FLIC_SALTY"，检索得到 *Salmonella typhimurium* Flagellin 鞭毛蛋白（AC：P06179）。

（3）点击"P06179"，进入 FLIC_SALTY 信息界面，见图 7-6。

（4）点击"Sequence"栏下方的"FASTA"，显示出 FASTA 格式的 FLIC_SALTY 的氨基酸序列，见图 7-20。

＞sp|P06179|FLIC_SALTY Flagellin OS＝Salmonella typhimurium（strain LT2 / SGSC1412 / ATCC 700720）GN＝fliC PE＝1 SV＝4

MAQVINTNSLSLLTQNNLNKSQSALGTAIERLSSGLRINSAKDDAAGQAIANRFTANIKG
LTQASRNANDGISIAQTTEGALNEINNNLQRVRELAVQSANSTNSQSDLDSIQAEITQRL
NEIDRVSGQTQFNGVKVLAQDNTLTIQVGANDGETIDIDLKQINSQTLGLDTLNVQQKYK
VSDTAATVTGYADTTIALDNSTFKASATGLGGTDQKIDGDLKFDDTTGKYYAKVTVTGGT
GKDGYYEVSVDKTNGEVTLAGGATSPLTGGLPATATEDVKNVQVANADLTEAKAALTAAG
VTGTASVVKMSYTDNNGKTIDGGLAVKVGDDYYSATQNKDGSISINTTKYTADDGTSKTA
LNKLGGADGKTEVVSIGGKTYAASKAEGHNFKAQPDLAEAAATTTENPLQKIDAALAQVD
TLRSDLGAVQNRFNSAITNLGNTVNNLTSARSRIEDSDYATEVSNMSRAQILQQAGTSVL
AQANQVPQNVLSLLR

图 7-20   *Salmonella typhimurium* H-1-i 鞭毛蛋白的氨基酸序列

7.3.4.2   理化性质预测

1. 计算等电点（pI）、相对分子质量   利用 Compute pI/Mw 计算 *Salmonella typhimurium* Flagellin 鞭毛蛋白的相对分子质量、等电点。

（1）进入 ExPASy 主页（http://www.expasy.org），点击"Proteomics"进入 ExPASy Proteomics Tools 界面。

（2）点击"Compute pI/Mw"，输入 AC 编号或 ID 标识或氨基酸序列，提交显示预测结果。

2. 蛋白质参数预测   利用 ProtParam 软件，可以更加全面地预测蛋白质各相参数。

（1）进入 ExPASy 主页（http://www.expasy.org），点击"Proteomics"进入 ExPASy Proteomics Tools 界面。

（2）点击"ProtParam"，输入 AC 编号或 ID 标识或氨基酸序列，提交显示 P06179 氨基酸数目及组成、相对分子质量、等电点等参数。

3. 氨基酸组成、电荷分布、疏水区域、跨膜区域等预测   利用 SAPS 软件预测 *Salmonella typhimurium* Flagellin 鞭毛蛋白 P06179 中氨基酸组成、电荷分布、疏水区域、跨膜区域等。

（1）进入 ExPASy 主页（http://www.expasy.org），点击"Proteomics"进入 ExPASy Proteomics Tools 界面。

（2）点击 "SAPS"，输入 *Salmonella typhimurium* Flagellin 鞭毛蛋白的氨基酸序列，提交

显示预测结果。

4. 酶切结果预测　利用 PeptideMass 分析蛋白质 P06179 酶处理后的内切产物,以 Themolysin 蛋白酶切为例。

(1) 进入 ExPASy 主页(http://www.expasy.org),点击"Proteomics"进入 ExPASy Proteomics Tools 界面。

(2) 点击"PeptideMass",输入 AC 编号或 ID 标识或氨基酸序列,选择"Thermolysin",设定相关选项进行预测,提交显示预测结果。

7.3.4.3　二级结构预测

利用 PredictProtein 软件进行 FLIC_SALTY 蛋白(P06179)二级结构预测。利用 PredictProtein 软件进行蛋白质结构预测前,需要先在 PredictProtein 主页(http://www.predictprotein.org/)进行免费注册,提供接收预测结果的 E-mail 地址。

(1) 进入 ExPASy 主页(http://www.expasy.org),点击"Proteomics"进入 ExPASy Proteomics Tools 界面。

(2) 点击"PredictProtein",输入氨基酸序列。按要求输入 E-mail,设定输出格式后提交序列,选择所需结果。P06179 二级结构预测信息总览见图 7-21,其二级结构预测结果的部分截图见图 7-22。

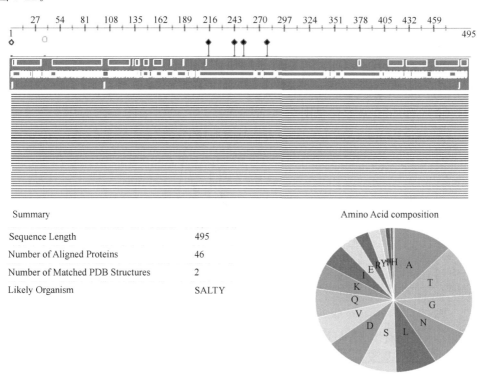

图 7-21　*Salmonella typhimurium* H-1-i 鞭毛蛋白 PredictProtein 二级结构预测信息总览图

7.3.4.4　局部结构预测

局部结构预测在这里主要包括跨膜区域预测、信号肽及其剪切位点预测和卷曲螺旋预测。

1. 跨膜区域预测　利用 Tmpred 软件预测 FLIC_SALTY 蛋白(P06179)跨膜区域。

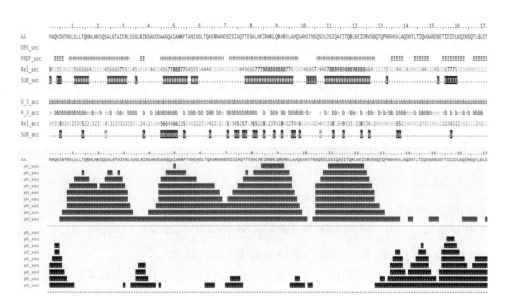

图 7-22   *Salmonella typhimurium* H-1-i 鞭毛蛋白 PredictProtein 二级结构预测的部分截图

（1）进入 ExPASy 主页（http：//www. expasy. org），点击"Proteomics"进入 ExPASy Pro-teomics Tools 界面。

（2）点击 "TMpred"，在 Query title 中输入序列名称，在 Input sequence format 中选择"Plain Text"或"SwissProt ID or AC"，在 Query sequence 中输入氨基酸序列、ID 标识或 AC 编号。

（3）任选一种结果显示格式：GIF-format，Postscript-format，numerical format。P06179 跨膜区域预测 GIF-format 结果见图 7-23。

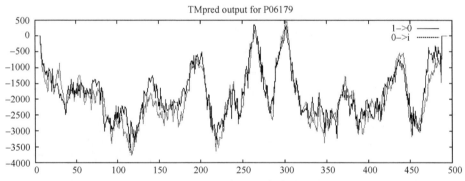

图 7-23   *Salmonella typhimurium* H-1-i 鞭毛蛋白跨膜区域 GIF-format 预测结果图

由图 7-23 可以看出 FLIC SALTY 蛋白中存在 2 个跨膜螺旋，分别位于 257～276 位氨基酸和 294～310 位氨基酸。

2. 信号肽及其剪切位点预测   利用 SingalP 软件预测 FLIC_SALTY 蛋白（P06179）信号肽及其剪切位点。

（1）进入 ExPASy 主页（http：//www. expasy. org），点击"Proteomics"进入 ExPASy Pro-teomics Tools 界面。

（2）点击"SignalP"，输入氨基酸序列，设定相关选项，预测结果见图 7-24。

SingalP 软件预测结果显示，FLIC_SALTY 蛋白分子中没有信号肽。

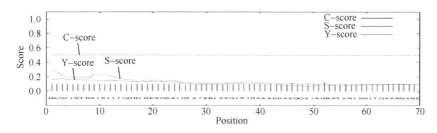

图 7-24　神经网络模型(neural networks)预测结果图

3. 卷曲螺旋预测　　利用 Coils 软件预测 FLIC_SALTY 蛋白(P06179)中的卷曲螺旋。

(1) 进入 ExPASy 主页(http://www.expasy.org),点击"Proteomics"进入 ExPASy Proteomics Tools 界面。

(2) 点击 "Coils",在 Query title 中输入序列名称,在 Input sequence format 中选择"Plain Text"或"SwissProt ID or AC",在 Query sequence 中输入氨基酸序列、ID 标识或 AC 编号。在三种输出格式 GIF-format、Postscript-format、numerical format(window 14,21,28)选择一种结果输出格式。P06179 卷曲螺旋预测 GIF-format 结果见图 7-25。

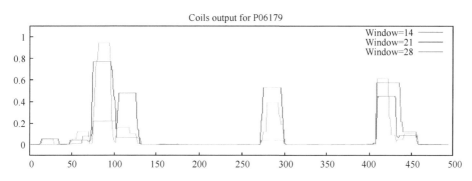

图 7-25　*Salmonella typhimurium* H-1-i 鞭毛蛋白的卷曲螺旋预测 GIF-format 结果图

7.3.4.5　三维结构预测

利用 SWISS-MODEL 软件进行 FLIC_SALTY 蛋白(P06179)三维结构预测。利用 SWISS-MODEL 软件进行蛋白质结构预测前,可事先在 SWISS-MODEL 网站主页(http://swissmodel.expasy.org/)进行免费注册,提供接收预测结果 E-mail 地址。

(1) 进入 ExPASy 主页 http://www.expasy.org,点击"Proteomics"进入 ExPASy Proteomics Tools 界面。

(2) 点击 "SWISS-MODEL Workspace",进入 SWISS-MODEL 界面,点击"Start Modelling",进入"Start a New Modelling Project"界面。

(3) 在 Target Sequence 栏输入 AC 编号或 ID 标识或氨基酸序列进行预测。按要求输入 E-mail,设定输出格式后,提交序列,选择所需结果,预测界面见图 7-26。

(4) 直接从 SWISS-MODEL 网站获得预测结果,也可用 E-mail 接收预测结果。

(5) 将预测结果用 PdbViewer 软件打开,保存为图片形式。

P06179 三维结构预测结果中模型 2 及其报告截图(model report)见图 7-27,其三维结构见图 7-28。

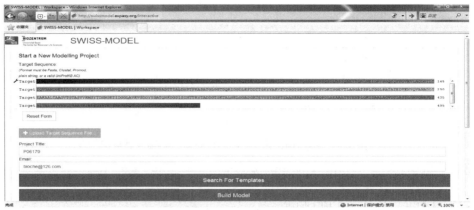

图 7-26 SWISS-MODEL 蛋白质三维结构预测界面图

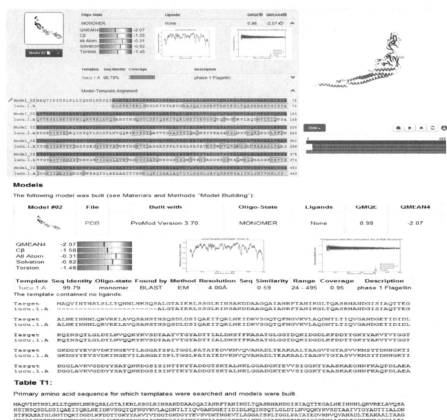

图 7-27 *Salmonella typhimurium* H-1-i 鞭毛蛋白的三维结构预测模型 2 截图

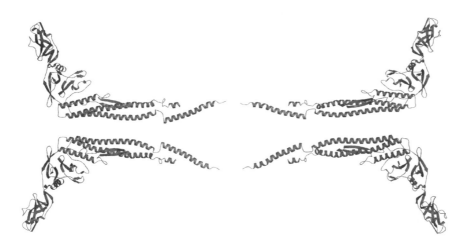

图 7-28　*Salmonella typhimurium* H-1-i 鞭毛蛋白三维结构预测结果的不同角度组合图

思考题

1. 简述 EMBL 和 GenBank 核酸数据库数据格式的主要内容。

2. 简述蛋白质结构数据库的主要种类和特点。

3. 简述 SWISS-PORT 数据库的主要特点。

4. 简述进行相似序列的数据库搜索的意义。

5. 从数据库获取核酸序列和蛋白质序列,分别利用 BLAST 或 ClustalW 进行双重和多重比对,分析比对结果。

6. 从数据库获取一条核酸序列,预测其翻译蛋白质的三维结构。

7. 比较常见的蛋白质二级结构预测方法的优缺点。

8. 简述二级结构预测在蛋白质局部结构预测和三维结构预测中的作用。

9. 讨论生物信息学研究进展及其在蛋白质工程中的应用。

10. 讨论生物信息学和蛋白质工程在后基因组时代的应用。

主要参考文献

陈润生. 2002. 生物信息学及其研究进展. 医学研究通讯,31(12):2-5,26

程现昆. 2006. 我国生物信息学研究现状与展望. 中国科技信息,8:242-243

樊龙江. 2010. 生物信息学札记. 3 版. http://ibi.zju.edu.cn/bioinplant/

郝柏林,张淑誉. 2002. 生物信息学手册. 2 版. 上海:上海科学技术出版社

贺光. 2002. 生物信息学在蛋白质研究中的应用. 国外医学遗传学分册,25(3):156-158

黄啸. 2006. 生物信息学在蛋白质组学上的应用. 安徽农业科学,34(23):6142-6144

刘贤锡. 2003. 蛋白质工程原理与技术. 济南:山东大学出版社

钱小红,贺福初. 2003. 蛋白质组学理论与方法. 北京:科学出版社

王大成. 2002. 蛋白质工程. 北京:化学工业出版社

王翼飞,史定华. 2006. 生物信息学——智能化算法及其应用. 北京:化学工业出版社

徐建华. 2005. 生物信息学在蛋白质结构与功能预测中的应用. 医学分子生物学杂志,2(3):227-232

殷志祥. 2004. 蛋白质结构预测方法的研究进展. 计算机工程与应用,20:54-57

张成岗,贺福初. 2002. 生物信息学方法与实践. 北京:科学出版社

张春霆. 2001. 生物信息学的现状与展望. 世界科技研究与发展,22(6):17-20

张阳德. 2004. 生物信息学. 北京:科学出版社

赵国屏. 2002. 生物信息学. 北京:科学出版社

赵雨杰. 2002. 医学生物信息学. 北京:人民军医出版社

钟扬,张亮,赵琼. 2001. 简明生物信息学. 北京:高等教育出版社

Andreas D,Baxevanis BF. 2005. Francis Ouellette,Bioinformatics:A Practical Guide to the Analysis of Genes and Proteins. 3rd ed. Hoboken:John Wiley & Sons,Inc

Attwood TK,Parry-Smith DJ. 2002. 生物信息学概论. 罗静初等译. 北京:北京大学出版社

Baxevanis AD,Francis BF. 2000. 生物信息学:基因和蛋白质分析的实用指南. 李衍达,孙之荣等译. 北京:清华大学出版社

Benson DA,Karsch-Mizrachi I. 2007. GenBank. Nucleic Acids Research,35(Database issue):D21-D25

Berman H,Henrich K,Nakamura H,et al. 2007. The worldwide Protein Data Bank(wwPDB):ensuring a single,uniform archive of PDB data. Nucleic Acids Research. 35(Database issue):D301-D303

Galperin MY,Rigden DJ,Fernández-Suárez XM. 2015. The 2015 Nucleic acids research database issue and molecular biology database collection. Nucleic Acids Research,43(Database issue):D1-D5

Gibas C,Jambeck P. 2002. Developing Bioinformatics Computer Skills(影印版). 北京:科学出版社

Golan Y,Nathan L,Linial M. 2000. ProtoMap:automatic classification of protein sequences and hierarchy of protein families. Nucleic Acids Research,28(1):49-55

Gregory AP,Dagmar R. 2004. Protein Structure and Function,London:New Science Press Ltd

Kulikova T,Akhtar R,Aldebert P,et al. 2007. EMBL Nucleotide Sequence Database in 2006. Nucleic Acids Research,35(Database issue):D16-D20

Madden T. 2003. The BLAST Sequence Analysis Tool. http://www. ncbi. nlm. nih. gov/books/bv. fcgi? rid=handbook. chapter. ch16 Created:October 9,2002. Updated:August 13,2003

Madej T,Lanczycki CJ,Zhang D,et al. 2014. MMDB and VAST+:tracking structural similarities between macromolecular complexes. Nucleic Acids Research,42(Database issue):D297-D303

Mount DW. 2006. 生物信息学:序列与基因组分析. 2 版. 曹志伟译. 北京:科学出版社

Samatey FA,Imada K,Nagashima S,et al. 2001. Structure of the bacterial flagellar protofilament and implications for a switch for supercoiling. Nature,410:331-337

Wang YL,Addess KJ,Chen J,et al. 2007. MMDB:annotating protein sequences with Entrez's 3D-structure database. Nucleic Acids Research,35(Database issue):D298-D300

Westhead DR,Parish JH,Twyman RM. 2003. Bioformatics(影印本). 北京:科学出版社

8 蛋白质分子设计

蛋白质是遗传信息的表现形式,是生命活动的最终执行者。在漫长的自然进化过程中,自然界已经筛选出了数量众多、功能各异的蛋白质。然而,天然蛋白质在活性、稳定性(如 pH 稳定性、温度稳定性和溶剂耐受性)及底物专一性等方面都无法完全满足人们生产的需求。因此,需要对蛋白质进行改造和分子设计,从而提高其应用价值。蛋白质分子设计属于交叉领域,涉及多个学科(如化学、生物学、物理学和计算机科学等)。作为一门新兴的研究方向,蛋白质分子设计已被广泛应用于多个领域,包括酶工程、抗体工程及疾病治疗等。

8.1 概述

作为一种新兴技术,蛋白质分子设计已被广泛用于精细化工、医药等行业。通常,蛋白质分子设计的目的包括改变蛋白质的结构、功能及结构-功能关系的研究等。

8.1.1 蛋白质分子设计的基本概念

蛋白质分子设计是一种有目的的蛋白质改造过程,设计过程中主要依赖于蛋白质结构-功能关系及蛋白质分子模型的建立,综合运用生物信息学、计算生物学和基因工程等学科的技术手段,获得比天然蛋白质性能更加优越的目的蛋白。

8.1.1.1 蛋白质分子设计的原理

蛋白质分子设计的重要理论基础之一是蛋白质一级结构(氨基酸顺序)决定蛋白质高级结构。自然界存在的蛋白质均由 20 种氨基酸组成,不同氨基酸具有其各自特定的侧链,每种侧链基团的理化性质和空间大小各不相同。当 20 种氨基酸按照不同的顺序组合构成一级结构后,蛋白质会根据一级结构的特点自然折叠和盘曲,形成一定的空间构象。而蛋白质特有的空间构象是其功能活性的基础,空间构象发生变化,其功能也随之改变。

8.1.1.2 同源蛋白质

一级结构相似的蛋白质,其基本空间构象及功能也相近。蛋白质根据序列同源性(sequence identity)可以分成不同的家族,一般认为序列同源性大于 30% 的蛋白质可能由同一祖先进化而来,称为同源蛋白。同源蛋白具有相似的结构,在不同生物体内行使相同或相近的功能。以胰岛素为例,不同哺乳动物的胰岛素均由 51 个氨基酸组成,其中 24 个氨基酸为保守氨基酸,6 个半胱氨酸形成 3 对二硫键,这导致不同来源的胰岛素的 A 链和 B 链之间具有共同的连接方式和空间构象,从而保持降低血糖的功能。

8.1.1.3 蛋白质的结构

蛋白质分子是由氨基酸残基首尾相连而成的共价多肽链,蛋白质的分子结构主要包括一级结构、二级结构、超二级结构、结构域、三级结构和四级结构。决定一个蛋白质分子高级结构的全部信息都包含于一级结构,即多肽链的氨基酸序列中。蛋白质的一级结构决定了蛋白质的高级结构。对蛋白结构信息的分析是蛋白质设计的基础,有关蛋白质理化性质(如等电点、电荷分布、疏水区域和跨膜区域等)的分析和预测在蛋白质设计中也至关重要。

8.1.2 蛋白质分子设计的基本流程

蛋白质分子设计是一门实验性科学,是理论设计与实验相互结合的产物,其中计算机模拟

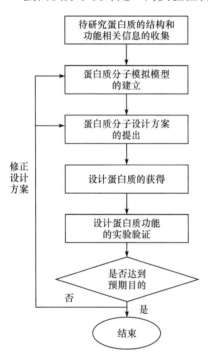

图 8-1 蛋白质分子设计一般流程

技术和基因工程技术是两个必不可少的工具。蛋白质分子设计的过程一般包括:待研究蛋白质的结构和功能相关信息的收集分析、待研究蛋白质分子模拟模型的建立、基于结构-功能关系提出蛋白质分子设计方案、通过基因工程或化学合成得到设计蛋白质、设计蛋白质功能的实验验证、根据实验结果重新修正设计方案。如此循环往复,一般要经过多次反复实验才能获得成功(图 8-1)。

8.1.2.1 收集待研究蛋白质的相关信息

有关蛋白质的相关结构信息可以从蛋白质数据库(Protein Data Bank,http://www.pdb.org/pdb/home/home.do)获得。该数据库包括了蛋白质、核酸、蛋白质-核酸复合物及病毒等生物大分子结构数据,主要是蛋白质结构数据,提供蛋白质晶体结构分析数据、蛋白质序列分析、蛋白质序列相似度分析、蛋白质晶体结构等。若待研究蛋白质的晶体结构无法在 PDB 数据库中查询到,则需要通过蛋白质 X 射线晶体衍射及核磁共振(NMR)等方法测定该蛋白质的三维结构。另外,研究者通常还选择预测方法来研究目标蛋白的三维结构,主要方法包括同源建模、折叠识别和从头设计。

8.1.2.2 待研究蛋白质分子模拟模型的建立

分子模拟(molecular simulation)又称为计算机模拟,是一种根据实际体系,在计算机上进行的实验,主要包括量子力学法、分子力学法、分子动力学法和分子蒙特卡洛法。量子力学方法(quantum mechanism)以量子力学为基础,借助计算分子结构的微观参数,如电荷密度、键序、轨道和能级等,研究原子、分子和晶体的电子层结构、化学键理论、分子间作用力、化学反应理论等,可分为从头计算法和半经验法。分子力学法(molecular mechanics),又称为力场方法(force field method),主要通过表征键长、键角和二面角变化及非键相互作用的位能函数来描述分子结构变化所引起的分子内部应力或能量的变化。分子动力学法(molecular dynamics),是指对于原子核和电子构成的多体系统,利用牛顿运动方程确定系统中粒子的运动,通过求得

粒子动力学方程组的数值解,决定系统中各个粒子在相空间中的运动规律,按照统计物理和热力学原理得到系统相应的宏观物理特性。蒙特卡洛法(Monte Carlo),又称统计实验方法,利用统计学方法,抓住问题的某些特征,利用数学方法建立概率模型,然后按照这个模型所描述的过程,通过计算机进行数值模拟,以所得的结果作为问题的近似解。

8.1.2.3 蛋白质分子模拟结果的分析

对所建立的蛋白质分子的结构模型进行详细分析,评估模拟结果的准确性和稳定性,同时分析三维结构的特点、功能活性区域的分布、二硫键及氢键的数目和分布、分子间作用力及分子内部作用力等,为蛋白质设计提供依据。

8.1.2.4 蛋白质设计方案的确定

根据设计蛋白质的功能或性质,认真分析影响所要求的功能或性质的因素,逐一对各个因素进行分析,确定关键的氨基酸位点或区域。蛋白质设计时,一方面要尽可能使蛋白质具有所要求的功能或性质,另一方面要充分考虑氨基酸残基形成特定结构的倾向性。例如,Leu、Glu等易于形成 α 螺旋,Val、Ile 等易于形成 β 折叠片,以 Pro-Asn 残基对为中心易于形成转角等。同时,蛋白质设计时还要考虑到疏水相互作用、螺旋的偶极稳定作用,以及残基侧链的空间堆积等,尽可能地使序列有利于形成预期的结构,展现预期的功能特性。同源蛋白质结构对比和分析是蛋白质设计的一种有效途径。通过同源蛋白结构比对,将具有目标功能/特性的同源蛋白的关键氨基酸直接拷贝至待研究蛋白质中,从而赋予待研究蛋白质新的功能/特性。

8.1.2.5 设计蛋白质的获取

对蛋白质分子进行计算机理论设计之后,还需要在实验室中付诸实现,以检验设计的成功与否。通常通过基因工程技术,人为合成或改造基因,再进行基因表达,分离纯化获得设计蛋白质,为进行新蛋白质功能的检验提供材料。此外,化学方法合成多肽,特别是固相合成技术,也是合成新设计的蛋白质分子的有效途径。

8.1.2.6 设计蛋白质功能的实验验证

对获取的设计蛋白质分子,需要检测其结构和功能,确定蛋白质分子设计成功与否,如蛋白质的空间构象与预期的构象是否吻合、新蛋白质的功能活性是否达到设计目标等。

8.1.2.7 蛋白质设计的完成

通过实验验证设计的蛋白质分子是否符合要求,若没有达到,则依据设计得到的结果,进行反复设计修正和实验,直到达到预期的设计目标。

8.2 蛋白质分子设计的类型

根据蛋白质分子设计对象的不同,可分为两类,即基于天然蛋白质结构的分子设计及全新蛋白质分子的设计。

8.2.1 基于天然蛋白质结构的分子设计

基于天然蛋白质结构的分子设计包括两类:一是进行蛋白质修饰或基因定位突变,即蛋白质"小改";二是进行蛋白质分子的裁剪拼接,即蛋白质"中改"。

8.2.1.1　蛋白质分子的"小改"

基于天然蛋白质结构的蛋白质分子"小改"是指对已知结构的蛋白质进行少数几个残基的修饰、替换或删除等,这是目前蛋白质工程中使用最广泛的方法,主要分为蛋白质的化学修饰和基因定点突变。所谓蛋白质化学修饰,这里主要是指残基侧链基团的化学修饰,是指通过选择性试剂或亲和标记试剂与蛋白质分子侧链上特定的功能基团发生化学反应,而使蛋白质的共价结构发生改变。基因定点突变是指从基因水平上进行蛋白质分子的改造,对编码蛋白质的基因进行核苷酸密码子的插入、删除、置换或改组。基因定位突变多采用体外重组 DNA 技术或 PCR 技术。

在蛋白质的"小改"中,最关键的问题之一是如何准确地选择突变残基,不仅要借助于已有的蛋白三维构象或分子模型,还要认真分析残基的性质,如残基的体积、疏水性等给蛋白质结构带来的变化。例如,在通过引入二硫键来提高蛋白质稳定性的过程中,必须考虑蛋白质中的二硫键不仅具有一定的结构特征,同时随机引入二硫键会给整个分子带来不利的张力,这样反而会降低蛋白质的稳定性。蛋白质"小改"主要集中在对具有明显生物功能的天然蛋白质分子的改造上,目前已对 T 核糖核酸酶、T4 溶菌酶、胰蛋白酶和水解酶等多类蛋白质成功进行改造。同时,在长期的科研实践中,科研工作者总结了一系列规律,用于快速地定位突变残基(表8-1)。

表 8-1　蛋白质定位突变的设计目标及解决方案

设计目标	解决方案	设计目标	解决方案
热稳定性	① 引入二硫键	pH 稳定性	① 替换表面荷电基团
	② 增加内氢键数目		His、Cys 及 Tyr 的置换
	③ 改善内疏水堆积		② 离子对的置换
	④ 增加表面盐键	蛋白质活性、底物专一性、对映体选择性	① 替换底物或配体结合口袋氨基酸残基
对氧化的稳定性	① 把 Cys 替换成 Ala、Ser		
	② 把 Met 替换成 Gln、Val、Ile、Leu		② 替换底物或配体进出通道氨基酸残基
	③ 把 Trp 替换成 Phe、Tyr		
对重金属的稳定性	① 把 Cys 替换成 Ala、Ser	蛋白质-蛋白质相互作用研究	替换蛋白质间接触面氨基酸
	② 把 Met 替换成 Gln、Val、Ile、Leu		
	③ 替换表面羧基		

T1 核糖核酸酶(RNase T1)含有 104 个氨基酸残基,这个天然酶有两对二硫键(Cys2-Cys10、Cys6-Cys100)(图 8-2)。为了能够在保持活性的基础上增加它的热稳定性,Niskikawa 等在 Tyr24 和 Asn84 位点引入第三个二硫键。从 T1 核糖核酸酶晶体结构可以看出 Tyr24 和 Asn84 这两个残基是远离催化位点的,经过分子动力学计算证明这两个残基的 C_α 之间的距离是 6.0Å,满足二硫键形成要求(二硫键的 C_α 的平均距离是 4.5～6.8Å)。Nishikawa 等从 RNase T1 的复合物晶体结构出发,采用分子力学和动力学方法建立 RNase T1 突变体(RNase T1S)模型,将 Tyr24 和 Asn84 两个残基的侧链消除(保留 C_β,C_γ),将 C_γ 转变为 S_γ,经检查结构模型中没有不合理的键长、键角和二面角,因此从设计的角度看这个突变体是合理的。随后采用盒式诱变基因表达技术得到了突变体,实验证明突变体在保持天然酶活性的基础上大幅度提高了酶的热稳定性,RNase T1S 在 55℃保留约 70% 的活性,而野生型酶的活性

只有10％。

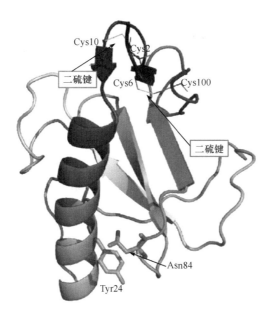

图 8-2　T1 核糖核酸酶的结构示意图

　　酶蛋白作为生物催化剂,催化的反应具有反应条件温和、副产物少、环境友好等优点,被广泛应用于各行各业。然而,经过上亿年的自然进化后,天然酶蛋白催化的底物相对比较专一,因此提高酶蛋白对非天然底物的活性具有重要的意义。其中一种重要的酶蛋白是来自南极假丝酵母的脂肪酶 B(CALB),该酶由 317 个氨基酸组成,是 α/β 水解酶。Takwa 等为提高CALB 对 D,D-丙交酯的开环聚合反应速率,对该酶进行了设计。通过对 CALB-底物复合物的分子模拟,发现蛋白 CALB 的底物结合口袋及其入口的氨基酸残基与底物之间存在空间位阻。于是,他们有针对性地除去酶蛋白与底物之间的这些位阻,挑选了三个氨基酸 Q157、I189和 L278,将其突变成小体积氨基酸 Ala。结果表明有两个设计蛋白(Q157A、Q157A/I189A/L278A)对 D,D-丙交酯的开环聚合反应的速率提高了 90 倍。

8.2.1.2　蛋白质分子的"中改"

　　蛋白质分子的"中改"是指将不同蛋白质分子中的特定序列、结构元件甚至结构域进行组装,将优秀的功能集中在一种蛋白质上,改变蛋白质特性,从而创造出新型蛋白质。蛋白质的"中改"通常应用蛋白质剪接技术实现。蛋白质剪接是由蛋白质内含肽介导的在蛋白质水平上翻译后的加工过程,能将两个多肽以一个天然肽键相连,形成成熟的有活性的蛋白质(图 8-3)。其中,蛋白质内含肽(intein)是指前体蛋白质中的一段插入序列,在蛋白质翻译后的成熟过程中能自我催化,使自身从前体蛋白质中切除,并将两侧称为蛋白质外显肽(extein)的多肽片段以肽键连接,形成成熟蛋白质。

　　自从第一个蛋白质内含肽——芽殖酵母中的 VMA intein 基因被报道以来,在真细菌、古细菌、单细胞真核生物中已经陆续发现了 118 种内含肽。蛋白质内含肽对于蛋白质工程来说是一个功能强大的工具,不仅可以用于纯化、表达毒性蛋白,还可以引入在核糖体生物合成过程中不能加入的非天然氨基酸、标签、发色基团、部分修饰或标记的蛋白质,以及研究结构-活性关系等。现在研究较多的所谓的"嵌合抗体"和"人源化抗体"等均采用这种方法。免疫球蛋

图 8-3   蛋白质剪接机制

白呈 Y 形,由两条重链和两条轻链通过二硫键连接构成。每条链分为可变区(N 端)和恒定区(C 端),每个可变区有三个部分在氨基酸序列上是高度变化的,在三维结构上是处于 β 折叠顶端的互补决定区(CDR),是抗原的结合位点(图 8-4)。不同种属的 CDR 结构是高度可变的,利用这一特点,Winter 等利用分子剪接技术成功地将小鼠抗体分子重链的互补决定区嫁接到人的抗体分子上,达到与人的单抗分子同样的效果,解决了人的单抗难以制备的医学难题,具有重大的医学价值。

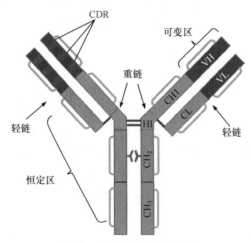

图 8-4   抗体的结构示意图

8.2.2   全新蛋白质的分子设计

全新蛋白质分子设计,也称蛋白质分子从头设计,是以人们对蛋白质结构的了解、蛋白质结构-功能关系的认识为基础,从蛋白质一级结构出发,设计制造自然界不存在的蛋白质,使其具有特定的空间结构或功能。

8.2.2.1 全新蛋白质设计的关键问题

全新蛋白质设计是一种从无到有的过程,设计过程的复杂性和难度要高于天然蛋白质结构的分子设计,虽然其设计步骤遵循一般的蛋白质设计,但设计中有一些关键问题特别需要关注,包括侧链残基的选择和构象优化、构象空间搜索算法优化和能量评价函数等。

1. 侧链残基的选择和构象优化　无论是蛋白质的结构设计还是功能设计,其设计目标最终都是以一定的三维结构给出,设计中均涉及在给定主链构象的情况下,侧链残基选择和侧链构象优化的问题。一方面,针对不同的设计目标,对侧链构象预测和优化有不同的要求。另一方面,研究者又希望在尽可能短的时间内通过对优化的侧链构象进行能量计算或者打分,评估特定序列,在有限时间内搜索更大的序列空间。为尽量减小蛋白质设计中的构象库的容量,通常将氨基酸侧链的自由度进行处理,主要是统计蛋白质结构中每种氨基酸的侧链二面角的分布情况,构建每种氨基酸在蛋白质结构中可能存在的几种状态。

2. 构象空间搜索算法优化　即使对氨基酸侧链的自由度进行特殊处理,过大的构象空间搜索仍是蛋白质设计面临的主要问题之一。因此,还必须对构象空间搜索进行一定的算法优化,使设计过程在有限的时间内得到尽可能好的结果。优化的方法主要有死端消除法、蒙特卡洛＋模拟退火优化及遗传算法等。

3. 能量评价函数　进行蛋白质设计,在巨大的可能性空间中寻找正确的或较优的结果,这就如同自然进化,需要一个进化的方向。该进化的方向就是设计中的能量评价函数。如果评价函数抓住了影响蛋白质功能/特性的关键因素,那么由评价函数所引导的设计结果就可以达到目标。

8.2.2.2 全新蛋白质设计的类型

根据设计目的的不同,全新蛋白质分子设计可分为结构的从头设计和功能的从头设计两类。

1. 蛋白质结构的从头设计　蛋白质结构设计的主要思路是:首先选取某种主链骨架作为目标结构,随后固定骨架,寻找能够折叠成这种结构的氨基酸组合,即所谓的"逆折叠"方法。一般通过两种途径实现:一种是完全通过分子中原子的交互作用而设计出一种称为氨基酸的蛋白质分子链;另一种是氨基酸可以随机进行多种化合物的排列组合,认为只要进行足够的组合最终就能得到想要的目标蛋白。近年来,还出现了一种新的蛋白质结构设计方法,该方法不需要事先固定主链骨架,能够设计任意目标蛋白。该方法基于不断地依次进行蛋白质序列优化和结构调整,以具有最低自由能的序列-结构为设计蛋白质的最终结构。Baker 等运用该方法成功设计出在 PDB 中还不存在的蛋白质折叠模式,这个由 93 个氨基酸残基组成的 α/β 结构蛋白质 Top7,具有全新的序列和拓扑结构,极大增强了人们通过蛋白质设计得到较复杂结构蛋白质的信心。

1) 蛋白质结构设计的原则　蛋白质结构设计的核心问题是如何设计一段能够形成稳定、独特三维结构的序列。目前,可以比较有把握设计合成 α 螺旋束、β 折叠片及 ββα 模块。以下将分别概述各级结构设计的一些基本原则。

α 螺旋结构简单,在溶液里比较稳定,根据经验对 α 螺旋的设计应尽量考虑:①选择倾向

于形成 α 螺旋的氨基酸,如 Leu、Glu 和 Met 等;②在设计两亲性的 α 螺旋时,应使结构中形成一个亲水面和一个疏水面,疏水性氨基酸残基应按 3 或 4 的间隔排列;③为稳定 α 螺旋,常常需要在其 N 端加一个 N 帽,形成 N 帽的氨基酸残基有 Gly、Asn、Ser、Met 等,在 C 端加一个 C 端帽,形成 C 帽的氨基酸有 Gly、Arg、Ser、Gln 等;④设计 α 螺旋时,常使带正电荷的氨基酸残基靠近 C 端,带负电的氨基酸残基靠近 N 端,因为 α 螺旋中所有的氢键指向同一方向,沿螺旋轴积累总的效果形成一个由 N 端指向 C 端的偶极矩。

β 折叠片的设计比 α 螺旋困难,主要是因为 β 折叠片结构中氢键形成在不同的 β 折叠股间,另外由于单个氨基酸残基平均形成的氢键数较 α 螺旋中少,因而结构稳定性较差,且单个 β 折叠片结构不能稳定存在。β 折叠片的设计原则主要是选择形成 β 折叠片倾向性较大的氨基酸残基,以及使亲水性氨基酸残基和疏水性残基相间排列。

转角对蛋白质各种二级结构的空间位置和稳定蛋白质的三级结构起着重要的作用,转角设计的关键是选择合适的转角类型,因为转角对每个位置的氨基酸残基的二面角有一定的要求,而这些二面角决定了连接的两个二级结构的空间关系。Pro 和 Gly 是 α 螺旋的中断者,Glu 是 β 折叠的中断者,设计时应充分利用这些氨基酸残基来终止和分隔不同的二级结构。

超二级结构和三级结构的设计一般在二级结构设计好的基础上进行,并考虑疏水中心的形成。α 螺旋的 coiled-coil 的序列有周期性重复的七肽,用 abcdefg 来表示,其中 a 和 d 位置处于螺旋间的界面,因而设计时应选择疏水性氨基酸残基,而其他位置为暴露的表面,应选择亲水的氨基酸残基。β 发夹是另一种常见的超二级结构,设计的一个关键部分是 β 转角,特别是合适的转角类型。

2)蛋白质结构从头设计实例   蛋白质结构设计的最著名的实例之一是四螺旋束的设计。四螺旋束是自然界中广泛存在的结构类型,如细胞色素 b562、烟草镶嵌病毒外壳蛋白等许多蛋白质都含有相连的四螺旋束。这些蛋白质的同源性很小,但都具有相似的三维结构,这显示了这类结构的稳定性,因此四螺旋束结构类型成为从头设计蛋白质的首选目标。四螺旋束结构可以作为一个独立的折叠单位,易于独立研究,最早由 DeGrado 等应用"设计循环"的策略完成了一个四聚体螺旋束的设计(图 8-5)。该四聚体螺旋束共有 74 个氨基酸残基,4 段螺旋的序列完全相同,分别由 16 个氨基酸残基组成,螺旋

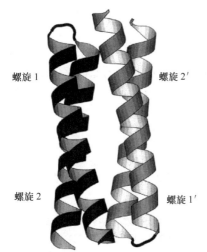

图 8-5   典型的四聚体螺旋束
结构示意图(引自 Betz et al.,1997)

之间的 3 段连接也完全相同,各由 3 个氨基酸残基组成。该四聚体螺旋束的一级序列如下。

螺旋(helix):Gly-Glu-Leu-Glu-Glu-Leu-Leu-Leu-Lys-Lys-Leu-Lys-Glu-Leu-Leu-Lys-Gly。

连接(loop):Pro-Arg-Arg。

肽链:NH_2-Met-Helix-Loop-Helix-Loop-Helix-Loop-Helix-COOH。

对螺旋的一级序列选择时,DeGrado 等着重选择了 Leu、Lys 和 Glu 3 种氨基酸残基。仅使用 Leu 作为疏水残基,放在螺旋的内侧;Lys 和 Glu 是带电残基,作为极性残基置于螺旋的外侧,作用是使螺旋稳定。在每个螺旋的两端各加上一个 Gly 结束,目的是中断螺旋,又为将来加环区奠定基础。之后,研究者在两个反平行的螺旋间加了环区,并根据第一步的结果对螺旋进行了一些修改。环区开始是用单个 Pro 与两个螺旋的终结者 Gly 构成 Gly-Pro-Arg-Gly

的连接区,结果发现产物成了三聚体(含 6 个螺旋)而不是期望的二聚体(4 个螺旋),后来将连接的环区改成 Gly-Pro-Arg-Arg-Gly 才得到二聚体。然后在二聚体之间加了第三个连接体,用的仍是 Pro-Arg-Arg,这个肽共 74 个残基。最后,他们合成了该多肽的基因,在 *E. coli* 中实现了表达。整个四螺旋束结构具有对称性,相邻螺旋反平行,螺旋轴夹角大约在 18°,疏水性残基在内部,极性残基在表面,整个螺旋呈两性。由于四螺旋束中 4 条链的相互制约,每段螺旋的末端都向外张开,创造了一个潜在的结合位点。这项工作被誉为蛋白质分子设计的第一个里程碑。

2. 蛋白质功能的从头设计　　除了设计出具有目标结构的蛋白质外,人们也希望设计出具有目标功能的蛋白质,如能结合特定的配体、催化新的反应。根据设计蛋白质的大小,将蛋白质功能从头设计分为蛋白质功能元件的设计及功能蛋白质的设计。

1) 蛋白质功能元件的设计　　该类设计一般是在蛋白质结构设计成功的基础上,主要是指在设计出的一些结构简单、分子质量较小的蛋白质框架中纳入辅酶(如金属离子、铁硫簇、血红素),从而构成蛋白质功能元件。血红素蛋白是一大类以原卟啉 IX(血红素)作为辅基的金属蛋白,在生命体系中执行着重要的生物功能,如氧载体功能(血红蛋白、肌红蛋白)、电子传递功能(细胞色素 b_5)。因此设计血红素功能元件,可以被不同的蛋白质分子所利用,从而执行不同的生物功能。一般而言,人们会根据氨基酸残基的疏水性差别设计出可以形成 α 螺旋的肽链,然后利用疏水作用结合血红素,同时肽链中的 His 或 Met 等形成血红素的轴向配体。例如,DeGrado 等首先构建了由 62 个残基组成的双 α 螺旋的肽链,通过肽链的两个 His 结合了两个血红素基团,随后该肽链自聚集形成 4-螺旋二聚体,其中 4 个平行的血红素基团在光谱和电化学性质方面与天然的血红素非常相近(图 8-6)。

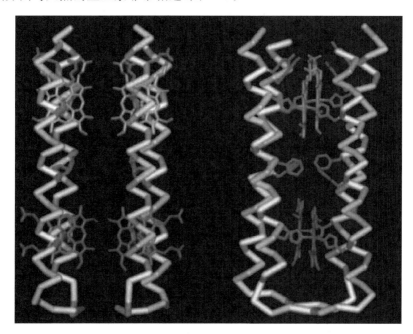

图 8-6　4-螺旋二聚体(引自 Robertson et al. ,1994)

左图为前视图,右图为侧视图

2) 功能蛋白质的设计　　与蛋白质功能元件的从头设计思路有所不同,美国华盛顿大学的 David Baker 课题组提出了功能蛋白质从头设计的一般流程,创造出了多种自然界不存在的酶分子,用于催化自然界无法发生的反应:首先应用量子力学,设计能有效稳定底物过渡态的理论酶活性中心,称为 theozyme;然后应用软件(RosettaMatch)在现有的蛋白质结构库中寻找能容纳 theozyme 的蛋白质;寻找到合适的宿主蛋白后,运用 RosettaDesign 软件,对theozyme 周围的氨基酸残基进行突变和优化,保证设计的酶能在立体结构上和电子分布上都与过渡态相互吻合;最后应用 Rosetta energy 经验标准对设计的酶进行打分,挑选出合适的酶进行实验验证。

　　以催化逆醛醇缩合反应的酶蛋白分子的设计为例,底物为 4-羟基-4-(6-甲氧基-2-萘基)-2-丁酮,产物为 6-甲氧基-2-萘甲醛和丙酮。这是一个有机化学中非常经典的反应。反应中需要两个供电子的碱性基团参与,其中一个对羰基碳进行亲核攻击,以引发反应,促进碳—碳键的断裂;另一个通过夺取羟基氧上的质子氢,而促进羟基上的氧形成双键变为羰基。其中进攻羰基碳的残基要求亲核性足够强,同时有很好的离去性,为此选取了 Lys,而另一个残基只需路易斯碱即可,备选的氨基酸有 His、Tyr 等。根据人们对有机化学的了解和酶催化机制的经验,Baker 等设计了 4 个候选的活性中间体(图 8-7)。4 个中间体分别通过 Lys、Asp、His、水分子等形成氢键网络,稳定中间体,达到催化的目的。对 4 个中间体模型分别进行量子化学计算和优化,得到了所谓的 theozyme;然后用 RosettaMatch 对蛋白质骨架(scaffold)和侧链残基进行搜索,得到能够容纳 theozyme 的蛋白。其中,蛋白质骨架本身形成的催化活性中心口袋大小要合适,口袋过小,则不能完整地放置设计好的活性中心模块;口袋过大,则设计的活性中心不能很好地与蛋白质构象的其他原子接触,以形成稳定的结构。然后通过优化催化残基的侧链,找到中间体构象和蛋白质主链骨架之间的相对位置,利用 RosettaDesign 软件对其余侧链进行空间搜索和优化,以得到较好的填充结果。最后应用 Rosetta energy 挑选出基于 4 种催化模型设计出来的最佳蛋白质(图 8-8),并进行表达和测定其催化反应活性,发现基于其中两个模型设计的酶蛋白具有酶活。

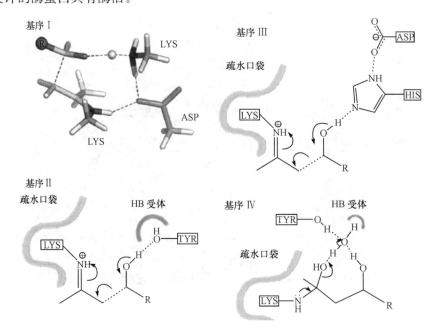

图 8-7　4 个候选的活性中间体(引自 Jiang et al.,2008)

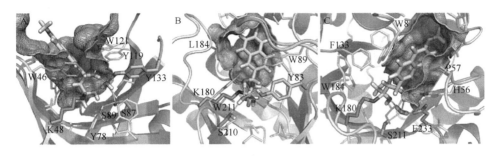

图 8-8 以 Motif Ⅳ 为基础设计筛选出的 3 个蛋白质(引自 Lin et al.,2008)

8.2.2.3 全新蛋白质设计的软件

常见的全新蛋白质设计软件有 Rosetta Design、EGAD 和 FOLD it。

1. Rosetta Design Rosetta Design 是美国华盛顿大学的 David Baker 组开发的,并由北卡罗来纳大学 Brian Kuhlman 组和约翰霍普金斯大学 Jeffrey Gray 组等发展的蛋白质设计软件,可用于蛋白质全序列设计、蛋白质-蛋白质相互作用界面设计、蛋白质-分子相互作用界面设计及酶功能设计等。

2. EGAD EGAD 是由加利福尼亚大学圣地亚哥分校的 Tracy Handel 组开发的基于遗传算法的蛋白质设计软件,其源代码完全公开,有基于 C 语言和 C＋＋语言的版本,可供对于蛋白质设计方法开发有兴趣的科研工作者使用。

3. FOLD it 这是一个由美国华盛顿大学的 David Baker 组开发的和蛋白质设计相关软件,也有网页版。可供人们对设计的中间结构进行手工的修饰和改造,普及人们对蛋白质设计的认识。

8.3 蛋白质分子设计中的技术方法

如前所述,蛋白质分子设计横跨了多门学科领域,需要应用计算机模拟、基因工程等多种技术,以下对几种关键的手段进行阐述。

8.3.1 同源建模

同源建模是指使用与目标序列同源的蛋白质三维结构作为模板,对目标序列进行结构预测。其原理是"序列相似则结构相似",即存在同源关系的两条序列具有相似结构。同源建模的基本过程包括:从蛋白质数据库中进行模板的搜寻;目标序列与模板的序列比对;根据模板结构信息,建立目标蛋白的结构模型;三维结构模型的准确性检验;模型的调整和优化(图 8-9)。

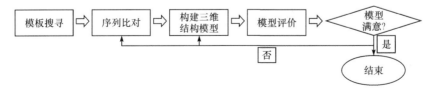

图 8-9 同源建模基本流程

1. 模板搜寻 同源建模需要至少一个结构已知且和目标序列同源的序列。一般利用

FASTA、BLAST 或 PSI-BLAST 在 PDB 的数据库上进行搜寻。一般来说，FASTA 分数大于 10 或者 BLAST 分数小于 10^{-5} 的序列可以用来作为候选序列。模板序列应和目标序列有 30% 的组成相似性。经过以上的步骤之后，会选出一个或几个作为目标序列的模板。

2. 序列对比　　同源建模的核心步骤之一是目标序列和模板的比对，比对的准确性决定了主链建模和模型优化的准确性。序列比对一般用多重比对来实现，插入空位使各序列长度一致，通过调整空位的位置尽量使相同或相似的氨基酸对齐。在多重序列比对中，最常用的是基于动态规划的算法，该算法基于进化关系使多条序列对齐。对于同源性高的序列，一般的算法都能得到满意的结果，但对于同源性低的序列，一般需要其他的信息，如二级结构、疏水性等。在多重序列比对中，决定准确性的主要因素是比对插入空位的多少和罚分。用于序列比对的软件有 PSI-BLAST、Multalin、PRRP 和 ClustalW 等。

3. 构建三维模型　　模型构建包括四部分：主链结构的建模、环区的建模、侧链的建模和优化、整体结构模型的优化。主链的建模主要是根据结构保守区将模板结构的坐标拷贝到目标蛋白中，构建目标蛋白基本的主链构架，再调整目标蛋白结构中主链各个原子的位置，使主链骨架的构象符合立体化学原则。环区的建模可以看作短片段蛋白质的结构预测，一般通过从头预测和基于已知环区结构的同源建模。侧链的建模，对于很多蛋白质来说，模板上不存在侧链的结构信息，所以需要对侧链进行安装。首先需要根据目标序列的片段进行转动子数据库的搜索，得到相似片段；再从数据库中提取出侧链的空间取向，在此基础上构建该片段的侧链结构；最后利用能量最小化原理进行优化，使目标蛋白的侧链基团处于能量最小的稳定构象。整体结构模型的优化，主要包含连接形状的优化、去除不合适的非连接相互作用，可以通过能量最小化来去除。另外，结构模型中有些键长、键角和二面角也有可能不合理，也需要用立体化学合理性、序列与结构相容性原理来评估修正。

4. 模型评价　　建立的目标蛋白的结构需要经过一系列的评估来判断结构是否合理，包括立体化学、能量谱和残基等。立体化学是指评估三维结构是否符合一般的常规，如键长、键角、主链二面角、侧链二面角和非共价接触等，以及包装（packing）、溶剂可接触性、疏水性/亲水性氨基酸的分布、主链氢键分布等结构上的特性。能量谱是指根据三维轮廓（3D profile）和平均力（mean force）的统计值来计算结构的能力分布，常用方法为 Prosa II 或 VERIFY3D。残基环境相容性是指目标蛋白模型和模板中的每个氨基酸的环境状态是否相同，常用 Profile-3D 程序，通过演算法将三维结构还原为一维的表示方式来计算氨基酸序列和三维结构之间的相容性。结构相似性是指判断目标蛋白结构是否具有正确的折叠。通常目标蛋白结构在几何上会比较接近模板结构，计算 RMSD 值用于比较两蛋白之间的结构相似性，即将目标蛋白结构和模板结构重叠后，计算 C_α 原子的距离求出 RMSD。

8.3.2　蛋白质二级结构的预测

从 20 世纪 60 年代中期开始至今，在大批实验和理论工作者的共同努力下，蛋白质二级结构预测的方法不断涌现出来，其发展过程大致分为三个阶段：第一阶段是以单残基、单一序列的分析为重点，以 Chou-Fasman、Garnier-Osguthorbe-Robson（GOR）等方法为代表，但预测准确率较低，大致在 50%～59%。第二个阶段则考虑了局部残基的相互影响，方法有 GOR III、Qian-Sejnowski 和 Holley-Karplus 等，该阶段方法的预测准确率有所提高，尤其是使用了神经网络方法以后预测准确率首次提高至 70% 以上。第三阶段在已有方法如 GOR 方法或神经网络法的基础上，进一步提出了结合多重序列比对的思想，使准确率再次提高。该阶段的方法主要有 PHD、PSIPRED 和 Jnet 等,预测准确率在 $72\% \sim 79\%$。以下将对几种常用的方法进行介绍。

1. Chou-Fasman 方法 这种方法提出得最早,是一种基于单残基的统计预测方法。1974 年,Chou 和 Fasman 用 X 射线衍射对 29 个蛋白质序列的 4741 个残基进行了研究,首先统计出 20 种氨基酸出现在 α 螺旋、β 折叠及无规卷曲三种构象中的概率,同时考虑氨基酸在蛋白质之间的相对出现概率及残基出现在结构中的频率。定义残基 A 的构象参数为:$P_x = f(x)$,其中 x 代表 α 螺旋、β 折叠及无规卷曲,$f(x)$ 为整个数据库中构象出现的频率。构象参数值的大小反映了该种残基呈现某一构象的倾向性大小(表 8-2)。Chou-Fasman 法的优点是构象参数的物理意义较明确,可用于手工完成一个蛋白质分子二级结构的预测,但该方法的准确率仅为 50% 左右。

表 8-2　Chou-Fasman 构象参数

氨基酸	P_α	P_β	P_{turn}	$f(i)$	$f(i+1)$	$f(i+2)$	$f(i+3)$
丙氨酸	1.42	0.83	0.66	0.06	0.076	0.035	0.058
精氨酸	0.98	0.93	0.95	0.070	0.106	0.099	0.085
天冬氨酸	1.01	0.54	1.46	0.147	0.110	0.179	0.081
天冬酰胺	0.67	0.89	1.56	0.161	0.083	0.191	0.091
半胱氨酸	0.70	1.19	1.19	0.149	0.050	0.117	0.128
甘氨酸	0.57	0.75	1.56	0.102	0.085	0.190	0.152
谷氨酸	1.39	1.17	0.74	0.056	0.060	0.077	0.064
谷氨酰胺	1.11	1.10	0.98	0.074	0.098	0.037	0.098
组氨酸	1.00	0.87	0.95	0.140	0.047	0.093	0.054
异亮氨酸	1.08	1.60	0.47	0.043	0.034	0.013	0.056
亮氨酸	1.41	1.30	0.59	0.061	0.025	0.036	0.070
赖氨酸	1.14	0.74	1.01	0.055	0.115	0.072	0.095
甲硫氨酸	1.45	1.05	0.60	0.068	0.082	0.014	0.055
苯丙氨酸	1.13	1.38	0.60	0.059	0.041	0.065	0.065
脯氨酸	0.57	0.55	1.52	0.102	0.301	0.034	0.068
丝氨酸	0.77	0.75	1.43	0.120	0.139	0.125	0.106
苏氨酸	0.83	1.19	0.96	0.086	0.108	0.065	0.079
色氨酸	1.08	1.37	0.96	0.086	0.013	0.064	0.167
酪氨酸	0.69	1.47	1.14	0.082	0.065	0.114	0.125
缬氨酸	1.06	1.70	0.50	0.062	0.048	0.028	0.053

注:P_α、P_β 和 P_{turn} 分别表示相应的残基形成 α 螺旋、β 折叠和转角的倾向性;$f(i)$、$f(i+1)$、$f(i+2)$ 和 $f(i+3)$ 为氨基酸残基的 4 个转角参数,分别对应于每种残基出现在转角第一、第二、第三和第四位的频率

2. GOR 方法 GOR 方法借用了信息论原理,对已知结构的蛋白质序列统计出各氨基酸的构象,并将这些氨基酸残基序列当作一连串的信息值来处理。最初 GOR 方法只考虑单个残基的影响,假设各残基之间是相互独立的,忽略了残基之间的相互作用,GOR Ⅰ 预测准确率只有 56%,GOR Ⅱ 为 57%。改进后的 GOR Ⅲ 方法不仅考虑了相邻残基种类对该位置构象的影响,还考虑了残基对的相互作用,使准确率提高到了 63%。GOR 方法物理意义明确,是

所有统计算法中理论基础最好的。

3. 神经网络法   神经网络模型是一种由多种神经元以某种规则连接而成的层次网络结构。网络结构一般分成三层:输入层、隐层和输出层(图8-10)。目前神经网络模型大多为BP(back-propagation network)网络,其学习方式为误差反向传播算法。基于神经网络方法的蛋白质二级结构预测方法已达到800多种,如PHD方法、PSIPRED法、SSpro2.0和NNPRE-DICT等。神经网络方法是一种稳健、非参数的方法,具有很强的学习能力、自适应能力和泛化能力。

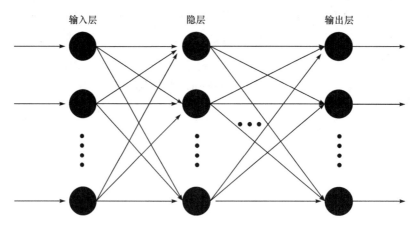

图 8-10   神经网络模型示意图

基于各种算法,研究者开发了多种蛋白质二级结构分析和预测的工具(表8-3),如PredictProtein,该软件可以获得功能预测、二级结构、二硫键结构和结构域等多种蛋白质序列相关的结构信息,平均准确率超过72%,视为蛋白质二级结构预测的标准。

表 8-3   蛋白质二级结构预测分析工具

工具	功能
Jpred	基于Jnet神经网络的分析程序,并采用PSI-BLAST来构建序列Profile进行预测,对于序列较短、结构单一的蛋白质预测较好
NNPREDICT	预测蛋白质二级结构类型,尤其是蛋白质序列中潜在的亮氨酸拉链结构和卷曲结构
NNSSP	结合最近邻居算法和多重序列比对预测蛋白质二级结构类型
PredictProtein	预测蛋白质二级结构、残基可溶性、跨膜螺旋区定位、折叠方式识别等,有较好的预测准确性
PSIpred	提供跨膜蛋白拓扑结构预测和蛋白质profile折叠结构识别工具
SSPRED	基于数据库搜索相似蛋白质并构建多重序列比对
HNN	基于神经网络的分析工具

8.3.3   分子动力学模拟

分子动力学模拟(molecular dynamics,MD)是分子模拟中最常用的方法。该方法将系统中每个原子都视为遵守牛顿第二定律的经典粒子,通过求解数值的积分运动方程,来解析每个原子的运动轨迹,表明系统内原子的位置与速度随时间发生变化的情况。目前常用的分子模拟软件有Gaussian、GROMACS、AMBER、CHARMM、Discovery Studio和NAMD等。分子动力学模拟的一般步骤如下。

（1）首先需要对所要模拟的系统做一个简单的评估，必须明确模拟的目的、原因及实施方法。

（2）选择合适的模拟工具，主要是指分子力场和模拟软件的选择。力场是以简单数学形式表示的势能函数，用于描述分子体系内原子间相互作用。软件的选择通常和软件主流使用的力场有关，而软件本身也具有一定的偏向性。

（3）模拟输入文件的获取，主要包括结构输入文件和力场参数输入文件。通过实验数据或者某些工具得到体系内的每一个分子的初始结构坐标文件，随后将这些分子按照一定的规则或随机地排列在一起，从而得到整个体系的初始结构输入文件。结构输入文件一般为 PDB 文件，包含了一级结构、二级结构、原子坐标等相关信息，每一个做模拟的研究者必须对 PDB 文件各个参数的意义有相应的了解（表 8-4）。

表 8-4　PDB 文件各个参数注解

记录类型	注解	记录类型	注解
标题部分		一级结构	
HEADER	分子类、公布日期、ID 号	DBREF	其他序列库的有关记录
OBSLTE	注明此 ID 号已改为新号	SEQADV	PDB 与其他记录的出入
TITLE	说明实验方法类型	SEQRES	残基序列
CAVEAT	可能的错误提示	MODRES	对标准残基的修饰
COMPND	化合物分子组成	二级结构	
SOURCE	化合物来源	HELIX	螺旋
KEYWDS	关键词	SHEET	折叠片
EXPDTA	测定结构所用的实验方法	TURN	转角
AUTHOR	结构测定者	杂因子	
REVDAT	修订日期及相关内容	HET	非标准残基
SPRSDE	已撤销或更改的相关记录	HETNAM	非标准残基的名称
JRNL	发表坐标集的文献	HETSNY	非标准残基的同义字
REMARK	注解	FORMOL	非标准残基的化学式
连接注释		坐标部分	
SSBOND	二硫键	MODEL	多亚基时示亚基号
LINK	残基间化学键	ATOM	标准基团的原子坐标
HYDBND	氢键	SIGATM	标准差
SLTBRG	盐键	ANISOU	温度因子
CISPEP	顺式残基	SIGUIJ	各种温度因素导致的标准差
晶胞特征及坐标变换		TER	链末端
CRYST1	晶胞参数	HETATM	非标准基团原子坐标
ORIGXn	直角-PDB 坐标	ENDMDL	亚基结束
SCALEn	直角-部分结晶学坐标	CONECT	原子间连通性有关记录
MTRIXn	非晶相对称	簿记	
TVECT	转换因子	MASTER	版权拥有者
		END	文件结束

（4）系统边界条件的处理，正确处理边界效应对分子模拟至关重要。最常用的是周期性边界条件，基本思想是选择合适的盒子，将系统所有原子放入盒子中，盒子周围都是与自身相同的复制体，这样对整个系统来说就没有边界了。分子模拟常用的边界条件有立方体盒子周期性边界条件、单斜盒子周期性边界条件和去头八面体盒子周期性边界条件等。

（5）在进行模拟之前，需要对体系进行充分的能量优化。能量优化即用分子力学方法寻找分子体系能量极小的构象状态，以减少研究体系中空间位置不合理的地方。常用的能量最小化方法为最陡下降法和共轭梯度法。

（6）分子模拟必须在一定的系统下进行，常用的系统包括微正则系统、正则系统、等温等压系统和等温等熵系统。其中，等温等压系统是最常见的系统，许多分子动力学模拟都要在此系统下进行。

（7）模拟结束后，通过一些可视化软件得到轨迹动画，同时需要对模拟数据进行分析，挖掘深层次的信息，如相互作用能、氢键分布和二硫键分布等。

8.3.4　基因工程构建设计蛋白质

虽然设计的蛋白质可以通过化学合成，但该方法价格昂贵，只适用于部分多肽的合成。对于大多数设计的蛋白质，一般通过基因工程手段获取，包括基因突变技术（重叠延伸 PCR 技术和快速定点突变方法）和基因融合（如之前介绍的蛋白质分子剪接），有关基因工程技术可参考其他相关书籍。

8.4　蛋白质分子设计的应用及发展趋势

自从 1997 年 Stephen Mayo 等报道了第一个针对特定结构设计的氨基酸序列以来，人们对蛋白质设计已经取得了突破性进展，包括对人工非天然折叠类型的设计、蛋白质-小分子结合界面设计、蛋白质相互作用界面的设计及酶催化反应的设计。

8.4.1　蛋白质分子设计的应用

蛋白质分子设计可以应用在很多方面，以下将重点介绍蛋白质分子设计在疾病诊治、抗体工程和酶工程上的应用进展。

1. 在疾病诊治中的应用　　截至 2010 年，全球共有 200 多种多肽和蛋白制剂上市，随着蛋白质设计策略的日益成熟，其在疾病诊治上的应用也越来越广。目前，蛋白质分子设计在癌症、AIDS、阿尔茨海默病等方面均获得了较大的进展。例如，在癌症治疗方面，半胱氨酸富集的肠蛋白 1（CRIP1）是乳腺癌的早期生物标记物，Hao 等首先通过噬菌体展示技术鉴定了与 CRIP1 结合的多肽序列，随后通过蛋白质计算设计对 CRIP1 结合多肽的序列进行重设计，提高两者结合的亲和性，以两者的结合自由能为指标，最终得到设计多肽的 IC_{50} 是原来序列的 27.5 倍，这对于开发新型配体多肽具有很好的借鉴意义（图 8-11）。

艾滋病（AIDS）是一种全球性疾病，截至 2013 年年底，全球约有 3500 万名艾滋病病毒感染者，因此 AIDS 的诊治及 HIV 疫苗的开发刻不容缓。目前已有多种抗 HIV 的抗体，其中单克隆抗体 4E10（mAb 4E10）的效果较好，能与 98% 的 HIV 亚种发生作用，因此开发 4E10 类抗体对于 HIV 疫苗设计具有重要意义。为此，Correia 小组将 HIV 表型 4W10 的结构片段嫁接到框架蛋白，设计得到的表型-框架蛋白不仅结构稳定、具有免疫原性，同时对 mAb 4E10 的

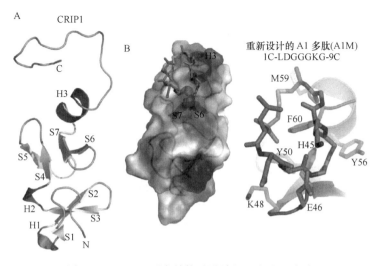

图 8-11 CRIP1 蛋白结构及设计的蛋白亲和多肽

A. CRIP1 蛋白结构；B. CRIP1 蛋白亲和肽(右)及在 CRIP1 蛋白上的作用位点(左)(引自 Hao et al. ,2008)

亲和性增加。将表型-框架蛋白注射入兔体内,进行免疫实验,结果表明兔体内产生大量类似 mAb 4E10 的抗体。此外,成功案例还包括在阿尔茨海默病的治疗中,抑制淀粉样蛋白纤维化的非天然氨基酸抑制剂的设计、针对 1918 年 H1N1 流感病的血凝素抑制剂的设计及针对 HIV-1gp41 的抑制剂的设计等。

2. 在酶工程中的应用 无论是基于天然蛋白质结构的蛋白质设计还是全新蛋白设计,其在酶工程上均发挥着重要作用。基于蛋白质分子设计的酶种类繁多,包括脂肪酶、酯酶、裂解酶、转氨酶、氧化还原酶等,涉及的催化反应也包括水解、转酯、缩合和氧化等。Baker 课题组则开发了 RosettDesign 软件,成功设计了催化自然界无法发生的三种反应的新酶,分别为催化逆醛醇缩合反应的酶分子 retro-aldolase(图 8-12)、催化 kemp 消除的新酶和催化狄尔斯-阿尔德(Diels-Alder)反应的新酶。Ema 等为提高来自 *Burkholderiace paria* 脂肪酶对 1-苯基-1-己醇及其类似物的对映体选择性,模拟酶与底物过渡态的结合过程,成功设计得到突变体 I287F/I290A,其对映体选择性大于 200,具有很好的工业应用前景。于洪巍课题组利用

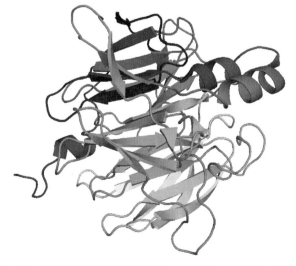

图 8-12 催化逆醛醇缩合反应的酶分子 retro-aldolase(PDB 编号:3U0S)

AMBER 软件,对来自 *Escherichi acoli* 的酯酶 BioH 及来自 *Rhodobacter sphaeroides* 的酯酶 RspE 进行改造,调控酯酶对芳香族潜手性二酯的不对称水解反应中的对映体选择性。通过在酶蛋白与底物之间引进芳香族作用力,设计了酯酶 BioH 突变体 L83F、L86F、L83F/L86F, RspE 突变体 Y27R、I71F、I71R 和 M121F,成功实现了预期目标。Maranas 等利用 IPRO 程序,成功将来自 *Candida boidinii* 的木糖还原酶的辅酶由原来的 NADPH 转变成 NADH。

3. 在抗体工程中的应用　抗体工程是指利用重组 DNA 和蛋白质工程技术,对抗体基因进行加工改造和重新装配,经转染适当的受体细胞后,表达抗体分子,或用细胞融合、化学修饰等方法改造抗体分子的工程。这些经抗体工程手段改造的抗体分子,可保留(或增加)天然抗体的特异性和主要生物学活性,因此比天然抗体更具有潜在的应用前景。Pantazes 等开发的 OptCDR 计算方法,可以用于更好地针对不同的抗原表型设计抗体互补决定区(图 8-13)。

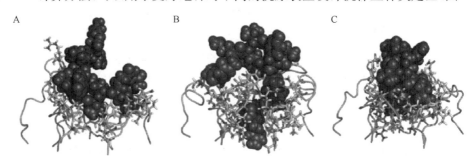

图 8-13　OptCDR 设计 CDR-丙型肝炎病毒衣壳复合物(Pantazes and Maranas,2010)
衣壳多肽以球形显示,CDRs 以飘带显示,与多肽距离 4Å 范围内的 CDR 残基完整显示
A. 抗体与天然肽复合物(PDB:1N64);B. 无多肽构象变化的 OptCDR 设计;C. 多肽构象变化的 OptCDR 设计

单链抗体片段的一个普遍缺点是易聚集,尤其是在高温下,因此其运输和保存都需要在低温冷冻状态下进行,这大大限制了其应用。为增加单链抗体片段的抗聚集能力及耐高温能力,Miklos 等以 scFVs 抗体为例,通过同源建模及 Rosetta 设计软件包进行蛋白质设计,将抗体蛋白表面的氨基酸 14 突变成带电氨基酸(Arg 或 Lys)后,得到的新抗体不仅耐温性显著增强,其与抗原的亲和性也提高了 30 倍。同时 Pantazes 等还建立了用于预测抗体三维结构的抗体模块数据库(MAPs),该数据库通过分析现有的 1168 个来自人类的、人源化的、嵌合的和小鼠抗体的结构,共发现了 929 个抗体片段(图 8-14)。

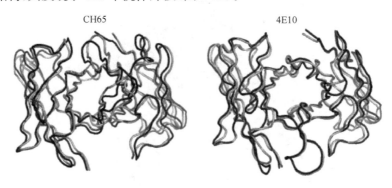

图 8-14　通过实验方法和 MAPs 预测的抗体 CH65 和 4E10 的结构(引自 Pantazeset and Maranas,2013)
实验获得结构采用灰色显示,MAPs 预测的结构采用黑色显示

8.4.2 蛋白质分子设计的发展趋势

尽管蛋白质分子设计的现状距离其最终目标还是很遥远,设计中采用的方法也有自身局限,如构象空间搜索算法、建立模型评价函数、模拟能量函数等。但很多实例都已证明,蛋白质分子设计应用于蛋白质工程能极大地减少设计的盲目性。相信随着计算机技术的不断发展及人们对蛋白质结构-功能关系的日益深入理解,蛋白质分子设计的应用前景会越来越广。

思考题

1. 蛋白质分子设计的定义是什么?
2. 简述蛋白质分子设计的一般流程。
3. 蛋白质分子结构设计一般遵循的原则有哪些?
4. 列举蛋白质分子设计中的关键技术。
5. 什么是同源建模?其一般流程如何?
6. 分子模拟的方法有哪些?
7. 蛋白质分子设计的应用领域有哪些?举例说明。
8. 你认为蛋白质分子设计目前所面临的挑战是什么?其发展前景如何?

主要参考文献

宋利萍,黄华樑. 2003. 蛋白质剪切以及应用. 生物工程学报,19(2):249-254

汪世华. 2008. 蛋白质工程. 北京:科学出版社

王鹏良,江寿平,来鲁华,等. 1990. 蛋白质二级结构预测的综合分析. 物理化学学报,6(6):686-691

王帅. 2006. 基于同源建模的蛋白质结构预测方法的研究. 哈尔滨:哈尔滨工业大学硕士学位论文

王勇献. 2004. 蛋白质二级结构预测的模型与方法研究. 长沙:国防科技大学博士学位论文

曾炳佳,曹以诚,杜正平,等. 2008. 同源建模关键步骤的研究动态. 生物学杂志,25(2):7-10

Bellows ML,Taylor MS,Cole PA,et al. 2010. Discovery of entry inhibitors for HIV-1 via a new de novo protein design framework. Biophys J,99(10):3445-3453

Betz SF,Liebman PA,DeGrado WF. 1997. *De Novo* design of native proteins:characterization of proteins intended to fold into antiparallel,rop-like,four-helix bundles. Biochemistry,36(9):2450-2458

Boschek CB,Apiyo DO,Soares TA,et al. 2009. Engineering an ultra-stable affinity reagent based on Top7. Protein Eng Des Sel,22(5):325-332

Correia BE,Ban YE,Holmes MA,et al. 2010. Computational design of epitope-scaffolds allows induction of antibodies specific for a poorly immunogenic HIV vaccine epitope. Structure,18(9):1116-1126

Dieckmann GR,MoRorie DK,Tierney DL,et al. 1997. *De novo* design of mercury-binding two-and three-helical bundles. J Am Chem Soc,119(26):6195-6196

Guo F,Franzen S,Ye L,et al. 2014. Controlling enantioselectivity of esterase in asymmetric hydrolysis of aryl prochiral diesters by introducing aromatic interactions. Biotechnol Bioeng,111(9):1729-1739

Hao J,Serohijos AW,Newton G,et al. 2008. Identification and rational redesign of peptide ligands to CRIP1,a novel biomarker for cancers. PLoS Comput Biol,4(8):e1000138

Jiang L,Althoff EA,Clemente FR,et al. 2008. *De novo* computational design of retro-aldolenzymes. Science,319 (5868):1387-1391

Khoury GA,Smadbeck J,Kieslich CA,et al. 2014. Protein folding and *de novo* proteindesign for biotechnologicalapplications. Trends Biotechnol,32(2):99-109

King NP,Sheffler W,Sawaya MR,et al. 2012. Computational design of self-assembling protein nanomaterials with atomic level accuracy. Science,336(6085):1171-1174

Koder RL,Dutton PL. 2006. Intelligent design:the de novo engineering of proteins with specified functions. Dalton Trans,(25):3045-3051

Kuhlman B,Dantas G,Ireton GC,et al. 2003. Design of a novel globular protein fold with atomic-level accuracy. Science,302(5649):1364-1368

Miklos AE,Kluwe C,Der BS,et al. 2012. Structure-based design of supercharged,highly thermoresistant antibodies. Chem Biol,19(4):449-455

Ogihara NL,Weiss MS,Degrado WF,et al. 1997. The crystal structure of the designed trimeric coiled coil coil-VaLd:implications for engineering crystals and supramolecular assemblies. Protein Sci,6(1):80-88

Padhi SK,Fujii R,Legatt GA,et al. 2010. Switching from an esterase to a hydroxynitrilelyase mechanism requires only two amino acid substitutions. Chem Biol,17(8):863-871

Pantazes RJ,Maranas CD. 2010. OptCDR:a general computational method for the design of antibody complementarity determining regions for targeted epitope binding. Protein Eng Des Sel,23(11):849-858

Pantazes RJ,Maranas CD. 2013. MAPs:a database of modular antibody parts for predicting tertiary structures and designing affinity matured antibodies. BMC Bioinformatics,14:168

Regan L,Clarke ND. 1990. A tetrahedral zinc(Ⅱ)-binding site introduced into a designed protein. Biochemistry,29(49):10878-10883

Robertson DE,Farid RS,Moser CC,et al. 1994. Design and synthesis of multi-haem proteins. Nature,368(6470):425-432

Takwa M,Larsen MW,Hult K,et al. 2011. Rational redesign of *Candida antarctica* lipase B for the ring opening polymerization of D,D-lactide. Chem Commun(Camb),47(26):7392-7394

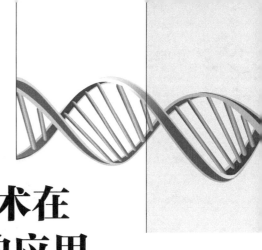

9 现代生物学技术在蛋白质工程中的应用

在蛋白质工程技术中,传统技术仍然是主要力量,如层析技术、电泳技术、免疫印迹技术、酶联免疫吸附测定等。随着现代生物学技术的不断发展,新的蛋白质技术也不断涌现,如蛋白质芯片技术、蛋白指纹图谱技术、表面等离子体共振技术、酵母双杂交技术、细菌双杂交技术、双分子荧光互补技术、表面展示技术等,这些新的蛋白质技术在蛋白质工程的研究和应用中正发挥着越来越重要的作用。

9.1 蛋白质分析鉴定技术

随着科学技术的发展,蛋白质分析鉴定技术已经日臻成熟,主要包括电泳技术、层析技术、高效液相色谱、质谱分析等多种技术。蛋白质分析鉴定技术已经开始向高通量和多项技术联合分析方面发展,这里主要介绍两种较为新颖的技术,即蛋白质芯片技术和指纹图谱技术。

9.1.1 蛋白质芯片技术

为了揭示细胞内各种代谢过程与蛋白质之间的关系及某些疾病发生的分子机制,必须对蛋白质的功能进行更深入的研究。蛋白质芯片技术就是为了满足人们对蛋白质的高通量、大信息量、平行分析研究而产生的。蛋白质芯片的产生将基因组学平台和蛋白质组学平台很好地结合起来。

9.1.1.1 蛋白质芯片的概念

蛋白质芯片也称蛋白质微阵列,是将大量蛋白质有规则地固定到某种介质载体上,利用蛋白质与蛋白质、酶与底物、蛋白质与其他小分子之间的相互作用检测分析蛋白质的一种芯片(图 9-1)。

9.1.1.2 蛋白质芯片的特点

蛋白质芯片技术的优点主要体现在:①快速、定量分析大量蛋白质;②使用简单、正确率较高,只需少量血样标本即可进行分析和检测;③采用光敏染料标记,灵敏度高、准确性好;④所需试剂少,可直接应用血清样本,实用性强。

尽管蛋白质芯片对功能蛋白质组学和检测病变状态下的蛋白质显示出很好的应用前景,但还是有许多需要克服的问题,包括高效表达和蛋白质纯化等技术。而且相对于 DNA 芯片,蛋白质芯片花费大、费时。在现代蛋白质组学的研究中,蛋白质芯片还不能取代传统的方法,但它具有的高通量、快速、平行、自动化等特点,是其他方法无可比拟的。

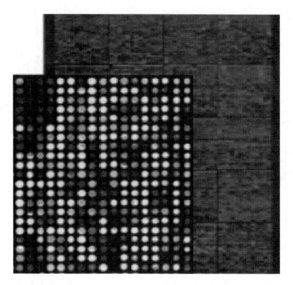

图 9-1   典型的蛋白质微阵列芯片(引自陈韵晴,2006)

9.1.1.3   蛋白质芯片的分类

根据用途的不同,蛋白质芯片可分为两类。①蛋白质功能芯片:将天然蛋白质、酶或酶底物固定在载体上制成芯片,主要用于天然蛋白质活性及分子亲和性的高通量分析,可用来进行蛋白质-蛋白质、蛋白质-多肽、蛋白质-小分子、蛋白质-DNA-RNA 结合及蛋白质-酶反应的研究。②蛋白质检测芯片:将具有高度亲和特异性的蛋白质或多肽(如单克隆抗体、小片段抗体、受体等)固定在载体上,制备检测芯片用以识别复杂生物样品中的抗原、目标多肽和蛋白质等。

9.1.1.4   蛋白质芯片的制备

首先,固相载体的选择和处理。常用的固相载体有膜载体和玻片载体。膜载体常用聚偏二氟乙烯膜(PVDF),使用时先将膜切割成所需尺寸,然后用 95% 乙醇浸泡处理;玻片载体一般要经过化学修饰,如固定的是蛋白质靶标时,则用醛基修饰的玻片。

其次,蛋白质靶标的处理。作为制作蛋白质芯片的蛋白质靶标不仅纯度要高,而且要保持生物活性,所以溶解蛋白质要选用合适的缓冲溶液。

再次,将蛋白质靶标固定在固相载体上。以膜为载体的芯片固定时,只要将其放入湿盒中,37℃下放置 1h 即可。以乙醛基修饰的载玻片为载体的芯片,其固定的原理是通过醛基和蛋白质中的氨基共价结合而固定的;对于糖蛋白,则可用酰肼代替酰胺将凝胶激活后与蛋白质上的多糖基团结合,达到固定蛋白质的目的。

最后,蛋白质芯片的封闭。将固相载体上未与蛋白质靶标结合的区域,用相对于固相载体反应的惰性物质进行封闭,防止待测样品中的蛋白质与固相载体上的活性基团结合而产生假阳性。

9.1.1.5   蛋白质芯片的应用

蛋白质芯片技术发展到今天,已经开始成熟应用到各个方面。在基础研究方面,除了蛋白质之间的相互作用,还可以应用到核酸和蛋白质的相互作用;在临床上,可以应用到一些疾病的诊断；此外还可以应用到新药研制、环境监测和食品检测等多个方面。

1. 基础研究　蛋白质-DNA 相互作用研究：一种用于筛查结合到启动子 DNA 序列的转录因子的方法已经建成。该方法用生物化学表面芯片 PS20，以 DNA 作诱饵，结合特异蛋白质，用质谱法检测。

蛋白质-mRNA 相互作用研究：美国 Duke 大学医学中心报道，通过 mRNA 转录与 RNA 结合蛋白的内在联系建立了一种高通量的方法，用于鉴定在结构上和功能上有关的 mRNA 转录。

2. 临床应用　蛋白质芯片技术在临床方面有着广泛的应用，尤其是在疾病的诊断和疗效判定，即生物学标志物的检测上尤为突出。例如，在患类风湿疾病患者的体内发现了大量抗核蛋白及核蛋白复合体的抗体，将这些特征性的蛋白质固定在芯片上形成蛋白质芯片可以从分子水平来检测类风湿疾病。当有些患者的早期症状不明显，或发病症状不同于常规病例时，利用蛋白质芯片进行检测显得尤为重要。随着蛋白质芯片的应用，给肿瘤诊断和预后提供了一种高效、高通量的方法，因而适合肿瘤的普查。

3. 新药研制　研制一种新药往往要对上千种化合物进行筛选，低耗、快速、高效地筛选出新药或待选化合物是目前新药开发工作的重中之重。蛋白质芯片具有高通量和平行性的特点，极大地加快了化合物的筛选速度。通过蛋白质芯片观察由于暴露于药物作用之下而诱导的基因表达谱，从而能在药物开发的早期阶段进行各种正确的毒理学检测。毒理学检测借助于药物与特定蛋白质之间的相互作用，一旦该蛋白被鉴定出来，就可以将它阵列在芯片上，然后用各种待选化合物同时与之反应，观察每一种待选化合物与芯片的反应情况，来筛选感兴趣的化合物。

此外，蛋白质芯片技术还对中药现代化有巨大作用。将中药药性、功效与特定疾病的基因表达调控相关联，在分子水平上诠释传统的中药理论和作用机制，将对我国中药资源的发展影响深远。

4. 环境监测及食品检验　蛋白质芯片还能运用于环境监测及食品工业中，用来检测环境或食品中微量的有毒化学物质或病原菌（如大肠杆菌）。

9.1.2　蛋白质指纹图谱技术

蛋白质指纹图谱技术是由质谱技术发展而来的一种蛋白质鉴定技术，也称为表面增强激光解吸电离飞行时间质谱（surface enhanced laser desorption/ionization time of flightmass spectrometry，SELDI-TOF-MS），是一种包含层析与质谱的特殊蛋白质芯片技术，用于蛋白质的定量分析。它结合了芯片与质谱技术两者的优点，是继基因芯片之后出现的新一代生物芯片技术。

9.1.2.1　原理

蛋白质指纹图谱技术是利用高能激光束使芯片中的分析物解吸形成离子，根据不同质核比，这些离子在仪器场中飞行的时间长短不一，由此绘制出一张质谱图。经数据处理后，直接显示样品中各种蛋白质的分子质量和含量等信息。

9.1.2.2　组成

SELDI-TOF-MS 包含蛋白质芯片、飞行质谱仪和分析软件三部分。蛋白质芯片是核心部分,分为生物表面芯片和化学表面芯片。生物芯片是指在固体表面结合抗体、抗原、酶、受体或DNA 等,作为摄取底物的特异基质,直接或再加上经过化学修饰的二抗作为检测信号,经过激光共聚焦扫描仪、质谱仪等信号检测装置,通过计算机进一步提取、分析、统计处理,从而获取有关信息(图 9-2)。

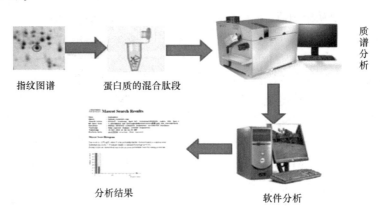

指纹图谱   蛋白质的混合肽段   质谱分析

分析结果   软件分析

图 9-2   蛋白质指纹图谱技术流程图

9.1.2.3   应用

蛋白质指纹图谱技术,将蛋白质芯片和质谱技术相结合,集样品分离、纯化、检测和数据分析为一体,快速和高通量地分析细胞在癌变状态下表达的蛋白质图谱,与细胞在正常状态下表达的蛋白质图谱的分析结果比较,能够发现在癌变状态下的差异表达蛋白质。应用这种技术,结合生物信息学的分析方法可从大量的蛋白质和多肽中筛选出潜在的生物标记物,建立高特异性和敏感性的蛋白质指纹图谱模型。

蛋白质指纹图谱技术,不同于只能针对单一指标进行分析的传统检测技术,而是通过对蛋白质动态、全景的分析,探索疾病早期最微小的指标和征兆。可以将患者血清蛋白质成分的变化记录下来,绘制成蛋白质指纹图谱,并显示样品中各种蛋白质的分子质量、含量等信息,将这张图谱与正常人、亚健康状态人群、某种疾病患者的图谱或基因库中的图谱对照,就能最终发现和捕获新的、特异性、疾病相关蛋白质及特征。蛋白质指纹图谱技术是近几年来发展起来的实验室诊断新技术,它具有操作较简单、多样本检测、检测快速、灵敏性和特异性高等优点,是实验室诊断技术的革命性进展。蛋白质指纹图谱技术是一项发展前景非常好的诊断技术,具有广阔的临床应用前景。蛋白质指纹图谱仪于 2003 年经过国家食品药品监督管理局批准进入中国市场。

9.2   研究蛋白质相互作用技术

蛋白质相互作用的技术发展日新月异,很多技术已经发展成熟,如酵母双杂交、荧光能量共振转移等技术。一些新的技术随着仪器制造水平的发展(如表面等离子共振技术),开始崭露头角,发挥出新的优势。

9.2.1   表面等离子体共振技术

表面等离子体共振(surface plasmon resonance,SPR)技术是一种简单、直接的传感技术,在检测、分析生物分子间的相互作用等方面得到了广泛应用。SPR 生物传感器的优点有很多：①无需任何标记或报告基因即可测定生物大分子的相互作用，这不仅节省了纯化和标记工作，还消除了标记物可能对所研究的相互作用的干扰；②SPR 测定是一个逐步分析的过程，而且测定是实时进行的，相互作用的过程可在电脑屏幕上直接显示出来；③该测定是非入侵式的，测定中的光并不直接接触样品，测定的只是光的折射率，因而样品是否混浊或半透明并不影响测定的结果，也不会有光吸收或光散射的干扰。

9.2.1.1　原理

表面等离子体共振是指在光波的作用下，在金属和电介质的交界面上形成的改变光波传输的谐振波。当光以大于全反射角入射到交界面上时，有一部分光被反射，另一部分光被耦合进入等离子体内，在表面等离子中存在光的消失波。如果入射光的波矢量沿着平行于界面的分量和表面等离子波的波矢量相等，表面等离子在光的作用下发生谐振光波在传输过程中发生能量的损失，在宏观上表现为光波被强烈吸收，这种现象称为等离子体的谐振（图 9-3）。

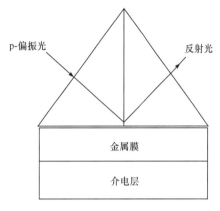

图 9-3　SPR 原理图

9.2.1.2　SPR 仪结构

1990 年，BIAcore 公司首先利用 SPR 原理制作了商品化的生物传感器，并不断向市场推出不同型号的该类仪器，成为 SPR 生物传感器的主要生产厂家。BIAcore 的 SPR 生物传感器系统核心部分是传感片、SPR 光学测定系统和微射流卡盘，图 9-4 为常用 SPR 仪实物图。

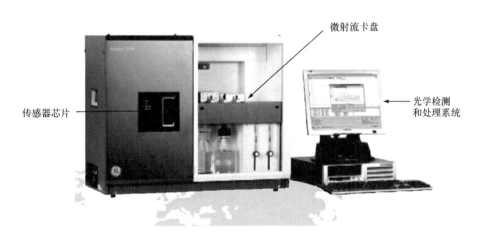

图 9-4　SPR 仪实物图（引自计划生育生殖生物学国家重点实验室网站）

传感片是实时信号传导的载体，也是该测定系统的心脏。芯片是在玻璃片上覆盖了一层金膜（厚约 50nm），金膜的表面连接不同的多聚物以形成不同的表面基质，用于固定不同性质的生物分子。微射流卡盘是一个液体传送系统，通过软件控制自动传送一定体积的样品至传感片表面。通过对管道内微型气阀的控制，形成各种液体流动的回路，将样品或缓冲液连续送到传感片表面的不同通道，并维持分析物于一恒定的浓度内。必要的话，也可以自动地进行样品回收。与 BIAcore 仪器配套使用的软件有控制软件 BIACORE Control，数据处理软件 BI-Aevaluation3.1 和模拟软件 BIAsimulation。

9.2.1.3　SPR 仪的应用

基于 SPR 原理的生物分子相互作用分析技术（biomolecular interaction analysis，BIA）在抗体/抗原结合动力学、抗原表位/抗体对位的鉴定等方面有重要的应用，在无需纯化和标记抗体、抗原的天然条件下，能实时动态反映抗体-抗原相互作用时的结合与解离速率和亲和力常数。在临床免疫学中应用 SPR 技术进行免疫诊断有着高效和灵敏的优势，应用 SPR 技术已成功检测了自身免疫神经系统疾病患者体内特异性抗体滴度，并证明 SPR 技术检测特异性抗体相比于传统 ELISA 技术在灵敏度、精确性及检测速度方面皆有优势。

随着 SPR 仪的不断完善和生物分子膜构建能力的不断增强，SPR 的应用前景极为广阔。从 SPR 的发展来看，它将向小型化、自动化、多样性、与相关技术联用的方向发展，在遗传分析方面，也将会使 SPR 进入一个崭新的领域。

目前，科研工作者将 BIA 技术和 MALDI-TOF-MS 有机结合起来而形成生物传感芯片质谱（biosensor chip-based mass spectrome-try）分析技术，并在蛋白质相互作用研究及鉴定上进行了有益尝试，显示出了巨大的潜力。

9.2.2　酵母双杂交技术

酵母双杂交技术以其简便、灵敏、高效及能反映不同蛋白质在活细胞内的相互作用等特点得到了广泛的应用。酵母双杂交技术是一种有效的真核活细胞内的研究方法，在蛋白质相互作用研究方面得到了广泛应用并取得了许多有价值的发现。作为一个完整的实验系统，它自建立以来经过不断改进与完善，进一步提高了实验结果的可靠性与精确性。

9.2.2.1　原理

图 9-5 显示了酵母双杂交系统的原理。很多真核生物的位点特异转录激活因子通常具有两个可分割开的结构域，即 DNA 特异结合域（DNA binding domain，BD）与转录激活域（transcriptional activation domain，AD），这两个结构域各具功能，互不影响。但一个完整的激活特定基因表达的激活因子必须同时含有这两个结构域，否则无法完成激活功能。不同来源激活因子的 BD 与 AD 结合后，则特异地激活被 BD 结合的基因表达。基于这个原理，可将两个待测蛋白质分别与这两个结构域构建成融合蛋白，并共同表达于同一个酵母细胞内。如果两个待测蛋白质间能发生相互作用，就会通过待测蛋白质的桥梁作用使 AD 与 BD 形成一个完整的转录激活因子并激活相应的报告基因表达。通过对报告基因表型的测定，可以很容易地知道待测蛋白质分子间是否发生了相互作用。

转录因子通过 BD 和 AD 分别与 DNA 上特异的序列结合，从而启动相应基因的转录。酵母双杂交系统就是根据这一理论提出的。

9.2.2.2　应用

酵母双杂交技术主要应用在以下几方面：①检验一对功能已知蛋白质间的相互作用；②研究一对蛋白质间发生相互作用所必需的结构域，通常需对待测蛋白质做点突变或缺失突变处理，其结果若与结构生物学研究结合则可以极大地促进后者的发展；③用已知功能的蛋白质基

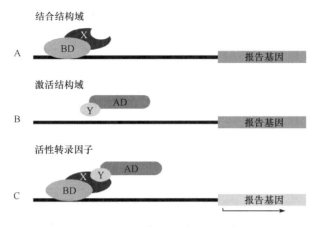

图 9-5　酵母双杂交系统原理示意图

A. 结合结构域与 X 蛋白形成融合蛋白,DNA 结合结构域能与上游激活序列(USA)结合,但在缺少激活结构域时,不能激活报告基因的转录;B. 激活结构域与 Y 蛋白形成融合蛋白,但在缺少 DNA 结合结构域时也不能激活报告基因的转录;C. X 蛋白和 Y 蛋白之间的相互作用导致 DNA 结合结构域与激活结构域的重组而形成有功能的转录因子

因筛选双杂交 cDNA 文库,以研究蛋白质之间相互作用的传递途径;④分析新基因的生物学功能,即用功能未知的新基因去筛选文库,然后根据钓到的已知基因的功能推测该新基因的功能。

酵母双杂交系统作为一种新兴的体内研究蛋白质之间相互作用及筛选 cDNA 文库的技术手段,自建立以来得到了不断的改进与发展。在此基础上又相继出现了单杂交、三杂交、反向双杂交及 SOS 富集系统等多种衍生系统,它们在功能基因组学、蛋白质组学及药物开发研究中发挥了重要作用。

9.2.3　细菌双杂交技术

1998 年,科研工作者在大肠杆菌中成功地建立了细菌双杂交系统(bacterial two-hybrid system,B2HS),从而极大地丰富了蛋白质相互作用的研究手段。与酵母双杂交的原理相似。通过将所要研究的蛋白质分别与 DNA 结合域(BD)和转录激活域(AD)融合,利用相互作用蛋白质提供的桥联功能,使转录激活域与 DNA 结合域结合,从而调控报告基因的表达。报告基因表达的调控结果可通过生化或遗传学的方法检测到。

细菌双杂交系统具有如下特点:①操作简单,大肠杆菌的生长速度快,大大缩短了实验周期;②具有更高的转化效率,能够更加高通量地筛选文库;③"诱饵"与"靶"蛋白不需要核定位信号;④真核来源的"诱饵"及"靶"蛋白与细菌的类似物同源性更低,因此一方面显著降低了它们在报告菌株中的毒性作用,另一方面减少了自激活阳性率及假阳性率。

细菌双杂交系统的缺点在于缺乏翻译后修饰系统。事实上,无论是细菌双杂交系统还是酵母双杂交系统都存在一定的假阳性和假阴性率,其筛选和鉴定的相互作用蛋白质还必须用免疫共沉淀等体内和体外实验进一步确证。

9.2.4　荧光能量共振转移

荧光能量共振转移(fluorescence resonance energy transfer,FRET)是作为一种高效的光学"分子尺",在生物大分子相互作用、免疫分析、核酸检测等方面有着广泛应用。在分子生物学领域,该技术可用于研究活细胞生理条件下蛋白质之间的相互作用。

9.2.4.1 原理

荧光能量共振转移是距离很近的两个荧光分子间产生的一种能量转移现象(图9-6)。当供体荧光分子的发射光谱与受体荧光分子的吸收光谱重叠,并且两个分子的距离在10nm范围以内时,就会发生一种非放射性的能量转移,即FRET现象,使得供体的荧光强度比它单独存在时要低得多(荧光猝灭),而受体发射的荧光却大大增强(敏化荧光)。

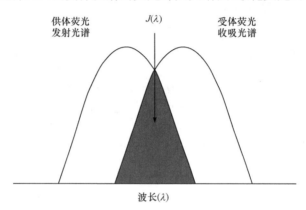

图 9-6　荧光能量共振转移原理示意图

9.2.4.2 应用

FRET技术得以在生物体内广泛应用,与绿色荧光蛋白(green fluorescent protein,GFP)的应用和改造是密不可分的。

GFP由11个β片层组成桶状疏水中心,由α螺旋包含着的发光基团位于其中。这个发光基团是由3个氨基酸[丝氨酸65(Ser65)、酪氨酸66(Tyr66)、甘氨酸67(Gly67)]经过环化、氧化后形成的咪唑环,在钙离子激发下产生绿色荧光。野生型GFP吸收紫外光和蓝光,发射绿光。通过更换GFP生色团氨基酸、插入内含子、改变碱基组成等基因工程操作,实现对GFP的改造,如增强其荧光强度和热稳定性、促进生色团的折叠、改善荧光特性等。

近年来GFP发展出了多种突变体,通过引入各种点突变使发光基团的激发光谱和发射光谱均发生变化而发出不同颜色的荧光,有蓝色荧光蛋白(blue fluorescent protein,BFP)、黄色荧光蛋白(yellow fluorescent protein,YFP)、青色荧光蛋白(cyan fluorescent protein,CFP)等。这些突变体使GFP应用于FRET成为可能,为FRET技术用于活体检测蛋白质相互作用提供了良好的支持。

青色荧光蛋白(CFP)和黄色荧光蛋白(YFP)为目前蛋白质相互作用研究中最广泛应用的FRET对。CFP的发射光谱与YFP的吸收光谱相重叠。将供体蛋白CFP和受体蛋白YFP分别与两种目的蛋白融合表达。当两个融合蛋白之间的距离在5~10nm时,则供体CFP发出的荧光可被YFP吸收,并激发YFP发出黄色荧光,再通过测量CFP荧光强度的损失量来确定这两个蛋白质是否相互作用。两个蛋白质距离越近,CFP所发出的荧光被YFP接收的量就越多,检测器所接收到的荧光就越少。

9.2.5　双分子荧光互补

双分子荧光互补(bimolecular fluorescence complementation,BiFC)是指两个不发光的荧光蛋白互补片段在与其融合蛋白质的相互作用驱动下,重新组装形成荧光复合物,恢复荧光特性(图9-7)。BiFC能够在活细胞生理环境中原位显示蛋白质相互作用产物,尤其是能在单细胞中同时显示多个蛋白质间的相互作用。

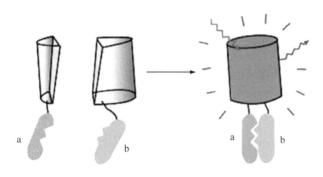

图 9-7　双分子荧光互补原理示意图

9.2.5.1　原理

当某些特定的氨基端片段与羧基端片段组合作为标记分子,分别与两个能够发生相互作用的蛋白质配体形成融合蛋白,在活细胞中表达时,蛋白质配体的结合驱使氨基端片段与羧基端片段重新组装形成荧光复合物,恢复荧光的产生。这一现象称为BiFC,能产生BiFC效应的氨基端片段与羧基端片段称为互补片段。来源于同一荧光蛋白的互补片段形成的荧光复合物的激发光谱和发射光谱,与对应的完整的荧光蛋白光谱一致。

9.2.5.2　应用

双分子荧光互补被应用于蛋白质相互作用的亚细胞定位、在单细胞中同时显示多种蛋白质间的相互作用、鉴别酶-底物复合物、信号转导级联、泛素与蛋白质底物共价结合的可视化研究等。

科学家不断寻找新的性能优异的荧光蛋白互补片段。现已证实 YFP 的两个新的突变体 Citrine 和 Venus 及增强型青色荧光蛋白(ECFP)的改进型荧光蛋白 Cerulean,其氨基端片段与羧基端片段的所有组合均能在37℃生理培养条件下产生荧光互补,这不但明显缩短了反应时间,使形成的双分子荧光复合物的荧光强度提高2倍以上,而且需要转染的质粒数量也大大减少。

目前,BiFC 系统不仅可以直观地检测到一对蛋白质在体内或体外的相互作用,还可以由不同颜色的 BiFC 系统在同一个细胞中共用,实现多组蛋白质相互作用的同时检测。随后将 BiFC 技术和 FRET 技术结合起来,建立了基于双分子荧光互补的荧光共振能量转移技术(BiFC-FRET),BiFC-FRET 采用了青色的荧光蛋白 cerulean 和一个黄色的基于 venus 的 BiFC 系统联用,能同时检测三个蛋白质之间的相互作用。BiFC 技术本身还在不断完善和发展,相信将在生命科学研究中获得更加广泛的应用。

160　蛋白质工程

9.3　表面展示技术

表面展示技术是诸多基础研究与应用的重要工具,它可用于蛋白质相互作用的研究、受体与配体结合结构域的识别和鉴定等。在实际应用中可用于肽库与酶库的高通量筛选、药物筛选,制备全细胞吸附剂、重组生物催化剂、细菌疫苗、生物传感器等。它是生命科学基础研究、医药技术与产品开发、环境监测与治理等众多领域的有效手段之一。

9.3.1　噬菌体展示技术

噬菌体展示技术是将外源肽或蛋白质与特定噬菌体衣壳蛋白融合并展示于噬菌体表面的技术(图9-8)。该技术的主要特点是将特定分子的基因型和表型统一在同一病毒颗粒内,即在噬菌体的表面展示特定蛋白质,而在噬菌体核心 DNA 中则含有该蛋白质的结构基因。

9.3.1.1　原理

先将目标蛋白或肽固相化,如结合在塑料板的小孔表面上,加入噬菌体库并与目标蛋白或肽反应,经过清洗,将非特异结合的噬菌体洗掉,有亲和力的噬菌体即被俘获,洗脱的噬菌体可以再次感染大肠杆菌而增殖,这样一个吸附—洗涤—洗脱—繁殖的富集过程称为淘洗(panning)。一轮淘洗可以使噬菌体富集 10^3 倍,经过几轮的淘洗就可能从 $10^9 \sim 10^{10}$ 的噬菌体库中获得与目标蛋白相互作用的肽(或基因工程抗体)(图9-9,图9-10)。

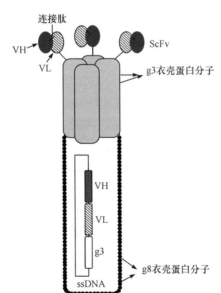

图 9-8　单链抗体的噬菌体展示
(引自 Azzazy,2002)
ScFv. 单链抗体;VH. 重链可变区;
VL. 轻链可变区

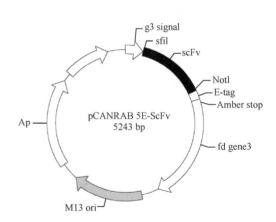

图 9-9　噬菌体展示载体 pCANTAB5E 示意图
ScFv. 单链抗体基因;fd gene3. fd噬菌体 g3 衣壳蛋白基因;
M13 ori. M13 噬菌体复制起始位点;Ap. 氨苄西林标记
基因;g3 signal. g3 信号肽;Amber stop. 琥珀终止子

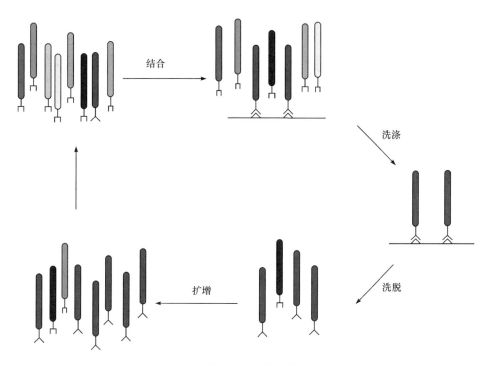

图 9-10　噬菌体展示技术筛选原理

噬菌体展示技术是第一个真正用于体外高通量筛选的方法。其建立基于三个原则:①在衣壳蛋白基因(主要是基因Ⅷ或基因Ⅲ)的 N 端插入外源基因,形成的融合蛋白表达在噬菌体颗粒的表面,不影响也不干扰噬菌体的生活周期,同时保持了外源蛋白的天然构象,并能被相应的抗体或受体所识别;②利用固定于固相支持物的靶分子,采用适当的筛选方法,洗去非特异结合的噬菌体,筛选出目的噬菌体;③外源多肽或蛋白质表达在噬菌体的表面,而其编码基因作为病毒基因组中的一部分可通过分泌型噬菌体的单链 DNA 测序推导出来。

9.3.1.2　应用

噬菌体技术由于操作简单,已经成为生物技术中的一种常规工具,也已经成功应用到蛋白质工程的诸多方面。

1. 噬菌体展示技术与蛋白质工程　　随着噬菌体展示技术的进一步发展,一些功能蛋白质(如酶、受体、抑制剂及具有生物学功能的小分子肽)相继被鉴定和展示。将编码随机多肽的寡核苷酸克隆到噬菌体展示载体上,构建成一个高容量的噬菌体多肽文库,该文库可用于特异性功能多肽的筛选。同样,利用噬菌体展示 cDNA 文库,可筛选出特定的蛋白质或基因。

2. 噬菌体展示技术与抗体工程　　噬菌体展示技术的出现使抗体工程进入第三次革命。噬菌体展示技术的成功应用之一就是噬菌体抗体库构建和单克隆抗体的筛选,利用此项技术可筛选到亲和力和特异性都令人满意的并且修饰过的抗体。将抗体分子片段与噬菌体外壳蛋白融合,使之表达于噬菌体颗粒的表面,就形成了噬菌体抗体。将全套抗体的可变区基因设计适当引物克隆出来,组建到表达载体内,再表达到许多噬菌体颗粒表面,则得到噬菌体抗体库。它可以使人们在体外模拟体内抗体产生过程,制备出针对任何抗原的单克隆抗体。

9.3.1.3 噬菌体展示技术的局限性

噬菌体展示技术存在着不少的局限性,主要有以下几点:①在噬菌体展示过程中必须经过细菌转化、噬菌体包装,有的展示系统还要经过跨膜分泌过程,这就极大限制了所建库的容量和分子的多样性。目前,常用的噬菌体展示文库中含有不同序列分子的数量一般限制在 10^9。②不是所有的序列都能在噬菌体中获得很好地表达,因为有些蛋白质功能的实现需要折叠、转运、膜插入和络合,导致在体内筛选时需外加选择压力。另外,鼠源抗体在噬菌体中表达差,也是体内选择压力的一个例子。真核细胞蛋白在细菌中表达差是因为它们的蛋白质合成与折叠机制不同。③噬菌体展示文库一旦建成,很难再进行有效的体外突变和重组,进而限制了文库中分子遗传的多样性。④因为噬菌体展示系统依赖于细胞内基因的表达,所以一些对细胞有毒性的分子(如生物毒素分子)很难得到有效表达和展示。

9.3.2 核糖体展示技术与 mRNA 展示技术

核糖体展示是 20 世纪 90 年代中期发展起来的简便而有效的体外分子选择与进化技术,也是第一种完全在体外进行蛋白质或多肽分子选择与进化的方法。核糖体展示技术完全在体外进行,弥补了传统筛选技术在细胞内进行的不足,能显著增加文库容量及分子多样性,其库容量大,并且可对已构建成功的文库进行定向进化和重组(图 9-11)。经过不断的改进和完善,该展示技术日益成熟,目前已成为一种有效的研究体外小分子选择与进化的强有力工具。

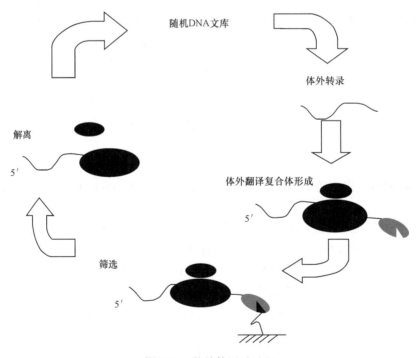

图 9-11 核糖体展示过程

核糖体展示技术的基本原理是通过 PCR 扩增目的基因的 DNA 文库,同时加入启动子、核糖体结合位点及茎环,并置于具有偶联转录-翻译的无细胞翻译系统中孵育,使目的基因的翻译产物展示在核糖体表面,并形成"mRNA-蛋白质-核糖体"三元复合体,最后利用常规的免疫学检测技术,通过固相化的靶分子直接从三元复合体中筛选出感兴趣的核糖体复合体,再利用 RT-PCR 扩增,进行下一循环的富集和选择,最终筛选出高亲和力的目标分子。

与核糖体展示相似,mRNA 展示技术也是以 mRNA 和多肽复合体作为筛选的基本单元。区别之处在于,复合体中 mRNA 与蛋白质通过一个小分子共价连接,如嘌呤霉素,且该复合体的产生完全在体外,因此很容易构建大型突变文库(含 $10^{12}\sim10^{13}$ 个独立序列)。另外,利用 mRNA 展示技术,还可分析鉴定蛋白质功能及小分子药物。应用 mRNA 展示的多肽大部分都含有 10~110 个氨基酸残基,较大的蛋白质也有研究,但活性较低。尽管如此,应用 mRNA 展示技术的文献比核糖体展示技术的少,开发出来的筛选系统也比较少。

9.3.3 细菌表面展示技术

细菌表面展示技术是利用基因工程手段将某一蛋白质或短肽段(靶蛋白)与微生物外膜蛋白(载体蛋白)以融合蛋白的形式呈现在细菌表面。

与噬菌体肽库相比,细菌展示肽库还可用荧光激活细胞分选技术(fluorescence activated cell sorting,FACS)进行更快速更高效筛选(图 9-12)。与传统的生物淘选技术相比,FACS 具

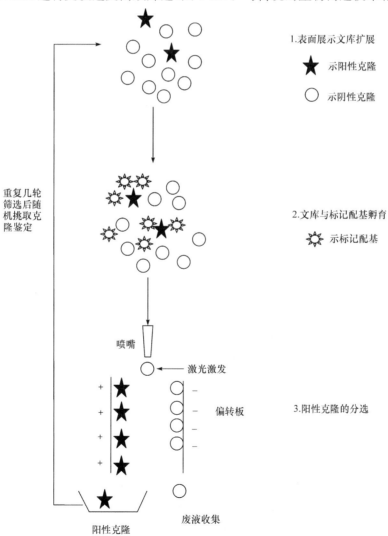

图 9-12　微生物表面展示文库 FACS 筛选原理示意图

有以下特色。①高富集比:通常认为 FACS 筛选每轮的富集比为 $10^3 \sim 10^5$,而常规的生物淘选每轮的富集比仅为 $200 \sim 500$。②高阳性率:经过两轮筛选阳性率高达 95% 以上,这是常规生物淘选所无法想象的。③由于反应在溶液状态下进行,可克服常规生物淘选过程中由于筛选配基固定化而导致的"亲和效应"。细菌表面展示系统是微生物表面展示系统的一个重要分支。

由于革兰氏阴性菌(如大肠杆菌和沙门氏菌)遗传背景比较清楚,更便于控制蛋白质的展示,因而早期的研究多集中在革兰氏阴性菌。但从应用角度来看,革兰氏阳性菌的某些特性更适合于表面展示:第一,革兰氏阳性菌的蛋白质表面展示系统有着相同或类似的表面锚定机制,允许多达几百个氨基酸的外源蛋白插入。相反,革兰氏阴性菌的外膜蛋白结构中只有凸环部位允许外源蛋白插入,而且通常只能插入较短的片段。第二,革兰氏阳性菌所展示的蛋白质只需通过单个质膜层,而革兰氏阴性菌的展示蛋白质不仅要通过质膜层还要在外膜上正确地整合,这对展示蛋白质的结构和活性可能产生影响。第三,革兰氏阳性菌细胞壁较厚,因而更坚固而易于操作。这些优点使革兰氏阳性菌在全细胞催化剂和全细胞吸附剂方面的优势更为明显。

细菌表面展示技术近年来得到了迅猛发展,在重组细菌疫苗、抗原表位分析、全细胞催化剂、全细胞吸附剂、多肽库筛选等多个领域得到广泛应用。随着新的载体系统的发展和其自身的不断完善,细菌表面展示技术必将在实践中发挥更大的作用。

9.3.4　酵母表面展示技术

酵母表面展示系统是继噬菌体展示技术创立后发展起来的真核展示系统。酵母的蛋白质折叠和分泌机制与哺乳动物细胞非常相似,对人的蛋白质表达和展示更具优越性。酵母细胞颗粒大,可用流式细胞仪进行筛选和分离。目前报道的两种酵母展示系统分别以 α-凝集素的 C 端部分和 N 端部分作为融合骨架。

9.3.4.1　目的蛋白-α-凝集素表面展示系统(目的蛋白作为 N 端)

此系统将目的蛋白作为 N 端,与 α-凝集素 C 端部分融合,目的蛋白经 α-凝集素展示于酵母细胞表面。α-凝集素共价连接到细胞壁的葡聚糖上,其锚定部位由蛋白质 C 端 320 个氨基酸组成,富含丝氨酸/苏氨酸(Ser/Thr) 残基。Ser/Thr 富集区因广泛存在的 O-糖基化而拥有一个杆状构象,可作为空间支撑物发挥作用。

迄今,已经有多个应用 α-凝集素的 C 端作为融合蛋白的报道。第一个通过此系统表达的异源蛋白是 α-半乳糖苷酶(图 9-13)。将来自瓜儿豆胶的 α-半乳糖苷酶的基因插入酿酒酵母转化酶分泌信号和 α-凝集素 C 端部分编码序列之间。α-半乳糖苷酶和 α-半乳糖苷酶-α-凝集素(αGal-ACl)融合蛋白,均由固有的磷酸果糖激酶(PGK)启动子控制,并且是多拷贝的。批量培养过程中检测了细胞和生长介质中的酶活性,α-半乳糖苷酶被高效分泌入培养介质,而 αGal-AC1 融合蛋白主要与细胞有关。

9.3.4.2　α-凝集素-目的蛋白表面展示系统(目的蛋白作为 C 端)

这是一种将目的蛋白作为 C 端与 α-凝集素 Aga2p 亚基的 N 端融合的表面展示系统。此 α-凝集素通过与上述 α-凝集素相似的连接锚定在细胞壁上。与上述展示系统中 α-凝集素不同的是,此 α-凝集素由两个亚单位的糖蛋白组成。

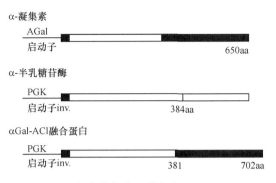

图 9-13　半乳糖苷酶-α-凝集素(α-αGal-ACl)

　　酵母表面展示系统应用酿酒酵母的 α-凝集素将外源蛋白质展示于细胞表面。α-凝集素由核心亚单位(Aga1p)和结合亚单位(Aga2p)两个亚单位组成,Aga1p 共 725 个氨基酸,合成后被分泌到胞外,与酵母细胞壁的 β-葡聚糖共价连接。Aga2p 共 69 个氨基酸,合成后也被分泌到胞外,但其通过两个二硫键与 Aga1p 结合,仍与酵母细胞相连。Aga2p 的 N 端部分参与二硫键的形成,外源蛋白通过与 Aga2p 的 C 端融合可展示于酵母细胞表面(图 9-14)。

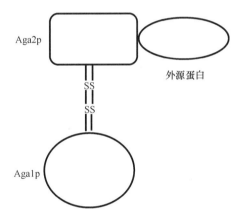

图 9-14　酵母表面展示系统示意图

　　目前报道的两种酵母展示系统在蛋白质的定向进化、口服疫苗的研制等多方面均有报道。由于酵母展示的蛋白质是紧密锚定在细胞壁上,可以耐受 SDS 等的抽提,同时酵母有发酵特性且生长快,因此在工业上具有很好的应用前景。

　　表面展示技术日新月异,酵母展示系统也在不断地完善和改进,在多个领域得到广泛应用。由于其是真核细胞展示系统,对于哺乳动物蛋白质,尤其是人的蛋白质的展示具有独特的优越性,相信随着此技术的不断完善,在蛋白质分子的研究方面会发挥越来越重要的作用。

9.4　其他新蛋白质工程技术

　　随着科技的不断发展,蛋白质工程技术日新月异,目前很多新兴的技术都得到了广泛的应用,如原子力显微镜技术、蛋白质打靶技术、蛋白质分子印迹技术、蛋白质截短技术、蛋白质错误折叠循环扩增技术等,这些技术从不同的角度对蛋白质工程技术的研究作出了重大的贡献。随着技术的不断更新完善,这些新技术将具有更广阔的应用前景。

9.4.1   原子力显微镜技术

原子力显微镜(atomic force microscope,AFM)由 Binnig 等(1986)发明,是扫描探针显微镜家族的主要成员,其横向分辨率为 2～3nm,纵向分辨率为 0.5nm。它可以在接近生理环境的大气或液体条件下成像,获得直观的三维表面信息,还可以对原子和分子进行纳米级操纵,因此在生物结构的研究中具有独特的优势。20 年来,AFM 已经应用于核酸、蛋白质、微生物、细胞等的研究。

AFM 的探针位于微悬臂的底面末端,微悬臂 100～250μm 长,对力非常敏感。激光器发出一束激光照射到微悬臂上,当探针对样品表面进行扫描时,探针与样品表面原子之间的相互作用力使微悬臂发生偏转,随样品表面的起伏变化,经微悬臂反射到光敏检测器的光路也发生变化,光敏检测器将光斑位移信号转换后获得样品图像。

原子力显微镜(AFM)主要由力传感器、光学检测系统和位置控制系统三部分构成。力传感器由微悬臂和集成在其尖端的尖锐探针组成,微悬臂固定在由同种材料构成的长方形基底上。光学检测系统由激光二极管、棱镜、反射镜和四象限光电二极管构成。

9.4.1.1   原理

AFM 的基本原理是通过控制并检测样品-针尖间的相互作用力来分析样品的表面性质。它使用一个一端固定而另一端装有针尖的弹性微悬臂来检测样品表面形貌或其他表面性质。当针尖在样品上进行扫描时,同距离有关的针尖-样品间相互作用力(吸引或排斥力),会引起微悬臂的形变,也就是说微悬臂的形变可作为样品与针尖相互作用的直接量度。将一束激光照射到微悬臂的背面,微悬臂将激光束反射到光电检测器,检测器不同象限接收到的激光强度的差值同微悬臂的形变量形成一定比例。如果微悬臂的形变小于 0.01nm,激光束反射到光电检测器后,变成了 3～10nm 的位移,足够产生可测量的电压差。反馈系统根据检测器电压的变化不断调整针尖或样品 Z 轴方向的位置,以保持针尖与样品间作用力恒定不变。通过测量检测器电压对应样品扫描位置的变化,从而得到样品表面原子级的三维立体形貌图像。其工作原理见图 9-15。

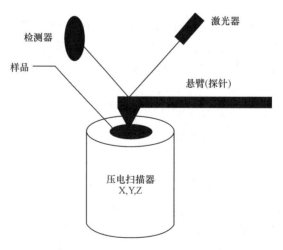

图 9-15   原子力显微镜原理示意图

9.4.1.2　应用

AFM 自从被发明之日起,一些常见的蛋白质(如白蛋白、血红蛋白、胰岛素及分子马达和噬菌调理素)便得到了深入研究。与其他技术相配合,采用 AFM 研究了上述蛋白质吸附在不同固体界面上的行为,这对于进一步了解植入组织的生物相容性、体外细胞的生长、蛋白质的纯化及生物传感器的设计都产生了新的理解。

原子力显微镜(AFM)以其超常的信噪比、空间分辨率和灵活的探测环境使得单个蛋白质分子能在生理条件下成像,在蛋白质单分子结构与功能研究中得到广泛应用。AFM 可用于观察蛋白质的分子结构及其参与的生理活动等,如抗体结构、纤维蛋白聚合、胶原装配、抗原抗体识别等。

9.4.1.3　存在的问题和解决的途径

分子折叠的广泛研究和深入分析使得人们对蛋白质解折叠过程有了初步认识,人们需要了解何种因素影响了蛋白质及其二级结构的稳定性;在生理条件下如何更为精确地表征蛋白质组装中的相互作用。由于 AFM 在机械设计上的限制,单分子高分辨拓扑结构的记录时间比大多数生物过程发生的时间长得多,提高扫描速度对扫描器的设计工艺乃至材料科学的发展提出了巨大的挑战;现有 AFM 探针的设计具有明显的物理局限性,由于 AFM 分辨率和功能与探针性能的密切相关性,因此探针改造工艺的提高也是亟待解决的关键问题。

9.4.2　蛋白质打靶技术

蛋白质打靶技术是最近几年发展起来的一种研究蛋白质功能的新方法。由于其高度的特异性和可控性,正越来越广泛地应用于神经功能的研究中。它采用了一种被称为免疫外源凝集素的新工具,是一种通过重组 DNA 技术获得抗体 IgG 的 Fc 片段和目标受体胞外域的融合蛋白。这使其保持了天然的与配体结合的特异性和亲和力,正是通过这种结合而发挥影响受体功能的作用。

免疫外源凝集素这种新工具有以下特点:①Fc 区大大增加了其稳定性,并易于用免疫组化的方法予以定位;②不能通过血脑屏障,但可注入特定脑区,在局部发挥作用;③它的释放是可调控的;④能削弱也能增强受体的功能是其突出特点,其增强受体功能的原理为通过处理配体-免疫凝集素,能与配体一样甚至更强地激活受体。

与其他体内分子控制方法相比,蛋白质打靶的优点:与基因打靶仅限于在鼠体应用不同,蛋白质打靶原则上可用于任何物种;与单克隆抗体相比,其在改变靶目标功能方面是高效的;免疫外源凝集素是高度稳定的蛋白质,不像反义核苷酸易被降解,经典的药理学研究缺少蛋白质打靶高度的特异性。当然,免疫外源凝集素也有其限制:它不能与细胞内的蛋白质相作用,所以它的应用仅限为受体。

蛋白质打靶的上述特点使其非常有益于脑功能和行为机制的研究。最近,免疫外源凝集素 TrkA-IgG、TrkB-IgG、EpA5-IgG 正被成功用于神经功能的研究之中。

9.4.3　蛋白质分子印迹技术

分子印迹技术是模拟自然界中存在的分子识别作用,如酶与底物、抗体与抗原等,以目标分子为模板合成具有特殊分子识别功能的分子印迹聚合物(molecularly imprinted polymer,

MIP)的一种技术。

近几年来,分子印迹技术又取得了一些新的进展。但蛋白质分子结构复杂,与功能单体的结合位点多,造成功能单体选择困难,巨大的分子体积则使其在印迹聚合物中传质较差,不易洗脱。而且蛋白质在许多条件下易发生变性失活和空间结构改变。因此,蛋白质聚合物合成条件较为苛刻,功能单体、交联剂、溶剂、聚合温度等条件的选择对合成高选择性 MIP 十分重要。

9.4.3.1　原理

分子印迹主要有共价法和非共价法(图 9-16)两种。在共价法中,印迹分子和单体主要通过可逆共价键相结合,而非共价法则主要是靠可逆的非共价键相结合。在适当的介质中,单体和印迹分子通过交联聚合保留或者固定这种作用力,接着洗脱印迹分子,最后利用聚合物中留下的印迹空穴与印迹分子在形状、大小及功能基团上的互补性来选择性地吸附印迹分子。对于蛋白质大分子来说,若以共价作用与蛋白质相互作用,则很容易因作用力较强而导致蛋白质变性。因此对于大多数蛋白质大分子,可以利用的主要是作用力较弱的非共价作用,如氢键、离子键、疏水作用等。

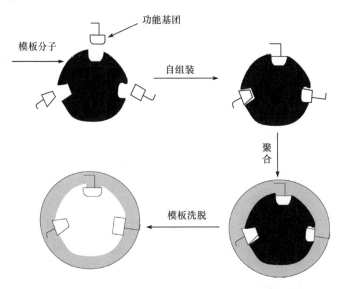

图 9-16　非共价分子印迹过程示意图(引自宋锡瑾等,2005)

分子印迹技术的核心是制备分子印迹聚合物,其制备原理为:①在合成高分子前,将待分离物质(即印迹分子、模板分子)加入能与之发生分子间作用的功能单体中,形成复合物;②然后通过加入交联剂、引发聚合反应,形成高度交联的固态高分子,把这种作用固定下来;③接着利用化学或物理方法将印迹分子从高分子中移去。当印迹分子被除去后,聚合物中就形成了与印迹分子空间匹配的、具有多重作用位点的大量空穴,且孔穴内各功能基团的位置与所用的模板分子互补,可与模板分子发生特殊的结合作用,从而实现对模板分子的识别。如果模板分子可以反复洗脱和吸附,则该分子印迹聚合物可以多次使用。

9.4.3.2　应用

蛋白质分子印迹技术作为一种较新的技术,在分离领域、模拟抗体和生物传感器方面有着很好的应用前景。

（1）分离领域的应用。蛋白质分子印迹技术提供了一种简单、直接制备对蛋白质分子具有识别能力的材料的方法。其对目标分子的特异性吸附具有高选择性的优点在医学分析中尤为重要，如血红蛋白在胆红素和许多酶的测定中有干扰作用，而以血红蛋白为印迹分子的 MIP 可在不同溶液中除去血红蛋白分子。

（2）模拟抗体。利用蛋白质分子印迹聚合物制备的模拟抗体可代替天然抗体用于免疫分析中，经过分子印迹的球形聚丙烯酰胺凝胶颗粒可能在放射免疫分析（RIA）和酶联免疫分析（ELISA）中有所应用，这样可不需要用于制备抗体的实验动物及相应的免疫技术。另外，天然抗体难于回收再利用，而模拟抗体可重复利用。

（3）生物传感器。特殊识别现象在传感器技术中极为重要，以蛋白质为印迹分子的高特异性凝胶在此领域有着诱人的前景。根据不同的机制，以酶或抗体作为其特异识别元件，MIP对分析物产生的结合可通过转换器做出快速反应。以蛋白质印迹分子印迹聚合物制成的传感器，除了具有传统生物传感器的优点外，还有制作成本低、耐受性高、寿命长等优点，可大规模应用。这些还有待于人们进一步研究开发。

除此之外，蛋白质分子印迹技术在色谱分离、固相萃取、膜分离等技术中也将得到广泛应用。该技术的成熟对众多领域特别是医学诊断和食品安全检测领域意义重大。

9.4.4 蛋白质截短技术

蛋白质截短技术（protein truncation test，PTT）是从蛋白质水平对基因突变进行检测的新技术。整个过程包括把双链 DNA 的 PCR 产物转录成 RNA，进而由 RNA 翻译成蛋白质（图 9-17）。为了检测得到的蛋白质产物，最后的翻译反应必须在有 ^{35}S 标记的氨基酸存在的情况下进行。体外合成的蛋白质多态片段需经聚丙烯酰胺凝胶电泳加以分离。然后电泳凝胶

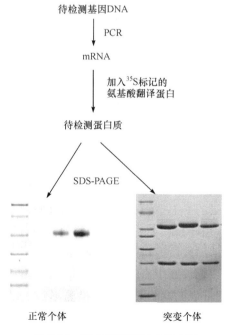

图 9-17　蛋白质截短技术流程图

经固定、烘干、放射自显影 2～16h。若检测的序列中存在导致翻译提前终止的突变,则最终的蛋白质产物为两种,一是全长肽链;一是截短的肽链。从电泳结果分析,正常个体为全长肽链,带终止突变的杂合性个体为两条带,即除全长肽链外,还有截短的肽链,且后者迁移率更大。PTT 特别适合检测导致翻译提前终止的突变,包括无义突变、插入、缺失及剪切位点突变等。

　　PTT 作为一种新的突变检测方法,丰富了当前的突变检测体系。但突变检测的方法是多种多样的,每一种方法均有其显著的优缺点。因此,研究者往往需要根据自己的研究目的选择最适合的方案。

9.4.5　蛋白质错误折叠循环扩增技术

　　目前发现有多种人类及动物疾病是由体内蛋白质的错误折叠引起的,其中朊病毒因具有传染性而备受关注。朊病毒研究的核心问题之一是正常细胞朊蛋白(PrPc)向异常致病朊蛋白(PrPsc)转变的机制。蛋白质错误折叠循环扩增技术(protein mis-folding cyclic amplification,PMCA)就是最新发明的在体外诱导 PrPc 产生错误折叠生成 PrPsc 的技术(图 9-18)。

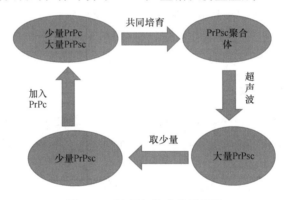

图 9-18　PMCA 技术的原理图

　　PMCA 是近几年来刚刚建立的朊病毒(PrPsc)微量检测技术,其理论依据是由美国生物学家 Prusiner 等提出的:PrP 蛋白粒子有两种高级结构不同的形式,一种是在正常的动物组织中本来就存在的形式 PrPc,另一种是具有传染性的、能够引起疾病的突变形式 PrPsc。PrPsc 通过某种途径进入动物体内以后,可以把体内原本正常形式的 PrPc 诱导成致病性形式的 PrPsc,从而使自己繁衍扩增,是导致疯牛病(BSE)、羊瘙痒症(scrapie)、人类的克雅氏症(CJD)等传染性海绵状脑病(TSE)的病原。

　　PMCA 技术的原理与特点:PMCA 是一种在体外进行的人为加速朊病毒错误折叠过程的技术。与 PCR 技术类似,该技术也由多个循环组成。一个循环当中又包含两个阶段:第一个阶段是让痕量的 PrPsc 和大量的 PrPc 共同培育,在外界条件下促使 PrPc 向 PrPsc 的转化,形成 PrPsc 聚合体;第二阶段是用超声波对样品进行处理,以打碎第一阶段培育过程中形成的 PrPsc 聚合体,使 PrPsc"种子"的数量得到增加,从而使下一个循环扩增的效率进一步提高。

　　在传染性海绵状脑病的生前诊断中面临的最大困难就是除了脑以外的其他组织(如血液)中病原 PrPsc 的含量极少,用常规的检测方法根本检测不到。以前活体检测的努力方向主要集中在增加检测技术的灵敏度上,而 PMCA 技术则换了一种思维方式,它通过蔗糖密度梯度离心、培育、超声破碎等步骤使血液样品中的微量病原体得以聚集和扩增,使其达到常规方法能够检测到的程度。

思考题

1. 名词解释:蛋白质芯片,噬菌体展示技术,细菌表面展示技术,酵母表面展示技术,蛋白质打靶技术。
2. 和其他蛋白质分析技术相比,蛋白质芯片技术有什么特点,有哪些具体应用?
3. 如何利用表面等离子体共振(SPR)仪研究蛋白质相互作用?
4. 如何理解酵母双杂交系统的原理?举例说明其在蛋白质相互作用研究中的应用。
5. 比较几种表面展示技术的特点,举例说明其在蛋白质工程中的应用。
6. 简述原子力显微镜(AFM)构造,举例说明其在蛋白质结构研究中的应用。
7. 如何理解蛋白质分子印迹技术的原理,它在哪些领域有应用潜力?
8. 如何理解蛋白质截短技术的原理?
9. 如何利用蛋白质错误折叠循环扩增技术设计一个灵敏的朊病毒检测方法?

主要参考文献

陈韵晴.2006.一维微流控蛋白质微珠陈列的制备.优化及应用.长沙:湖南大学硕士学位论文

樊晋宇,崔宗强,张先恩.2008.双分子荧光互补技术.中国生物化学与分子生物学报,24(8):767-774

宋锡瑾,龚伟,王杰.2005.蛋白质分子印迹.化学通报,7:504-509

张建伟,陈同生.2012.荧光共振能量转移(FRET)的定量检测及其应用.华南师范大学学报(自然科学版),44(3):12-17

Ayehan NN,Ni Q,Zhang J. 2009. Fluorescent biosensors for real-time tracking of post-translational modification dynamics. Curr Opin Chem Biol,13(4):392 -397

Azzazy HM,Highsmith WE,Jr. 2002. Phage display technology:clinical application and recent innovations. Clin Chem,35:425-445

Binnig G,Quate CF,Ger ber C. 1986. Atomic force microscope. Phys Rev Lett,56:930-934

Dove SL,Hochschild A. 1998. Conversion of the omega subunit of *Escherichia coli* RNA polymerase into a transcriptional activator or an activation target. Genes Dev,12(5):745-754

Hu JC,Kornacker MG,Hochschild A. 2000. *Escherichia coli* one-and two-hybrid systems for the analysis and identification of protein-protein interactions. Methods,2000,20:80-94

Joung JK,Ramm EI,Pabo CO. 2000. A bacterial two-hybrid selection system for studying protein-DNA and protein-protein interactions. Proc Natl Acad Sci USA,97:7382-7387

Lbraheem A,Campbell RE. 2010. Designs and applications of fluorescent protein-based biosensors. J Curr Opin Chem Biol,14(1):30-36

Shyu J,Liu H,Deng XH,et al. 2006. Identification of new fluorescent protein fragments for bimolecular fluorescence complementat ion analysis under physiological conditions. Biotechniques,40(1):61-66

Shyu YJ,Suarez CD,Hu CD. 2008. Visualization of AP21 NF2{kappa} B ternary complexes in living cells by using a BiFC-based FRET. Proc Natl Acad Sci USA,105(1):151-156

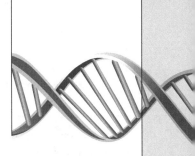

10 蛋白质的分离与鉴定

随着后基因组时代的到来,伴随着结构生物学和蛋白质组学研究的飞跃发展,蛋白质科学的发展进入了一个全新的阶段。在研究蛋白质的过程中,分离得到大量的、高纯度的和有活性的蛋白质显得尤为重要。在组织细胞里除了待研究的蛋白质,还有数以千计的杂蛋白质与核酸、脂类和糖类等生物大分子混杂在一起。因此,从成分复杂的大分子混合物中分离出待研究的蛋白质是很具有挑战性的工作,除了要了解待研究蛋白质的分子质量、等电点、溶解性和稳定性等基本性质之外,同时还要熟悉分离纯化过程中所涉及的一系列理论与技术。

10.1　概述

不同的蛋白质有其特定的氨基酸组成和排列顺序,连接蛋白质多肽链上的氨基酸可以是极性的或非极性的、疏水的或亲水的、带正电荷或带负电荷的,这些肽链可以通过氢键形成特定的二级结构,这些二级结构再进一步通过次级键盘旋折叠成三级结构或四级结构,形成蛋白质独特的分子形状、大小和表面电荷分布。利用蛋白质之间性质上的差异,选择合理的检测手段并制订出纯化流程,即可从蛋白质混合物中分离纯化出目的蛋白。蛋白质分离纯化与鉴定包括以下几个主要实验步骤:①前处理,②粗分离,③细分离,④蛋白质鉴定。

(1)前处理:首先要选择实验材料,对于含量比较丰富的蛋白质相对要容易些,而对于低丰度的蛋白质,需要斟酌其来源(如细胞、组织及器官)。选择好实验材料之后,要把蛋白质从生物组织或者细胞中以溶解的状态释放出来,以便进一步分离纯化。对于在生物体中的定位和存在状态有差别的目标蛋白,往往采用不同的提取方法。对于胞内蛋白或者细胞骨架,需要破碎细胞之后再进行提取;而对分泌于胞外或者组织外的蛋白质,提取要方便一些,可通过离心或者过滤的方法除去固体杂质,上清液中就含有目的蛋白。

(2)粗分离:蛋白质粗提液中目标蛋白的浓度往往较低,可采用盐析、有机溶剂沉淀等方法使目的蛋白从粗提液中分离出来,与此同时最大可能地把杂质除去。

(3)细分离:通过凝胶过滤、吸附层析、离子交换和亲和层析等方法对蛋白质的粗分离产物进行进一步分离纯化,得到高纯度的蛋白质样品,供结构与功能方面的研究。

(4)蛋白质的鉴定:在整个蛋白质分离纯化过程中都需要对蛋白质的含量和纯度进行鉴定。通常利用紫外吸收法、考马斯亮蓝染色法等对蛋白质的含量进行鉴定,此外电泳法也是有效判定蛋白质的等电点、分子质量、浓度和纯度最常用的方法。

10.2 蛋白质的提取

生物体中的蛋白质种类众多,功能各异,所在的宿主细胞结构也存在差别,细胞裂解方法和提取物制备技术存在很大不同。通常情况下,强力的机械方法能够降低提取物的黏度,但是会由于产热和氧化作用而导致一些不稳定蛋白质的变性失活;而温和的处理方法很可能使目标蛋白无法从细胞中释放出来。随着结构和基因组学的发展需要,一些新的试剂和自动化的方法使得蛋白质纯化的技术得到较快速的发展。

10.2.1 细胞的破碎

细胞破碎是从细胞内提取蛋白质的第一步,主要方法包括机械法、化学法和酶解法等。现具体介绍如下。

1. 机械法　机械法是通过机械力的作用使组织细胞破碎的方法,其中超声和高压裂解已广泛地应用于微生物、植物和动物细胞的裂解。超声裂解是利用超声波(15～25kHz)的机械振动引起冲击波和剪切力而促进细胞破碎,如果连续超声,样品温度会升高,因此通常超声30s～1min即停止,待样品温度降低后继续超声。高压匀浆机和压力挤出机通过强制加压后的细胞悬液经过狭窄的径口阀时,借助于在被挤出喷嘴时的压力差和剪切力来裂解细胞。研磨法也是实验室经常采用的裂解细胞的方法,如玻璃珠研磨机和玻璃珠匀浆机,这种方法对于一些难裂解的细胞,如酵母、孢子等效率很高,已经成功地应用于细菌、植物、动物细胞的裂解。

2. 化学法　有些有机溶剂(丙酮、氯仿和甲苯等)、去污剂、变性剂等化学药品可以改变细胞壁或细胞膜的通透性,从而使细胞内含物释放出来。去污剂和高通量自动化处理样品的方式,使得采用化学法裂解细胞取得重大进步。例如,改进后的试剂和方法可以不收集细胞,从全部培养基中提取目标蛋白,使得细胞培养、蛋白质提取和纯化能够在一个试管中完成。利用去污剂裂解细胞对细胞外膜的渗透化处理非常有效,但是去污剂可能会对蛋白质的溶解性产生影响,而且去污剂和去污剂中的杂质也可能会干扰下游的纯化过程和最终结果鉴定。但尽管如此,以去污剂为基础的裂解试剂仍然广泛地应用于现代结构和基因组学中。

3. 酶解法　利用外源的溶菌酶、纤维素酶、核酸酶和脂肪酶等,在一定条件下作用于细胞而使细胞壁破碎,释放出内含物。酶解法裂解细胞作用条件温和,对细胞的细胞壁成分有高度的特异性,裂解过程中不需要专门的器械,因而得到大规模的应用。

10.2.2 蛋白质的抽提

细胞破碎之后需要抽提蛋白质,抽提的目的是最大限度地使目标蛋白溶解出来。由于大多数蛋白质能够溶解于水、稀酸、稀碱、稀盐溶液或有机溶液,所以采用适当的溶液就可以把目标蛋白抽提出来。抽提主要包括水溶液提取和有机溶液提取。

10.2.2.1 水溶液提取

蛋白质分子的疏水性氨基酸常常埋藏在分子内部,而极性氨基酸分布在分子表面,与水有很强的亲和性,在分子表面可以形成一层水化层;同时这些颗粒还带有相同的电荷,在水溶液中不容易聚集,所以稀盐溶液和带有缓冲能力的水溶液对于稳定蛋白质能起到较好的效果,是提取蛋白质最常用的溶剂。在蛋白质提取过程中溶液的 pH 和盐浓度会对提取效率有较大的影响。

1. pH   蛋白质是两性电解质,具有等电点(pI)。在等电点时溶解度最小,而在偏离等电点一个 pH 单位后,溶解度大大增加,因此提取液 pH 应选择在蛋白质等电点之上或者之下至少一个 pH 单位。一般来说,pI 在碱性范围内的蛋白质在酸性 pH 条件下较易溶解,pI 在酸性范围内的蛋白质在碱性 pH 条件下较易提取。用稀酸或稀碱提取时,不能用太极端的 pH,以防止蛋白质变性失活。例如,在 pH 9.0 以上时,可能会发生谷氨酰胺和天冬酰胺侧链的脱酰胺作用;此外,在较高 pH 条件下,肽键可能会发生部分水解。在选用缓冲液时,首先考虑所选用的缓冲液能覆盖所需 pH 的有效缓冲范围,例如,想使用 pH 为 7.0 的缓冲液就不能选用 Tris-HCl 缓冲液,因为这正好处于它缓冲范围的边缘;另外,所选的缓冲液不能影响后续实验处理,如果下一步用阳离子交换柱就不能用含有伯胺的缓冲液,类似地,磷酸盐缓冲液会干扰后续阴离子交换柱的使用。

2. 盐浓度   低浓度的中性盐例如氯化钠、硫酸铵等会增加蛋白质分子表面的电荷,增强蛋白质分子和水分子之间的相互作用,从而使蛋白质在水溶液中的溶解度增大,这种现象称为盐溶(salting in)。此外低浓度的中性盐溶液还具有保护蛋白质不易变性的优点,因此通常在蛋白质提取液中加入低浓度的中性盐,盐溶液浓度一般以 0.05～0.2mol/L 为宜,另外提取液中缓冲液的使用浓度一般在 20～50mmol/L。

3. 添加剂的使用   在蛋白质提取液中添加防止蛋白质降解、提高蛋白质稳定性的物质是非常有必要的,这包括蛋白酶抑制剂、还原剂、辅因子和甘油等。水溶性的磷酸三(β-氯乙基)酯[tris(2-carboxyethyl) phosphine,TCEP]和三(3-羟基丙基)膦[tris(hydroxyprophl) phosphine,THP]是非常稳定的还原剂,另外,添加非离子型和两性的去污剂可以增加疏水蛋白质的溶解度。

10.2.2.2　有机溶液提取

一些和脂质结合比较牢固或者分子中非极性侧链比较多的蛋白质,不溶于水、稀酸、稀碱,这时可以尝试在低温搅拌下用乙醇、丙酮和丁醇等有机溶剂溶解。在利用有机溶剂提取蛋白质时,丁醇是利用率较高的一种有机溶剂,适用于动植物及微生物材料。首先它对提取与脂质尤其是磷脂结合紧密的蛋白质特别有效;其次它的水溶性也较强,在溶解度范围内不会引起蛋白质变性;再次利用丁醇法提取蛋白质时可选择的 pH 和温度范围比较广。

10.3　蛋白质粗分离

经过细胞破碎及溶液抽提之后,获得了目标蛋白和其他杂质的复杂混合物。用适当的方法使目标蛋白与其他杂质分离就是蛋白质的粗分离,通常利用一些沉淀技术将粗提物先分离出来,这样既可以使目标蛋白和其他成分分开,又可以对目标蛋白进行浓缩。蛋白质的粗分离常用的方法包括盐析沉淀、等电点沉淀、有机溶剂沉淀和聚乙二醇沉淀等。

10.3.1　盐析沉淀

对于一般低浓度的中性盐,随着盐浓度的升高,蛋白质的溶解度增大的现象称为盐溶,而高浓度的中性盐则会使蛋白质发生沉淀,称为盐析(salting out)。其基本原理是高浓度的盐离子有很强的水化力,与蛋白质分子争夺水化水,减弱蛋白质的水化程度(破坏水化膜),使蛋白质溶解度降低。同时盐离子所带电荷也会部分中和蛋白质分子所带电荷,使蛋白质分子易于聚集产生沉淀。蛋白质盐析常用的中性盐有硫酸铵、硫酸镁、氯化钠等,一般来说高价离子对盐析的影响要比低价离子强,但高价离子本身的溶解度欠佳,难以配成高浓度的中性盐溶液,应用最多的是硫酸铵$[(NH_4)_2SO_4]$,因为它易溶于水并且温度系数小(25℃时饱和溶解度为4.1mol/L,即767g/L;0℃时饱和溶解度为3.9mol/L,即676g/L)。另外,由于计算方便,在实际操作中常用饱和度(saturation)来表示硫酸铵的浓度,即用饱和硫酸铵溶液浓度的百分数来表示它的浓度,而不用质量分子浓度来表示。表10-1列出了把1L硫酸铵溶液从一个饱和度升到另外一个饱和度需要加入硫酸铵的质量。

表 10-1 硫酸铵饱和度换算表(25℃)

硫酸铵的起始浓度(饱和度)/%	硫酸铵的最终浓度(饱和度)/%																
	10	20	25	30	33	35	40	45	50	55	60	65	70	75	80	90	100
	加到1L溶液中的固体硫酸铵质量/g																
0	56	114	144	176	196	209	243	277	313	351	390	430	472	516	561	662	767
10		57	86	118	137	150	183	216	251	288	326	365	406	449	494	592	694
20			29	59	78	91	123	155	189	225	262	300	340	382	424	520	619
25				30	49	61	93	125	158	193	230	267	307	348	390	485	583
30					19	30	62	94	127	162	198	235	273	314	356	449	546
33						12	43	74	107	142	177	214	252	292	333	426	522
35							31	63	94	129	164	200	238	278	319	411	506
40								31	63	97	132	168	205	245	285	375	469
45									32	65	99	134	171	210	250	339	431
50										33	66	101	137	176	214	302	392
55											33	67	103	141	179	264	353
60												34	69	105	143	227	314
65													34	70	107	190	275
70														35	72	153	237
75															36	115	198
80																77	157
90																	79

由于不同蛋白质的分子质量和等电点不同,盐析时所需的中性盐的浓度也不同,因此可以通过调节盐的浓度使不同蛋白质分段析出而加以分离,这就是分段盐析。硫酸铵的分段盐析效果要比其他中性盐好,不易引起蛋白质变性。所以最有产出效果的方案是逐级增加硫酸铵的浓度,级间插入离心步骤。应用盐析法沉淀的蛋白质,经过透析除盐之后,仍能保持蛋白质的生物活性,所以在蛋白质分离纯化上应用较为广泛。

10.3.2 等电点沉淀

蛋白质是两性电解质,当溶液的pH达到蛋白质的等电点时,蛋白质所带的静电荷为零,分子间的静电斥力最小,而溶解度也最小,容易聚集沉淀出来。不同的蛋白质等电点也不同,可以通过调节溶液的pH到目标蛋白的等电点,使目标蛋白沉淀出来,但利用等电点沉淀法通常沉淀不完全,常需要与其他沉淀方法联合使用,以提高沉淀能力。

10.3.3 有机溶剂沉淀

有机溶剂(如甲醇、乙醇、丙酮等)与水的亲和性要大于其与蛋白质分子的亲和性,抽提液中加入有机溶剂,一方面会降低水的介电常数,另一方面可以与水分子缔合,破坏蛋白质分子表面的水化膜,使蛋白质稳定性降低,进而聚集析出形成沉淀。有机溶剂沉淀的分辨率比盐析沉淀要高,即在很窄的有机溶液浓度下目标蛋白就可以沉淀,并且不用脱盐,有机溶剂可以挥发除去,但沉淀的蛋白质分子容易变性失活,必须在低温下操作。

10.3.4 聚乙二醇沉淀

聚乙二醇(polyethylene glycol,PEG)是一种无电荷的直链大分子,具有极强的亲水性,可非特异地引起蛋白质沉淀。PEG 的聚合度越高,沉淀蛋白所需要的浓度越低,但聚合度过高,溶液的黏度太大,操作不方便,目前多采用 PEG6000 来沉淀蛋白质。

10.3.5 透析

在蛋白质粗分离过程中,除去盐、有机溶剂和生物小分子等时常常会用到透析方法,透析是利用蛋白质的分子质量比较大,不能透过半透膜而其他小分子可以自由通过半透膜的性质,使蛋白质与无机盐为主的小分子有效分开。另外透析也在更换蛋白质缓冲液组分方面是起主导作用,常用的透析装置见图 10-1,透析过程的动力来源于扩散压,扩散压是由透析袋半透膜两边的浓度梯度形成的。如果透析袋中样品与透析袋外缓冲液之间的溶质浓度梯度大,就会使样品中的盐类在较短的时间内除去。透析袋经处理后一端用橡皮筋扎紧或者用透析袋夹子夹紧,加入待透析溶液后,另外一端封闭时,通常要留 1/3~1/2 的空间,并且不能留有空气,以防透析过程中透析袋外的缓冲液进入透析袋将袋子涨破。

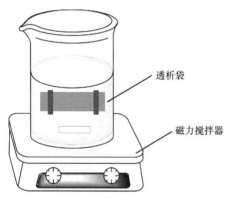

透析袋

磁力搅拌器

图 10-1 透析装置

透析膜可用玻璃纸、火棉纸和其他改性的纤维素材料,一般截留性能由材质的孔径等级即截留分子质量(MWCO)表示,截留分子质量是以假定的平均球蛋白的大小为基础标定的。过去的几年里,用于透析的技术和工具得到了很好的改良,透析膜和透析管的机械设计增加了处理样品体积的灵活性,改进了的透析膜形态减少蛋白质的吸附和损失。

10.3.6 超滤

超滤与透析的分离原理基本相同,两种技术都采用半透膜将样品从溶液中分离开来。超滤是利用离心力或者压力(氮气压或者真空泵压)使溶液中的小分子和溶剂通过一定截留分子质量的滤膜,而蛋白质分子截留在滤膜的另一侧,从而达到浓缩和更换缓冲液的目的。超滤膜通常被固定在支持物上,制成多种体积和不同截留分子质量规格的超滤装置(图 10-2)。超滤膜常用的材料有聚砜、聚醚砜、聚丙烯氰、醋酸纤维等,聚砜和聚醚砜高分子膜具有抗碱的能力,新型纤维素复合膜具有低污染和低蛋白的结合能力,从而实现优良的产物截留和更高的产率。

10.3.7　超速离心法

超速离心法是利用强大的离心力来分离和制备物质,超速离心机的离心力最高可达 $500\,000\sim600\,000g$,可以分离蛋白质、核酸、多糖等物质;超速离心机还装有制冷和真空系统,制冷系统可以使离心过程在低温条件下进行,真空系统则可减少离心机转头和空气的摩擦,减少热量的产生。在操作技术上最常用的是差速离心和密度梯度离心,差速离心是交替使用低速和高速离心,在不同强度的离心力下使具有不同质量的物质进行分级分离,适用于混合样品中沉降系数差别比较大的各组分的分离。密度梯度离心是使用一种密度能在离心管中形成从上到下连续增高的梯度,又不会使待分离的物质凝聚或者失活的溶剂系统,离心后各物质颗粒能按照各自的密度在相应的溶剂密度中形成区带,常用于形成密度梯度的溶剂是氯化铯或蔗糖溶液(图 10-3)。

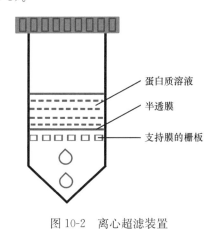

图 10-2　离心超滤装置

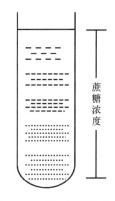

图 10-3　蔗糖密度梯度离心

10.3.8　结晶法

结晶作为另外一种纯化技术,可同时对蛋白质进行纯化、浓缩和脱盐。结晶是蛋白质在溶液中由于溶剂挥发达到过饱和状态而析出晶体,结晶的过程受蛋白质浓度、沉淀剂浓度、溶液 pH 和温度等条件的影响。结晶类似于沉淀,但结晶所形成的颗粒比较大并且是高度有序的。常用的结晶方法是气相扩散法,具体方法详见第六章。

10.3.9　其他方法

在蛋白质粗分离过程中,除了上述常用的方法以外,还有一些其他的方法,如冷冻干燥法可以对蛋白质溶液进行浓缩或者制备成固态利于保存,操作过程主要包括蛋白质溶液的冻结和冻结固体在真空状态下的干燥。三氯乙酸(TCA)沉淀法也是一种将蛋白质从稀溶液中沉淀出来的非常有效的方法,研究表明在 TCA 浓度为 15% 左右时蛋白质沉淀效果最佳。此外,PEI(聚乙烯亚胺)沉淀法、加热变性沉淀法、免疫沉淀法等都可以用于蛋白质的粗分离。

10.4　蛋白质细分离

目标蛋白质经过粗分离之后只是对样品进行了初步分离,如果要得到纯度高、均一性强的样品,还要根据蛋白质分子质量大小、形状和电荷性质等对粗分离得到的样品进行进一步纯化,其中会涉及各种层析技术和电泳技术。

10.4.1 凝胶过滤

凝胶过滤(gel filtration)又称分子筛层析、分子排阻层析或凝胶渗透层析等,是一种液体柱层析技术,根据样品各组分分子大小的不同,依次从色谱柱流出而达到分离的目的。凝胶过滤操作简单、分离条件温和、样品回收率高,对生物物质的分离和分析十分有效。

10.4.1.1 基本原理

凝胶过滤所用的介质凝胶是大分子惰性聚合物,其内部是多孔的网状结构,凝胶的交联度和孔度决定了所能分离蛋白质分子质量的范围,最常用的有葡聚糖凝胶、聚丙烯酰胺凝胶和琼脂糖凝胶等。不同分子大小的蛋白质混合物通过凝胶柱时,比凝胶颗粒孔径大的蛋白质分子不能进入多孔凝胶颗粒内部,只能随着洗脱剂沿着凝胶颗粒之间的孔隙流动,受到的阻滞作用最小、流程短,最先流出凝胶柱;而比凝胶颗粒孔径小的蛋白质或其他小分子,可以不同程度地渗透到凝胶颗粒内部,受到的阻滞作用大、流程长,后流出色谱柱。如图 10-4 所示,多孔凝胶颗粒像分子筛一样,将大小不同的生物分子按照大分子物质先被洗脱出来,小分子物质后被洗脱下来的顺序,有效分离不同分子大小的蛋白质混合物。

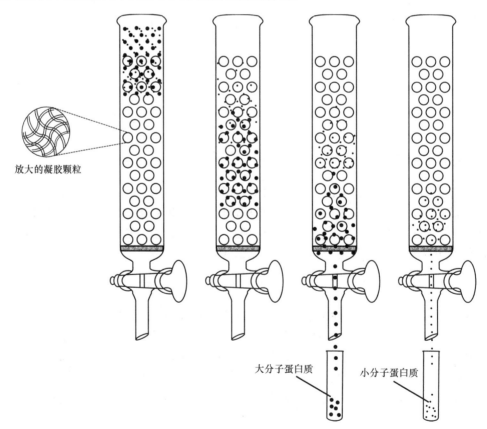

图 10-4 凝胶过滤的基本原理

10.4.1.2 几种主要的凝胶介质

1. 交联葡聚糖凝胶 交联葡聚糖凝胶(Sephadex G)是以右旋糖苷与 1-氯-2,3-环氧丙烷交联制备而成的网状凝胶颗粒,通过调节环氧氯丙烷的配比便可控制凝胶的交联度,进而控制凝胶孔径的大小。交联度越大,凝胶孔径越小,适合分离物的分子质量范围越窄。目前市售的商品葡聚糖凝胶主要有 G-10、G-15、G-25、G-50、G-75、G-100、G-150 和 G-200,其型号为该凝胶的得水值乘以 10,得水值定义为 1g 干凝胶充分溶胀时所吸收水的克数,如葡聚糖凝胶 G-200 的得水值为 20。G 后面的数字越大,得水值越高,凝胶的孔径就越大,适合分离蛋白质的分子质量就越大,表 10-2 列出了不同型号凝胶适合分离的分子质量范围。葡聚糖凝胶的化学稳定性较好,工作 pH 为 2～12,不与常用的生化试剂及有机溶剂反应。

表 10-2 常用葡聚糖凝胶(Sephadex)的性能参数

品名	最适分离的相对分子质量范围	得水值
Sephadex G-10	<700	1.0 ± 0.1
Sephadex G-15	<1 500	1.5 ± 0.2
Sephadex G-25(粗/中/细/超细)	1 000～5 000	2.5 ± 0.2
Sephadex G-50(粗/中/细/超细)	1 500～30 000	5.0 ± 0.3
Sephadex G-75	3 000～80 000	7.5 ± 0.5
Sephadex G-75(超细)	3 000～70 000	7.5 ± 0.5
Sephadex G-100	4 000～150 000	10.0 ± 1.0
Sephadex G-100(超细)	4 000～100 000	10.0 ± 1.0
Sephadex G-150	5 000～300 000	15.0 ± 1.5
Sephadex G-150(超细)	5 000～150 000	15.0 ± 1.5
Sephadex G-200	5 000～600 000	20.0 ± 2.0
Sephadex G-200(超细)	5 000～250 000	20.0 ± 2.0

2. 聚丙烯酰胺凝胶 聚丙烯酰胺凝胶(Bio-Gel P)是由丙烯酰胺和甲叉双丙烯酰胺交联而成,控制单体的浓度可以获得不同孔径的交联物。商品聚丙烯酰胺凝胶有 P-2、P-4、P-6 和 P-300 等 10 种,聚丙烯酰胺的型号为凝胶排阻限度除以 1000。排阻限度定义为不能渗入凝胶颗粒内部的最低分子质量界限。例如,P-2 的排阻限度为 2000,即分子质量大于 2000 的分子不能渗入凝胶颗粒内部。聚丙烯酰胺凝胶的工作 pH 为 1～10,同样不与常规的生化试剂反应,能耐高浓度的尿素和盐酸胍溶液。

3. 琼脂糖凝胶 琼脂糖凝胶(Sepharose,Bio-Gel A)是线性多聚糖,由 D-型半乳糖和 L-型半乳糖交替组成,依靠糖链之间的氢键维持网状结构,网状结构的孔径由琼脂糖的浓度来调节。琼脂糖凝胶的物理刚性较好,可以得到很高的流速,但只有在 pH 4～9 时才稳定,并且高浓度的尿素和盐酸胍也会影响它的寿命。琼脂糖凝胶的分辨率要比葡聚糖凝胶差,通常情况琼脂糖凝胶在凝胶过滤上应用很少。

4. 其他改进型凝胶介质 Sephacryl 凝胶是在葡聚糖凝胶的基础上改进而来的,由烯丙基葡聚糖和 N,N'-亚甲基双丙烯酰胺共聚交联而成,具有很好的刚性,机械强度大、流速快,化学稳定性好,工作 pH 为 3～12,分离范围广。Superose 凝胶是由琼脂糖交叉连接形成的,流速快且分辨率高。在低离子强度洗脱液中,可以利用疏水相互作用改变 Superose 凝胶对一些脂类和肽类等物质的选择性。Superdex 凝胶是一种新型的凝胶过滤介质,具有葡聚糖和琼脂糖复合基架,是目前分辨率和选择性最高的凝胶过滤介质,其稳定性好、机械强度大、流速高,是目前应用率非常高的一种凝胶介质。

10.4.1.3　实验操作

凝胶过滤按照实验目的可以分为组别分离和分段分离,组别分离是分离样品中分子质量差别比较大的两类物质。例如,硫酸铵分级沉淀之后进行脱盐处理就属于组别分离,选择凝胶时可以选择大分子被排阻而小分子能渗入的凝胶。分段分离是待分离样品的分子质量差别不是太大,选择凝胶介质时需要考虑不同型号凝胶的分段分离范围。在选择层析柱时,对于组别分离,柱长和柱直径比在(5∶1)～(15∶1),而对于分段分离,柱长和柱直径比在(20∶1)～(100∶1),柱长增加会提高分辨率,但是流速降低,柱压增大。

1. 凝胶的溶胀　市售的交联葡聚糖凝胶或聚丙烯酰胺凝胶为干粉状,可用洗脱缓冲液进行溶胀。凝胶溶胀时要轻轻搅拌,得水值高的凝胶容易破碎,另外得水值高的凝胶所需的溶胀时间比较长,沸水浴溶胀可以缩短时间,凝胶溶胀之后悬浮的细小颗粒需要除去。购买的琼脂糖凝胶都是溶胀好的,使用之前只需除去细小颗粒即可装柱,不能用沸水加热,因为琼脂糖凝胶在 40℃以上便开始溶解。

2. 装柱　装柱前柱子要绝对垂直,固定在稳定的支架上。先向柱子里面加入洗脱缓冲液,检查是否渗漏,打开柱子下端出口排出气泡后,关闭下端出液口,使柱子里缓冲液体积大概占柱子总体积的 15%,将溶胀好的凝胶与缓冲液配成 1∶1 的稀液体缓慢加入柱体,避免产生气泡,待凝胶自然沉降在柱子下端出现 2～3cm 凝胶界面时,打开柱子下端出液口,调节合适的流速,使凝胶继续沉集,排出过量的洗脱缓冲液,但凝胶柱上层界面要保留 2～3cm 的洗脱缓冲液。装好的层析柱要求均匀、无气泡、无界面、无裂痕。

3. 样品的分离过程　对于凝胶过滤,样品的体积往往会影响分离效果。对于组别分离样品,体积可以为柱床体积的 10%～30%,而对于分段分离样品体积只能为柱床体积的 1%～5%。上样前要用洗脱缓冲液平衡 1～2 个柱体积,上样时柱子凝胶表面上的洗脱液既不能留存也不能流干,待样品完全渗入凝胶后,加 2～3cm 高的洗脱剂,使柱床与洗脱瓶连接进行洗脱。洗脱时可以借助重力或者蠕动泵进行,同时监测层析柱流出液在 280nm 波长处的吸收值,收集洗脱峰,进一步用电泳等手段鉴定目标蛋白。

4. 层析柱子的维护　分离纯化后可用洗脱缓冲液清洗层析柱 2～3 个柱体积,使用多次后,可以用 0.2mol/L NaOH 进行在位清洗,然后再分别用蒸馏水和缓冲液平衡。如果长时间不用,可以将凝胶介质保存在 20% 的乙醇或者 0.02% 的叠氮化钠水溶液中。

10.4.2　离子交换层析

离子交换层析(ion exchange chromatography)是根据蛋白质分子所带电荷的不同而进行分离的一种方法,目前已广泛用于生物大分子的分离纯化。

10.4.2.1　基本原理

通过化学键合的方法,在惰性支持物上连接可解离的化学基团,同时可人为地选择使其带上正电荷或者负电荷,这就是离子交换剂。蛋白质分子在一定 pH 条件下所带电荷的多少和电荷的排布不同,它们与带电的凝胶颗粒(即离子交换剂)的电荷相互作用也不同。如果离子交换剂是带正电荷的(即阴离子交换剂),那么带负电荷的蛋白质可通过相反电荷之间的静电吸引与之结合;如果离子交换剂是带负电荷的(即阳离子交换剂),则带正电荷的蛋白质可与之结合。

　　蛋白质与凝胶介质是通过不同种电荷之间的静电吸引相互结合,可通过改变溶液的离子强度或溶液的 pH 来洗脱蛋白质。增加溶液的离子强度,可以增加离子间的竞争作用,降低离子交换剂和蛋白质所带电荷之间的静电引力;另外改变溶液的 pH,使待分离物质的解离度降低,静电荷减少,从而降低与离子交换剂的亲和力。图 10-5 为离子交换层析的原理,蛋白质分子所带电荷中与离子交换剂所带相反电荷越多的,结合能力越强,越是后面被洗脱下来;反之结合能力越弱,越先被洗脱下来。

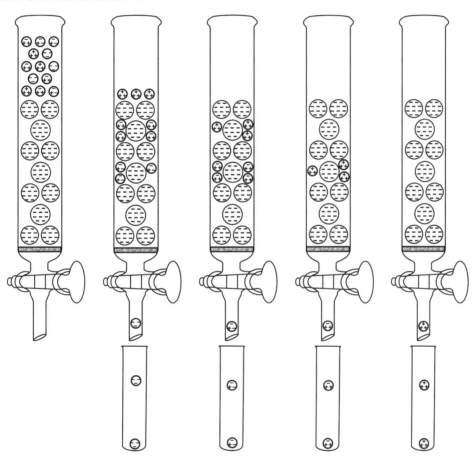

图 10-5　离子交换层析的基本原理

10.4.2.2　凝胶介质

　　离子交换剂分为阳离子交换剂和阴离子交换剂两类,通过化学键和的方法把带电基团共价连接在惰性支持物上。阳离子交换剂的电荷基团带负电,可以交换阳离子。根据电荷基团的解离度不同,分为强酸性、中等酸性和弱酸性三类。而强与弱的区别不是离子交换剂与蛋白质分子结合能力的强弱,而是在于电荷基团完全解离的 pH 范围。强酸性离子交换剂在较大的 pH 范围内解离,而弱酸性的完全解离 pH 范围很小,常用的带电基团有 CM 为羧甲基($—CH_2COO^-$)属于弱酸性阳离子交换剂,SP 为磺丙基($—C_3H_6SO_3^-$)属于强酸性阳离子交换剂。为了使蛋白质吸附于阳离子交换剂上,pH应低于蛋白质的等电点。阴离子交换剂的电荷基团带正电,可以交换阴离子。同样根据带电基团的解离度不同,分为强碱性、中等碱性和弱碱性三类,常用的带电基团有 DEAE 为二乙氨基乙基[—$C_2H_4N^+(C_2H_5)_2H$]属于弱碱性阴离子交换剂,QAE 为二乙氨基乙基-2-羟丙基[—$C_2H_4N^+(C_2H_5)_2CH_2CH(OH)CH_3$]属于强碱性阴离子交换剂。

10.4.2.3　实验操作

1. 离子交换剂的处理　离子交换剂在使用前都要经过处理,如果购买的凝胶是液态保存的,一般不需要特殊处理,可直接用蒸馏水或者缓冲液平衡;如果购买的是干粉,在用缓冲液溶胀前要经过酸、碱处理。对于阳离子交换剂采用碱—酸—碱的顺序进行洗涤,先将干粉浸泡在 0.5mol/L 的 NaOH 溶液中 0.5h,可用砂芯漏斗进行抽滤,用水洗至中性,再用 0.5mol/L 的 HCl 浸泡 0.5h,用水洗至中性,最后用 0.5mol/L 的 NaOH 溶液洗,用充分的水漂洗至中性,此时平衡离子为 Na^+,带正电荷的蛋白质可与之进行离子交换。对于阴离子交换剂用类似的方法,采用酸—碱—酸的顺序进行洗涤,洗涤之后平衡离子为 Cl^-,带负电荷的蛋白质可与之进行离子交换。

2. 装柱　溶胀平衡好的离子交换介质配成稀胶浆易于装柱,装柱时的操作方法类似凝胶过滤柱,对于离子交换纤维素介质,必要时可以采用加压装柱法,即在柱子上口连上加压装置。装好的柱子要求没有气泡、柱床顶端平坦均匀。

3. 样品的分离过程　离子交换层析要求缓冲液的离子强度不能太高,否则样品与层析柱不能结合或者结合不紧密。洗脱时可以采用梯度洗脱和阶段洗脱两种方式。梯度洗脱时缓冲液的离子强度和 pH 是逐渐连续改变的,使得混合物中的样品按照先后顺序逐一洗脱下来。通常来说梯度洗脱的分辨率要比阶段洗脱的高,梯度的实现可以通过蠕动泵或者梯度混合器来完成。在进行梯度洗脱时洗脱体积要足够大,一般要达到 20 倍柱床体积,梯度上升既要平缓,使各个洗脱峰能够分开;还要有一定的陡度,以免待分离样品过晚洗脱下来,洗脱峰变宽拖尾。阶段洗脱是通过提高离子强度或者调节 pH 来配制具有不同洗脱能力的洗脱液而相继进行洗脱,此法操作简单、洗脱体系小、样品浓度高,但对于差别不是太大的样品往往不容易分开。

10.4.3　吸附层析

吸附层析(adsorption chromatography)是根据固定相中的吸附剂对物质吸附强弱的不同,从而实现对混合物中的样品的分离。不同的蛋白质具有不同的氨基酸排列顺序,在折叠成高级结构之后表面的氨基酸往往具有不同的极性,或者极性与非极性氨基酸的分布区域不同。利用它们的这些性质,选择合适的吸附剂实现对蛋白质的分离纯化。最常用的吸附层析包括羟基磷灰石吸附层析和疏水层析。

1. 羟基磷灰石吸附层析　羟基磷灰石的化学成分为结晶磷酸钙,分子内含有 Ca^{2+} 和 PO_4^{3-} 离子,酸性和中性蛋白质可以与 Ca^{2+} 结合,而碱性蛋白质可以与 PO_4^{3-} 结合,通过提高磷酸盐缓冲溶液的浓度可以把吸附作用不同的蛋白质洗脱下来。由于蛋白质与羟基磷灰石主要是通过离子键和氢键相互作用的,所以蛋白质样品在上样之前的离子强度不能过高,低盐有利于吸附,在洗脱时可以通过提高离子强度或溶液的 pH 来实现。另外,羟基磷灰石对核酸的吸附能力很强,经常用于除去蛋白质中的核酸成分。

2. 疏水作用层析　　疏水作用层析是利用吸附剂中的疏水配基,与蛋白质分子表面的疏水基团的吸附作用不同,从而实现分离纯化的。蛋白质分子表面所含疏水性基团越多,则与疏水性介质结合得越紧密。常用的疏水性吸附剂包括固定化的芳香族化合物和固定化的烷基部分,不同的蛋白质分子表面的疏水性质不同,与吸附剂的疏水相互作用也是不同的。在实验操作时,溶液中高的离子强度可以增强蛋白质分子表面的疏水区与疏水性介质的吸附作用,所以对于疏水作用层析通常在较高的离子强度下使蛋白质样品吸附在层析柱上,然后通过降低盐浓度将样品洗脱下来。疏水作用弱的样品在高离子强度下被先洗脱下来,疏水作用强的样品后洗脱下来。一般常用 1mol/L 的硫酸铵或者 2mol/L 氯化钠、氯化钾溶液,可使溶解性很好的亲水蛋白质与疏水介质相结合。

10.4.4　亲和层析

亲和层析(affinity chromatography)是利用蛋白质与配基能专一性地识别并结合,来实现对蛋白质的分离纯化。根据分离对象的性质选择合适的配基共价偶联在固相支持物上,当含有目标蛋白的混合物流过此支持物时,只有目标蛋白能特异性地与配基识别并结合,而其他的蛋白质分子不能和配基结合。当用含有自由配基的溶液洗脱时,即可把目标蛋白洗脱下来,从而实现蛋白质的分离纯化。图 10-6 为亲和层析的基本原理,亲和层析往往经过一步纯化就可以得到纯度较高的样品,但对于不同的蛋白质往往需要选择不同的配基。目前应用较多的是采用分子生物学的方法,把蛋白质分子构建到带有融合标签的表达载体上,目标蛋白经过表达之后往往带有融合标签,如多聚组氨酸标签(His-tag)和谷胱甘肽 S 转移酶标签(GST-tag)等,可以通过使用商品化的镍柱和 GST 标签纯化柱等较方便地纯化得到目标蛋白。

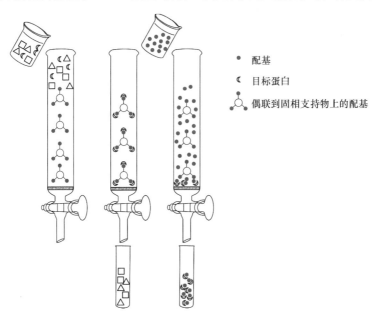

- 配基
- 目标蛋白
- 偶联到固相支持物上的配基

图 10-6　亲和层析的基本原理

10.4.5　蛋白质的含量测定与纯度鉴定

无论是在蛋白质分离纯化中,还是后续的结构与功能研究中,都需要对蛋白质进行定性鉴定和定量测定。蛋白质含量的测定方法较多,如凯氏定氮法、双缩脲法、紫外吸收法和考马斯亮蓝比色法等;对于蛋白质纯度的鉴定目前应用最多的是电泳法。

10.4.5.1　蛋白质含量测定

蛋白质的含量测定是在纯化过程中需要检测的一项重要指标,在计算样品得率或测定目标蛋白质的比活时候都要涉及,下面就针对传统的凯氏定氮法和实验室经常使用的紫外吸收法和比色法逐一介绍。

1. 凯氏定氮法　凯氏定氮法是一种比较经典的测定蛋白质含量的方法,根据蛋白质中氮元素的含量相对恒定(平均占 16%),通过测定氮元素的含量,然后乘以 6.25 即可得到蛋白质的含量。在测定时蛋白质样品中的氮首先要通过硝化转化为无机氮,然后再经过几步化学反应最终转变为 NH_3,最后再通过化学滴定的方法测定出氮元素的含量。

2. 紫外吸收法　蛋白质分子的特征性吸收峰出现在近紫外区,分子中的酪氨酸、色氨酸和苯丙氨酸含有共轭双键。通常在测定蛋白质含量时都是检测 280nm 处的吸收峰,各种蛋白质分子中这几种氨基酸的含量差别不大,并且 280nm 处的吸光值与蛋白质的含量成正比,所以常常通过测定紫外吸收值来测定蛋白质的浓度。为了排除核酸类物质的干扰,紫外吸收差法常常被用来测定蛋白质含量。蛋白质分子在 280nm 处有最大的紫外吸收,核酸类物质在 260nm 处有最大的紫外吸收,分别测定样品在 280nm 和 260nm 波长下的吸光值,然后按照经验公式:蛋白质浓度(mg/mL)$=1.45A_{280}-0.74A_{260}$,计算出蛋白质浓度。目前市售的超微量紫外分光光度计(NanoDrop、NanoVue 等)测定蛋白质浓度操作非常方便,样品用量少($1\sim2\mu L$),测定时加入样品后,只需输入蛋白质的摩尔消光系数,程序就会根据朗伯比尔定律直接计算出蛋白质的浓度。

3. 比色法　比色法也是被广泛采用的测定蛋白质含量的方法,该方法首先是将蛋白质与特定的试剂反应,由于反应产物在特定波长下的光吸收值与蛋白质含量成正比,因此对照标准曲线即可查得蛋白质的浓度。在比色法中,根据与蛋白质反应试剂的不同分为不同的方法,如双缩脲法和考马斯亮蓝比色法等,其中考马斯亮蓝比色法是许多实验室所普遍采用的测定蛋白质浓度的方法。考马斯亮蓝 G-250 在酸性溶液中其最大吸收峰在 465nm 处,当它与蛋白质中的碱性氨基酸(特别是精氨酸)和芳香族氨基酸结合后,最大吸收峰位置从 465nm 变为595nm,并且该处的光吸收值与蛋白质的含量在一定范围内呈线性关系,由此可以测定蛋白质的含量。

10.4.5.2　蛋白质纯度鉴定

经分离纯化得到某种蛋白质样品后,常常需要测定它的纯度,了解蛋白样品是否还含有其他杂质,以及所得到目标蛋白的纯度是否能满足后续研究的需要。衡量蛋白质的"纯度"包含多种指标,最直观和简单的鉴定方式是对它的组成纯度进行鉴定,即蛋白质样品中是否只含有一种蛋白质;进一步的指标是结构纯度,蛋白质的结构和构象是否均一;更进一步的指标是活性纯度,即功能方面的鉴定。

1. 蛋白质组成纯度的鉴定　大多数实验室对组成纯度的鉴定常常通过凝胶色谱检测是否只有一个洗脱峰,或者通过观测电泳图谱是否只有单一条带等。通常单一的鉴定方法不能提供准确的信息,往往需要结合多种方法进行综合分析。下面对蛋白质组成纯度的鉴定方法进行逐一介绍。

1) 凝胶过滤色谱法　　凝胶过滤色谱法是检测与目标蛋白质分子具有不同分子质量的杂质的最简单方法之一。如果目标蛋白中含有杂质,杂质在色谱图中可能表现为独立于蛋白质样品的其他峰,或者使目标蛋白的洗脱谱变宽。在实验操作过程中,凝胶过滤色谱法对所鉴定的蛋白质样品没有破坏性,但它所需要的样品量比较大,而且检测的灵敏度要低于电泳法。

2) 聚丙烯酰胺凝胶电泳　　聚丙烯酰胺凝胶是由单体丙烯酰胺(acrylamide,Acr)和交联剂 N,N'-亚甲基双丙烯酰胺(N,N'-methylenebisacrylamide,Bis)在催化剂的作用下,交联聚合而形成具有三维网状结构的凝胶。在聚丙烯酰胺凝胶电泳时,为了提高分辨率,常常采用不连续凝胶电泳系统,即凝胶孔径大小的不连续、缓冲液组成及 pH 的不连续及在电场中形成不连续的电位梯度,进而在这个不连续的体系里形成三个物理效应来提高凝胶的分辨率,即浓缩效应、分子筛效应和电荷效应。由于这三种物理效应,聚丙烯酰胺凝胶电泳的分辨率极大提高。常见的电泳装置见图 10-7。

聚丙烯酰胺凝胶电泳是一种非变性的凝胶电泳,而 SDS-聚丙烯酰胺凝胶电泳是在聚丙烯酰胺凝胶系统中加入 SDS,成为一种变性的聚丙烯酰胺凝胶电泳,这时蛋白质在凝胶中的迁移率只与蛋白质的分子质量大小有关。SDS 为十二烷基磺酸钠,是一种阴离子型去污剂,在强还原剂存在下,能按照一定比例与蛋白质结合,形成 SDS-蛋白质复合物。由于 SDS 带有负电荷,蛋白质结合大量的 SDS 后就会掩盖不同蛋白质分子所固有的电荷差异,所以电泳时蛋白质分子在凝胶上的迁移率只与蛋白质分子大小有关系,并且在一定的分子质量范围内,蛋白质的迁移率和分子质量的对数呈线性关系。

3) 等电聚焦(Isoelectric focusing,IEF)　　不同的蛋白质分子具有不同的氨基酸组成和不同的排列顺序,在不同的 pH 时,往往带有不同性质和不同数量的电荷,因此不同种蛋白质分子因所带电荷的差别在电场中的泳动呈现很大不同。等电聚焦是在电泳槽中加入载体两性电解质,电泳时从阳极向阴极形成 pH 逐渐增加的梯度。蛋白质分子移动并在等电点时停留下来,聚集在一个狭长的区域,因此等电聚焦可以依据等电点的不同将蛋白质分子彼此分开,同时也可以测定蛋白质的等电点,对蛋白质加以鉴定,基本原理见图 10-8。等电聚焦分辨率和灵敏度非常高(0.01 pH 单位),重复性好,但是要求在无盐的溶液中操作,蛋白质在无盐的溶液中可能会发生沉淀,另外也不适用于在等电点不溶或者发生沉淀的蛋白质。

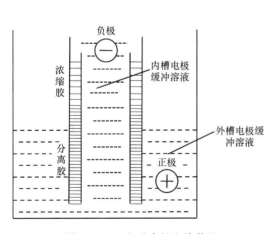

图 10-7　双向垂直板电泳装置

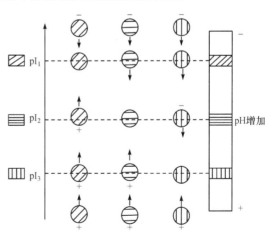

图 10-8　等电聚焦基本原理

4) 双向电泳(two dimensional electrophoresis)　　双向电泳是由两个单向的电泳组合而

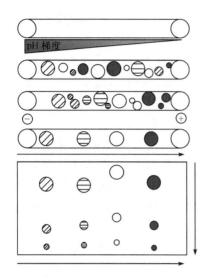

图 10-9　双向电泳示意图

成,第一向电泳结束之后可以在与其垂直的方向进行第二向电泳。为了达到更好的分离效果,往往使组合的两个方向的电泳在分离原理上差别比较大。例如,目前常用的双向电泳,第一向是根据蛋白质的等电点不同进行的等电聚焦电泳(IEF),第二向是按照蛋白质的分子质量大小不同进行的变性聚丙烯酰胺凝胶电泳(SDS-PAGE),这种类型的双向电泳比任何类型的单向电泳分辨率都要高,基本原理见图 10-9。随着技术的飞速发展,如差异凝胶电泳的发展,即应用两种不同的荧光染料标记样品,双向电泳之后可在纳克级上进行检测,并且可检测分离 10 000 个左右蛋白质组分。操作时第一向进行等电聚焦电泳,传统的方法是采用载体两性电解质,电泳时在胶内建立 pH 梯度。目前常采用商品化的固相 pH 梯度(immobilized pH gradient,IPG)胶条,具有很高的重复性。电泳结束后将其横卧在第二向垂直板凝胶上部,进行变性聚丙烯酰胺凝胶电泳,最终经染色得到的电泳图是一个二维分布的电泳图。

5) 蛋白质免疫印迹鉴定　　蛋白质免疫印迹法(Western blot)是根据抗原和抗体的特异性结合来检测样品中某种蛋白质的方法。应用蛋白质印迹法对目标蛋白样品进行鉴定分为三个阶段。第一阶段是进行凝胶电泳,包括非变性聚丙烯酰胺凝胶电泳(native-PAGE)、变性聚丙烯酰胺凝胶电泳(SDS-PAGE)和等电聚焦电泳(IEF-PAGE)。第二个阶段是进行转膜。凝胶电泳结束之后,将带有蛋白质区带的凝胶与膜、滤纸紧贴于三明治式的印迹转移装置中,在低压高电流的直流电场中,以电驱动的方式使凝胶上的蛋白质区带转移到膜上。可用于印迹转移的固相纸膜包括硝酸纤维素膜、尼龙膜和聚偏氟乙烯滤膜等。其中硝酸纤维素膜(nitrocellulose sheet,NC 膜)最为常用,具有价格便宜、蛋白质吸附量大、背景低和使用方便等优点。第三个阶段是对印迹进行检测。印迹转移之后的硝酸纤维素膜相当于抗原,依次与特异性的抗体和标记的第二抗体相互作用,其中对特异性相互作用的第二抗体可进行各种标记,比如放射性同位素标记、荧光标记、化学发光标记、特异性的染色标记和酶标记等,能够精确地检测出被印迹转移到固相纸膜的抗原。

6) 蛋白质氨基酸组成鉴定　　对蛋白质氨基酸组成进行分析的第一步是将蛋白质进行水解,使其形成游离的氨基酸。水解的方法包括酸水解、碱水解和酶水解。通常采用盐酸在真空状态下于 110℃水解,也可在 150℃下加快水解,酸水解不会使氨基酸发生消旋,但是会使色氨酸全部遭到破坏,水解时间长会部分破坏羟基氨基酸(丝氨酸、苏氨酸和酪氨酸),还会使天冬酰胺和谷氨酰胺发生水解。蛋白质经碱水解后氨基酸会消旋,但色氨酸稳定,常用于色氨酸的鉴定。酶水解作用条件温和,对天冬酰胺、谷氨酰胺和色氨酸均无破坏作用,但成本较高,酶水解往往不完全。蛋白质水解后的氨基酸混合物可以通过氨基酸分析仪或高效液相色谱进行测定。

7) 沉降速率测定法　　沉降速度法能够简单快速地对蛋白质纯度进行判定,是在恒定的离心力场下测定样品颗粒的沉降速度。这种方法对分子质量和分子大小的比值非常灵敏,利用沉降速度法能够测定的材料范围非常广。但是对于分子质量相差小的样品,在灵敏度上不如电泳技术。

2. 蛋白质结构纯度的鉴定 对蛋白质结构和构象分析可以利用荧光光谱法、圆二色谱法、光散射法等。组成蛋白质的酪氨酸和色氨酸都具有产生荧光的能力,因此蛋白质常常能产生内源荧光,根据其中酪氨酸和色氨酸组成的不同而具有不同的荧光光谱。因此可以根据蛋白质的荧光光谱对蛋白质进行鉴定,而且荧光光谱能反映蛋白质的构象特征。圆二色谱法可以测定蛋白质的二级结构,对蛋白质进行折叠和构象研究,利用近紫外圆二色谱作为光谱探针,可反映蛋白质中芳香族氨基酸残基、二硫键微环境的变化。静态或动态光散射可以对蛋白质的大小和表观分子质量进行测定,是鉴定蛋白质样品的单体和聚集体常用的方法。

3. 蛋白质活性纯度的鉴定 不同的蛋白质具有不同的生物学功能,因此有不同的测定方法。通常判断蛋白质活性纯度的方法是直接测定蛋白质的比活性,根据比活性的高低来判断样品的纯度。另外通过基因工程的手段,可以一方面将目标蛋白的基因在生物体内过表达,另一方面在生物体内将该基因沉默,通过观察比较它们与野生型生物体的表型差别,从而推导蛋白质的功能。

思考题

1. 蛋白质分离纯化的一般步骤包括哪些?
2. 凝胶过滤分离蛋白质的基本原理是什么?
3. 离子交换层析的基本原理是什么?
4. 为什么聚丙烯酰胺凝胶电泳具有较高的分辨率?
5. 蛋白质含量测定常见的方法有哪些?请分别简述。
6. 蛋白质纯度测定常见的方法有哪些?请分别简述。

主要参考文献

何忠效,静国忠,许佐良,等. 2001. 生物化学技术概论. 北京:北京师范大学出版社

陆健. 2005. 蛋白质纯化技术及应用. 北京:化学工业出版社

梅乐和,曹毅,姚善泾,等. 2011. 蛋白质化学与蛋白质工程基础. 北京:化学工业出版社

Antharavally BS, Carter B, Bell PA, et al. 2004. A high-affinity reversible protein stain for western blots. Analytical Biochemistry, 329(2):276-280

Atha DH, Ingham KC. 1981. Mechanism of precipitation of proteins by polyethylene glycols. Journal of Biological Chemistry, 256:12108-12117

Bernardi G. 1971. Chromatography of proteins on hydroxyapatite. Methods Enzymol, 22:325-339

Bradford MM. 1976. A rapid and sensitive method for the quantitation of microgram quantities of protein utilizing the principle of protein-dye binding. Analytical Biochemistry, 72:248-254

Burgess RR, Deutscher MP. 2013. 蛋白质纯化指南. 陈薇等译. 北京:科学出版社

Coligan JE, et al. 2007. 精编蛋白质科学实验指南. 李慎涛等译. 北京:科学出版社

England S, Seifter S. 1990. Precipitation techniques. Method Enzymol, 182:287-300

Gräslund S, Nordlund P, Weigelt J, et al. 2008. Protein production and purification. Nature Methods, 5(2):135-146

Janson JC. 2011. Protein purification: principles, high resolution methods, and applications. New Jersey: John Wiley & Sons, Inc.

Jungbauer A. 2005. Chromatographic media for bioseparation. Journal of Chromatography A,1065:3-12

Kupke DW,Dorrier TE. 1978. Protein concentration measurements:the dry weight. Methods Enzymol,48: 155-162

Marshak DR,Kadonaga JT,Butgess RR,et al. 2000. 蛋白质纯化与鉴定试验指南. 朱厚础等译. 北京:科学出版社

Ostrove S. 1990. Affinity chromatography:general methods. Methods Enzymol,182:357-371

Pabst TM,Carta G. 2007. pH transitions in cation exchange chromatographic columns containing weak acids group. Journal of Chromatography A,1142:19-31

Seelert H,Krause F. 2008. Preparative isolation of protein complexes and other bioparticles by elution from polyacrylamide gels. Electrophoresis,29:2617-2636

Waters NJ,Jones R,Williams G,et al. 2008. Validation of a rapid equilibrium dialysis approach for the measurement of plasma protein binding. Journal of Pharmaceutical Sciences,97(10):4586-4595

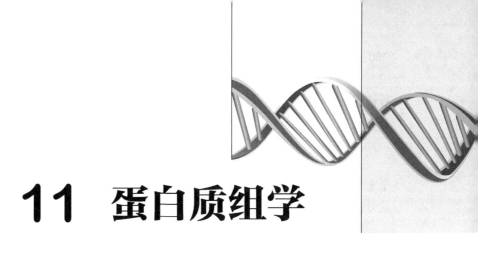

11　蛋白质组学

1990 年人类基因组计划(human genome project)的实施和推进,促进了以大规模数据为基本特征的基因组学的诞生与发展。随着越来越多物种全基因组的测序和解析,人们发现仅从基因组尚不能系统完整地阐明生物体执行生物学功能的本质。其原因是基因组中常常存在众多未知功能的基因,甚至无法确定基因组中基因的数量和种类,多数预测的基因是否存在尚未证实。依据核酸序列也难以预测基因组所编码蛋白质组的结构与功能,如蛋白质的翻译后修饰、蛋白质结构的形成及蛋白质分子间的相互作用等问题,也是基因组学本身所不能回答的。所以,传统的对单个或几个蛋白质研究的方式已无法满足时代的要求,促进了蛋白质组学的兴起。

11.1　概述

众所周知,蛋白质是生理功能的执行者,也是生命活动的直接体现者,蛋白质组学(proteomics)的兴起,标志着我们将逐渐建立从基因组的基因表达到细胞分化、机体发育、环境反应、代谢调控等一系列复杂生命活动的内在联系。蛋白质组研究的开展,不仅是生命科学研究进入后基因组时代的重要标志,也是后基因组时代生命科学研究的核心内容之一。

11.1.1　基本概念

蛋白质组(proteome)是指一个基因组、细胞、组织或生物体所拥有的全套蛋白质及其存在方式。蛋白质组学(proteomics)是以生物体或细胞内全部蛋白质的存在及其活动方式为研究对象,从整体水平上揭示生命活动的本质规律及其相关研究技术的学科。其特点是在蛋白质组水平上,系统研究生物体内全套蛋白质在复杂环境中的存在方式和相互作用关系,是一项系统性、多方位的科学研究和探索。

一个生物体只有一套相对确定的基因组,但随着发育时期、生理状态和时空环境的不同,生物体及其不同类型细胞的蛋白质组成是不断变化的。由于生物体内还存在基因剪切、翻译后修饰和蛋白质剪接,一个基因可以对应多个 mRNA,一个 mRNA 也可以对应多个蛋白质,蛋白质的数量远远多于基因的数量,因此一个生物体的蛋白质组与基因组未必存在一一对应的关系。再者,生物体内的蛋白质不是彼此孤立存在的,生命活动必须依赖于它们之间及其与其他分子之间复杂的相互作用。蛋白质独特的空间结构是蛋白质发挥功能的基础,不同蛋白质的空间结构千差万别,依据蛋白质的一级结构预测其三维结构仍是一个悬而未决的难题,虽然近年来蛋白质空间结构测定和解析技术取得了飞速发展,但快速高通量地测定生物体蛋白质高级结构依然非常困难。因此,蛋白质组学的研究将是一项必要的、长期的、复杂的、极具挑战性的工作。

11.1.2　蛋白质组学发展简史

蛋白质组学研究的实质首先是对蛋白质进行大规模的平行分离和分析,往往同时处理成千上万种蛋白质,高通量、高灵敏度、高准确度的研究技术是蛋白质组发展的基础,高通量蛋白质分离和分析技术发展推动了蛋白质组学(proteomics)的产生与发展。

1. 高通量蛋白质分析技术的建立　蛋白质组概念提出的时间并不长,但蛋白质组研究并非从零开始,可以追溯到 20 世纪 70 年代蛋白质高分辨二维凝胶电泳(two-dimensional gel electrophoresis,2-DE)技术的建立。Farrel 对大肠杆菌细胞蛋白质抽提液进行双向电泳,分离到了 1100 个蛋白质组分,从此拉开了蛋白质组研究的序幕。特别是 20 世纪 80 年代的三大技术进步,逐步形成了蛋白质组研究核心技术,促进了蛋白质组研究的发展。第一,20 世纪 80 年代初期固相化 pH 梯度凝胶(immobilized pH gradients,IPG)胶条的发明和标准化,明显改善了二维凝胶电泳的重复性;第二,80 年代后期生物大分子质谱技术的发明及其在蛋白质分析中的应用,如电喷雾质谱(electrospray ionization mass spectrometry,ESI-MS)和基质辅助的激光解吸飞行时间质谱(matrix-assisted laser desorptionionization time of flight mass spectrometry,MALDI-TOF-MS)等高分辨率质谱用于蛋白质的高通量分析与鉴定;第三,蛋白质二维电泳图谱的数字化和分析软件的问世,使得越来越多物种蛋白质二维电泳和蛋白质数据库相继建立和完善。

2. 蛋白质组概念的提出　早在 1982 年 Anderson 提出了人类蛋白质组计划(human protein project)的设想,旨在分析细胞内所有蛋白质。1994 年 9 月在意大利召开的一个学术会议上,澳大利亚 Macquarie 大学 Wilkins 和 William 等首次提出了蛋白质组(proteome)的概念,其最初的含义为"一个基因组所表达的蛋白质",这一概念的提出标志着蛋白质组学(proteomics)的诞生。1995 年 7 月 *Electrophoresis* 上第一次刊登了第一篇蛋白质组学研究论文。自此,蛋白质组研究的进展十分迅速,不论是基础理论还是技术方法,都在不断进步和完善。

3. 蛋白质组研究机构的成立　1996 年,澳大利亚建立了世界上第一个蛋白质组研究中心(Australia Proteome Analysis Facility,APAF)。丹麦、加拿大、日本也先后成立了蛋白质组研究中心。由于蛋白质组研究蕴含着极大的商机,美国的各大药厂和公司也纷纷加入了蛋白质组的研究行列,为蛋白质组研究提供了巨大的财力支持。2001 年 4 月,美国成立了国际人类蛋白质组研究组织(Human Proteome Organization,HUPO),随后欧洲、亚太地区都成立了区域性蛋白质组研究组织,试图通过合作的方式,融合各方面的力量,完成人类蛋白质组计划,陆续在 2002 年和 2003 年启动了人类血浆、肝脏和脑蛋白质组的研究,很快在全球范围内形成了蛋白质组研究热潮,促进了蛋白质组学研究的蓬勃发展。

4. 蛋白质组学研究体系的形成　早期蛋白质组学的研究范围主要涉及蛋白质的表达模式(expression profile),主要包括对各种蛋白质组分的识别和定量化。随着技术的进步发展,如荧光差异二维凝胶电泳技术、二维色谱技术、肽质量指纹图谱蛋白质鉴定技术、同位素亲和标签蛋白质表达差异分析技术、串联质谱肽序列分析和蛋白质鉴定技术及二维色谱质谱联用等技术的发展和应用,促进了蛋白质组学研究的迅猛发展和研究范围的拓宽,蛋白质亚细胞定位、翻译后修饰、结构与功能关系的研究逐渐成为蛋白质组学的重要部分,蛋白质之间的相互作用研究已被纳入蛋白质组学的范畴。而蛋白质高级结构的解析即传统的结构生物学,虽然仍独树一帜,但也纳入蛋白质组学研究范围。

随着蛋白质组学的发展和蛋白质组样品的标准化,还产生了"定量蛋白质组学(quantitative proteomics)"的概念,即对一个基因组表达的全部蛋白质或一个复杂体系中所有蛋白质进行精确的定量和鉴定,完善了表达蛋白质组学研究内容,不但包括表达蛋白质组学,而且将结构蛋白质组学和细胞图谱蛋白质组学也纳入了蛋白质组学的范畴,完善了蛋白质组学的研究体系。

11.1.3 蛋白质组研究的思路和策略

蛋白质组学研究的最终目的是为了阐明生物体内所有蛋白质的结构与功能信息,这些蛋白质包括基因转录产物直接翻译的蛋白质、转录产物选择性剪接后所编码的蛋白质及翻译后修饰的蛋白质等,目前主要采用"竭泽法"和"功能法"两种思路来实现这一目的。

1."竭泽法" "竭泽法"即分析生物体内尽可能多乃至接近所有的蛋白质,也可称为表达蛋白质组学或组成蛋白质组学。但由于蛋白质组是一个多样的动态过程,即使同一生命体,在不同组织、不同器官、甚至不同的发育阶段、不同外界刺激、不同病理状态下,其基因组虽然相同,但细胞内蛋白质的表达也不尽相同。因此,该方法只能达到一个无限接近的目标。其采用的策略主要是高通量的蛋白质组研究方法,其研究程序和方法虽然多种多样,但主要的策略是基于二维电泳(2-DE)和多维液相色谱(二维毛细管电泳或液相色谱-毛细管电泳等)研究技术。

2."功能法" "功能法"即研究不同时期细胞蛋白质组成的变化或差异,如蛋白质在不同环境下的差异表达(如组织细胞和癌变细胞之间、用药前和用药后细胞之间),以发现有差异的蛋白质种类为主要目标,因此又被称为差异蛋白质组学。由于在不同的环境(生理或病理)状态之间,这些差异的蛋白质反映了功能的变化,仅对这些差异蛋白质进行研究即可反映机体功能变化,也可以降低对所有蛋白质鉴定的成本。因此,差异蛋白质组学作为研究生命现象的重要手段和方法,在应用研究上最有前景。该方法多种多样,但主要采用的策略是基于荧光差异二维电泳技术和同位素亲和标签质谱分析等技术。

11.2 蛋白质组学的研究内容和特点

目前,依据研究内容范围的不同,蛋白质组学可以分为表达蛋白质组学(expression proteomics)、结构蛋白质组学(structural proteomics)和细胞图谱蛋白质组学(cell mapping proteomics)。表达蛋白质组学研究不同机体状态中细胞或组织中所有蛋白质表达图谱,寻找在特定条件下发生变化的蛋白质。结构蛋白质组学是指对上述全部蛋白质精确三维结构的测定,以及对其结构与功能关系的分析。细胞图谱蛋白质组学系统地研究蛋白质间的相互作用,建立细胞内信号转导通路网络图,明确信号转导通路的复杂机制。通过检测蛋白质理化性质、构象、功能和特异性识别分子信号变化为线索,反映蛋白质间是否发生相互作用。蛋白质组学最大的特点是在蛋白质组整体角度上,来揭示生物体蛋白质存在方式和相互作用规律,但由于生物体中蛋白质种类和结构丰富多样,因此决定了蛋白质组学研究也有许多突出的特点。

11.2.1 蛋白质组学的研究内容

蛋白质组学研究是一项系统性、多方位的科学探索,其研究目标是了解特定的细胞、组织和器官制造的所有蛋白质种类和含量,以及其随生长发育和环境影响的变化规律,明确各种蛋白质之间如何形成信号传导通路和代谢通路的,描绘蛋白质精确的三维结构,揭示蛋白质结构和功能的关系。基于此目标,其研究内容包括蛋白质结构、蛋白质功能、蛋白质的丰度变化、蛋白质修饰、蛋白质分布、蛋白质与蛋白质的相互作用、蛋白质与疾病的关联性等方面。

11.2.1.1　蛋白质结构

蛋白质的一级结构是由基因的遗传密码决定的,蛋白质的空间结构包括蛋白质的二级、三级和四级结构。在二级结构和三级结构之间,还存在一些稳定的结构层次,如超二级结构和结构域。蛋白质不但种类繁多,结构和功能也各异,而且在不同的环境中具有不同的构象。蛋白质的一级结构决定蛋白质的高级结构和蛋白质的功能,目前已经精确测定了很多蛋白质的晶体结构,如何找到蛋白质一级结构和高级结构的关系,最终破译蛋白质折叠密码。如何简单快速地测定蛋白质的一级结构,即实现蛋白质高通量快速鉴定,是蛋白质组学研究的一项重要任务。

11.2.1.2　蛋白质功能

蛋白质是生物功能的载体,生物界蛋白质种类繁多,其多样性产生的原因主要是由组成蛋白质的氨基酸排列顺序的不同而引起的。而这种顺序多样性正是其生物学功能多样性和种属特异性的结构基础。蛋白质的生物学功能可分为七大类:催化功能、运载功能、营养和储存功能、运动功能、机体结构成分、防御和保护功能、调节功能。目前,蛋白质功能的检测方法多种多样,而且已经检测了众多蛋白质的功能,只要对细胞中的蛋白质进行鉴定,就可以了解这些蛋白质的功能。再者建立蛋白质功能高通量、高灵敏度的快速分析方法,才能胜任蛋白质组功能分析的要求。

11.2.1.3　蛋白质的丰度变化

蛋白质丰度是指特定生物体或细胞中蛋白质组成和含量,蛋白质丰度变化是指生物体或细胞内各种蛋白质相对含量的变化,是表达蛋白质组和差异蛋白质组研究的重要内容。在不同的环境条件下,一些蛋白质表达量基本稳定,而另一些蛋白质表达量发生明显的变化,通过各种蛋白质的鉴定和定量化分析,通过蛋白质组分和含量变化的规律,认识不同发育时期或不同环境条件下生物体或细胞的代谢功能状态和规律,寻找新的靶标分子。

11.2.1.4　蛋白质修饰

很多 mRNA 表达产生的蛋白质要经过翻译后修饰,如蛋白质的甲基化、糖基化、磷酸化、乙酰化或酶原激活等。翻译后修饰是蛋白质调节功能的重要方式,因此对蛋白质翻译后修饰的研究对阐明蛋白质的功能具有重要作用,如何高通量分析蛋白质组中修饰蛋白质的组成和含量变化,对于揭示生物体功能的调节与控制、环境适应性、新药开发等具有重要意义。

11.2.1.5　蛋白质分布

不同发育、生长期和不同生理、病理条件下,药物干预前后,不同类型的细胞基因表达是不一致的,甚至同一类型的细胞中,蛋白质在细胞内不同细胞器空间的定位不同,蛋白质功能也不同,如膜通道蛋白和转录酶蛋白分别在细胞膜上和细胞核内发挥功能,而分布于其他空间则不能发挥其生理功能。因此对蛋白质表达的研究应该精确到细胞甚至亚细胞水平。

11.2.1.6 蛋白质与蛋白质的相互作用

蛋白质与蛋白质的相互作用对于阐明细胞乃至整个生命活动的分子机制,具有重要的意义。细胞内没有孤立存在的、不与其他分子发生作用的蛋白质,细胞的任何活动都需要蛋白质分子与蛋白质分子,或者蛋白质与其他分子的相互作用。了解蛋白质间及其与其他分子之间的相互作用,是认识细胞内的分子识别、代谢调控、生长发育等生命过程的重要手段。例如,分析酶活性和确定酶底物,细胞因子的生物分析、配基与受体结合分析等。

11.2.1.7 蛋白质与疾病的关联性

蛋白质组学是寻找疾病分子标记和药物靶标最有效的方法之一。通过比较正常和病理情况下细胞或组织中蛋白质在表达数量、表达位置和修饰状态上的差异,探寻疾病相关的特异蛋白质,这些蛋白质不但为疾病发病机制提供线索,也可作为疾病诊断的分子标记,或作为治疗和药物开发的靶标分子。深入了解疾病过程中细胞内蛋白质组的活动规律,为多种疾病机制的阐明及治疗提供理论根据和解决途径。因此,阐明蛋白质与疾病的关联性,对于疾病的诊断和治疗、药物开发均有重要意义。

11.2.2 蛋白质组学的特点

蛋白质组学的许多研究工作离不开基因组的研究数据,蛋白质组研究不仅能够诠释基因的功能,还能在蛋白质水平上理解生命的代谢活动,具有更重要的意义。由于蛋白质数目远远大于基因的数目,而且蛋白质随时间和空间变化而变化,因此蛋白质组研究更为复杂和困难。与基因组学相比,蛋白质组学主要呈现以下七个突出的特点。

11.2.2.1 多样性

基因组作为遗传信息的载体,无论在什么样的生长条件下,它是基本稳定的。对于蛋白质组而言,蛋白质组呈现高度的多样性,不仅同一机体的不同发育阶段有明显的差异,即使同一机体不同类型的细胞或组织及生理状态与疾病阶段也各不相同,由于 mRNA 剪切、蛋白质剪切和修饰,基因数量与蛋白质数量和种类也不是一一对应的,蛋白质组更加丰富多样。

11.2.2.2 动态性

一个个体从诞生到死亡,其基因组基本保持不变,而蛋白质组却处于不断变化中。生命活动中蛋白质大致分为两类:一类是比较稳定的,如细胞中各种结构或活动的某些蛋白质;另一类则是随细胞活动和状态发生量或质的变化的蛋白质,如负责信号转导或调控细胞活动的蛋白质。蛋白质组研究的一个重要任务就是测定蛋白质组中这些变化的蛋白质,通过这些变化的蛋白质来理解生命活动的状态,从动态的角度来研究蛋白质组是当前乃至将来蛋白质组研究领域的主要方向。

11.2.2.3 无限性

对于基因组而言,测序结果表明基因组不论大小,其核甘酸的数量是明确可知的。但对蛋白质组来说,由于大部分蛋白质需要经过翻译后修饰,如磷酸化、糖基化、酰基化等,细胞内或机体内蛋白质的种类究竟有多少是不明确的。如果把一个修饰蛋白质视为一种新的蛋白质,那么蛋白质数量将远远大于相应的基因数量。再者,不同的蛋白质在体内的表达量差异很大,有些蛋白质表达量很大,但有些蛋白质痕量表达,现在的测定技术还很难测定细胞内所有种类的蛋白质。

11.2.2.4　时空性

DNA 通常位于细胞核内,且保持稳定,因此基因组序列的测定不受时空的影响。对于转录的 mRNA 来说,在发育的不同阶段或细胞的不同活动时期,mRNA 的表达是不一样的,因此研究转录组时必须考虑时间因素,但通常不需要考虑空间因素。而在蛋白质组研究中,不仅要考虑时间因素,更要考虑空间因素。首先不同的蛋白质分布在细胞的不同部位,它们的功能与其空间定位密切相关。要想真正了解蛋白质的功能,必须要知道蛋白质所处的空间位置。因此,研究细胞器内蛋白质组是非常重要的,但也是非常困难的。

11.2.2.5　蛋白质的相互作用

基因组表达的各种 mRNA 是彼此孤立的,互不干扰,但蛋白质组的蛋白之间存在广泛的相互作用。蛋白质功能的实现离不开蛋白质与蛋白质,或蛋白质与其他生物大分子之间的相互作用。因此,蛋白质组研究的一个主要内容是高通量研究蛋白质的相互作用。

11.2.2.6　多种研究技术

在蛋白质组研究中,需要的研究技术多种多样,技术难度也远远大于基因组研究技术。蛋白质组研究技术可以简单地分为两大类:第一类是蛋白质组的分离技术,如双向电泳技术、细胞分级分离技术、亲和色谱技术、多维色谱技术等都是蛋白质组研究常用的分离技术;第二类是蛋白质组的鉴定技术,其核心是质谱技术、蛋白质芯片技术、噬菌体展示技术和大规模酵母双杂交技术等。蛋白质组研究对技术的依赖性和要求远远超过基因组学,蛋白质组学研究的许多技术还有待完善。

11.2.2.7　蛋白质组与基因组的互补互助性

分子生物学诞生以来,现代生命科学的主旋律一直围绕着核酸与蛋白质展开。在后基因组时代,蛋白质组研究和基因组研究依然是形影相随的两个重要领域,它们之间的研究结果互相补充。当基因组测序完成后,一个主要任务即是解释基因的功能,找出所有可能的基因。但一些基因预测的出错率较高,一些新的基因甚至无法注释。如果借鉴蛋白质组的研究数据,就可以大幅度降低基因注释的出错率。再者,真核生物的基因大多是非连续的,即由外显子和内含子组成,确定完整的基因也非易事,若依据蛋白质序列则有助于基因全长的确定。

11.3　蛋白质组学研究的技术方法

蛋白质组学研究的技术和方法多种多样,其中支撑蛋白质组研究的最基本技术包括三方面:①将细胞或组织中的蛋白质样品尽可能的高效分离技术;②蛋白质分离图谱信息学处理技术;③高通量蛋白质鉴定技术。在蛋白质组成分析基础上,根据蛋白质种类和丰度,进一步采用生物信息学和代谢网络分析技术,分析机体或细胞代谢途径、代谢活性和调控机制。在分析过程中还可以发现一些新蛋白质或感兴趣的蛋白质(如疾病标记、药物靶标等),可以进一步通过酵母双杂交技术、免疫共沉淀技术、高通量蛋白质功能测定技术、核磁共振技术等研究感兴趣蛋白质结构、功能、蛋白质之间及蛋白质与其他分子间的相互作用关系。

表达蛋白质组分析的程序一般包括样品处理、蛋白质的分离、蛋白质丰度分析、蛋白质鉴定等步骤,目前的研究主要包括两条技术路线,一是基于高分辨二维电泳的蛋白质分离(2-DE)和肽质量指纹图谱(peptide mass fingerprinting,PMF)蛋白质鉴定技术。二是基于多维液相色谱-质谱联用技术对蛋白质进行分离和鉴定,图 11-1 显示了蛋白质组主要的研究路线。在这一章节中主要介绍表达蛋白质组研究的核心支持技术,如二维凝胶电泳技术、生物质谱技术、肽质量指纹图谱蛋白质鉴定技术、多维液相色谱-质谱联用技术等。

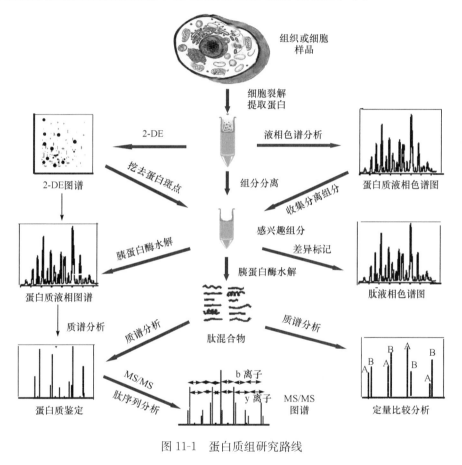

图 11-1 蛋白质组研究路线

11.3.1 高分辨蛋白质分离技术

蛋白质组学研究的核心技术是蛋白质成分高通量、高灵敏性、高准确性的分离与鉴定。在各种蛋白质分离技术中,首先从特定的细胞和组织中提取蛋白质,再依据不同蛋白质某些性质差异彼此分离。

11.3.1.1 样品的制备

要获得高分辨和高度重复性的二维凝胶电泳图谱,蛋白质样品制备是极为关键的一步。由于样本来源、性状和性质不同,需要根据实际样品采取不同的条件和方法。样品制备过程中应注意以下的基本原则:①样品尽量新鲜、避免样本中蛋白质降解或细菌等严重污染;②样品制备过程中抑制蛋白酶活性,尽量减少蛋白质的降解,可以采用低温和/或添加酶抑制剂;③尽量去除干扰和影响蛋白质分离的物质,如盐离子、酚类、核酸、多糖、脂类和不溶性物质等;④考虑样品制备的可重复性,避免样品中蛋白质的损失,如尽量分装冻存,切勿反复冻融;⑤保证提取样品中的蛋白质能够代表原样品,如有的蛋白质亲水性强、有的蛋白质疏水性强,可采用分步提取方法获取更丰富的蛋白质信息;⑥由于组织样品包含不同类型的细胞,即存在样品的异质性,应该先对待测样品进行处理或分离,如样品制备时可以采用免疫亲和技术或激光捕获显微切割技术(laser capture microdissection,LCM),图 11-2A 为激光捕获显微切割显微镜。该技术在倒置显微镜下,将激光束聚集,切割收集感兴趣的细胞类型和细胞器,减少了非研究对象细胞中蛋白质的干扰。图 11-2B 深色区域为待切割组织区域的显微照片。

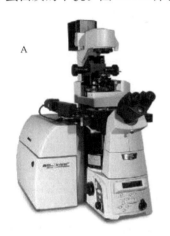
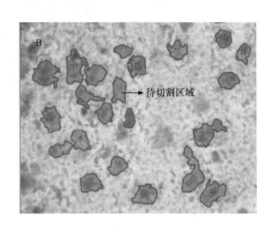

图 11-2   激光捕获显微切割显微镜(A)和待切割的组织区域(B)

11.3.1.2   二维凝胶电泳技术

双向电泳技术是蛋白质组研究的主要分离方法。目前广泛应用的高分辨二维凝胶电泳(2-DE)最早由 O'Farrell 和 Klose 建立(1975)。二维电泳技术平台除了包括第一维等电点聚焦凝胶电泳系统(图 11-3A)和第二维垂直板凝胶电泳系统(图 11-3B),还包括凝胶染色装置、电泳凝胶图像获取系统和凝胶图像分析软件等。

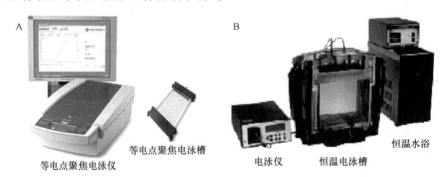

图 11-3   第一维等电点聚焦电泳系统(A)和第二维中等通量垂直板凝胶电泳系统(B)

1. 二维凝胶电泳的基本原理   第一维是等电点聚焦电泳(IEF),其原理是依据蛋白质等电点不同将蛋白质彼此分离。将制备的蛋白质样品上样至固相化 pH 梯度凝胶上电泳时,由于不同的蛋白质具有不同的等电点,若蛋白质在凝胶上所处部位的 pH 与蛋白质等电点(pI)不同时,蛋白质上仍带有净电荷,在外加电场驱动下,蛋白质分子向正极或负极迁移,当达到等电点位置时,蛋白质即停止迁移。目前,固相化 pH 梯度凝胶已商品化,有多种 pH 梯度范围的胶条,胶条的长度也有不同的规格。使用时根据自己的研究目的和实验条件选择合适 pH 梯度范围的胶条。

第二维电泳是十二烷基硫酸钠聚丙烯酰胺凝胶电泳(SDS-PAGE),其原理是依据蛋白质分子质量不同将蛋白质彼此分离。由于 SDS 带负电荷,大量的 SDS 与蛋白质多肽链结合,掩盖了蛋白质原有的电荷差别,使蛋白质成球棒状,故可分离分子质量不同的蛋白质。

2. 二维电泳凝胶染色方法　二维聚丙烯酰胺凝胶电泳(2-DE)常规的显色方法为考马斯亮蓝染色和硝酸银染色,考马斯亮蓝染色灵敏度低,难以显示低丰度蛋白质,银染灵敏度较高,但硝酸银与醛基有特异性反应,染色蛋白质后续质谱分析相对烦琐。另外还有同位素标记和荧光标记染色等方法,尤其值得一提的是荧光显色法,不仅灵敏度高,而且很好地兼容下游的蛋白质鉴定技术。

3. 二维电泳的基本操作过程　二维电泳操作的基本过程:第一维电泳结束后,取出凝胶胶条,经过 SDS 处理,将胶条置于制备好的第二维 SDS-PAGE 凝胶表面,作为第二维电泳的蛋白质样品进行电泳,电泳结束后,取凝胶进行染色并观察或分析。二维聚丙烯酰胺凝胶电泳示意见图 11-4。

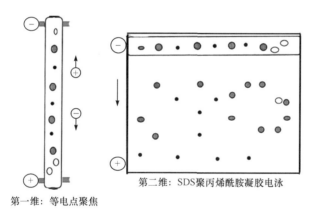

第一维: 等电点聚焦

第二维:SDS聚丙烯酰胺凝胶电泳

图 11-4　二维聚丙烯酰胺凝胶电泳示意图

4. 二维电泳表达的信息和局限性　二维凝胶电泳是目前分离复杂蛋白质混合物最基本的工具,可同时分离数千种蛋白质,是目前所有电泳技术中分辨率最高、信息量最多的技术。图 11-5 显示的是一张蛋白质二维电泳图谱,通过图像分析,可以获得表达蛋白质的数量、估算的相对分子质量(M_r)、等电点(pI)、表达丰度。若对不同培养时期或药物处理前后的样品的电泳图谱进行分析比较,可以得到蛋白质数量和蛋白质丰度变化的数据。虽然二维凝胶电泳应用很广泛,但仍有一些技术上的限制,例如,由于实验条件及主要蛋白质溶解度的变化,导致二维凝胶电泳蛋白质表达模式很难准确重复。因此,

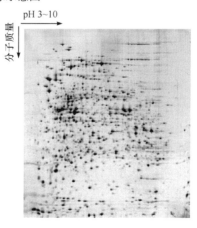

pH 3~10

分子质量

图 11-5　组织蛋白质二维电泳图谱

要精确研究蛋白质表达的微小差异非常困难。为了消除蛋白质在不同凝胶分离过程中的漂移,使定量更加准确,进一步发展建立了荧光差异凝胶电泳技术。

11.3.1.3　荧光差异凝胶电泳

荧光差异凝胶电泳(differential in-gel electrophoresis,DIGE)是在传统二维电泳技术的基础上,结合了多重荧光标记和分析方法,在同一块胶上定量分析不同样品中蛋白质差异表达的技术。即蛋白质组对照样品和不同生理状态的样品分别用不同的荧光染料(Cy2、Cy3 和 Cy5)标记,将不同荧光标记的样品等量混合,在同一块胶上双向电泳,三种荧光染料激发和发射波长不同,在扫描图像分析时,分别用三种不同的激发光对同一凝胶观察,可以得到三种不同颜色荧光信号观察的凝胶图像,分析软件根据凝胶上每个蛋白斑点三种信号比例,判断样品之间的同一蛋白质的表达差异(图 11-6)。通过荧光差异软件全自动地对表达蛋白量进行校准,极大地提高了结果的准确性、可靠性和重复性,保证所检测到的蛋白质丰度变化是真实的,能够鉴定出真正生物学意义小于 10% 的差异。

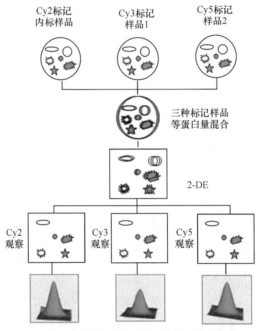

图 11-6　荧光差异双向凝胶电泳流程示意图

DIGE 克服了二维电泳重复性差、不同凝胶之间匹配的误差等问题。由于使用相同的内标并在同一块胶内分离,避免了使用不同凝胶电泳时在操作上的偶然性和不平行性,消除了不同电泳凝胶和不同批次之间的差异,保证统计上的可靠性及操作上的重复性。2-DE 和 DIGE 在蛋白质组学的研究中始终占据着重要的地位,但仍有以下几个问题有待改进:①分辨能力有待提高;②极酸性和极碱性蛋白质、疏水性蛋白质、大分子质量蛋白质及膜蛋白的分析;③低丰度蛋白质的检测;④简化双向电泳实验操作,与质谱直接联用,实现自动化。这些缺陷在一定程度上限制了双向凝胶电泳的应用。

11.3.1.4 高效液相色谱(HPLC)技术

尽管二维凝胶电泳(2-DE)是目前常用蛋白质组分析方法,但其分离能力有限、存在歧视效应、操作程序复杂等。对于动态范围大、低丰度及疏水性蛋白质的分析往往很难得到满意的结果。高效液相色谱(HPLC)具有高效的分离能力,尤其是多维液相色谱作为一种新型分离技术,不存在相对分子质量和等电点的限制,通过不同分离模式组合,消除了二维凝胶电泳的歧视效应,具有峰容量高、自动化程度高等特点。二维离子交换-反相色谱(2D-IEC-RPLC)是蛋白质组学研究中最常用的多维液相色谱分离系统。尤其是液相色谱易与质谱联用,极大提高了蛋白质分析过程的自动化程度,更容易进行不同样品蛋白质组表达差异的定量分析和蛋白质鉴定。

11.3.2 蛋白质快速分析和鉴定技术

在蛋白质组学研究过程中,蛋白质鉴定是最关键环节。蛋白质鉴定的方法虽然多种多样,如氨基酸组成分析、氨基酸序列分析、核磁共振、蛋白质芯片技术等,但蛋白质鉴定的主流技术已无可争议地确定为生物质谱分析技术。

11.3.2.1 生物质谱技术

质谱技术出现于20世纪初,到80年代,由于两种软电离技术的问世,质谱才拓展到生物大分子研究领域。随后经过近20年的发展和应用,质谱技术成为蛋白质研究中必不可少的工具,由于质谱扫描速度极快、自动化程度高、分辨率极高,很快发展成为蛋白质组研究中的主要支撑技术。

1. 质谱及其工作原理 质谱是按照离子的核质比(m/z)对离子进行分离并鉴定的方法。其基本原理是,样品分子首先离子化形成带电荷的离子,依据离子在电场或磁场中运动的性质,将离子按质量和电荷比值(m/z)大小彼此分离并排列成谱。质谱分析的主要作用是准确测定物质的分子质量,并根据碎片特征分析化合物的结构特征。

2. 质谱仪的组成及分类 质谱仪一般由进样装置、离子化源、质量分析器、离子检测器和数据分析系统组成,其中离子化源和质量分析器是两个关键部件。离子化源种类多种多样,如电喷雾离子化源(electron spray ionization,ESI)、快原子轰击离子化源(fast atom bombardment,FAB)、基质辅助的激光解吸离子化源(matrix assisted laser desorption-ionization,MALDI)、大气压化学电离源(atmospheric pressure chemical ionization,APCI)等,它们的作用是将测定的分子离子化。质量分析器作用是将不同的离子彼此分离,决定着质谱的准确度、灵敏度和分辨率。目前常用的质量分析器也多种多样,如飞行时间(time-of-fright,TOF)、四极杆质谱(quadrupole,Q)和傅里叶变换离子回旋共振质谱(fourier transform ion cyclotron resonance,FTICR)等质量分析器。不同类型的质谱仪主要就是根据离子化源和质量分析器这两个部件来分类和命名的,不同离子源和质量分析器相匹配组合,基本确定了质谱仪的工作方式,常见的质谱仪如ESI-Q-MS、MALDI-TOF-MS等。

3. 常用生物质谱 生物质谱的离子化方法基本采用ESI和MALDI这两种软电离方式,而质量分析器则有不同的选择,如三极四极杆、离子阱、飞行时间、傅里叶回旋共振等。不同的质量分析器各有其优势和特点,也有不同的应用范围,目前发展趋势是将不同类型的质量分析器串联起来,以提高质谱的工作性能和适用范围。这里以离子化方式不同对生物质谱仪进行分类和描述。

1) 电喷雾质谱仪(ESI-MS)   电喷雾离子化源(ESI)是一种"软电离"方式。液体样品通过毛细管到达喷口,在喷口高电压作用下形成带电荷的微滴,随着微滴中溶剂蒸发,微滴表面的电荷密度增加,到达某一临界点时,样品将以离子的形式从液滴表面蒸发,进入气相,如图11-7所示。这一过程即实现了样品的离子化,进一步通过质量分析器进行质谱测定。ESI-MS另一大特点是可形成多电荷离子,因此,在较小的 m/z 范围内可以检测到大分子质量的分子。采用电喷雾质谱目前可测定分子质量 100kDa 以下的蛋白质图谱,最高达 150kDa。

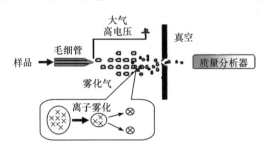

图 11-7   电喷雾离子化源(ESI)电离过程图解

目前常用的以电喷雾离子化方式的质谱有:电喷雾三级四极杆质谱(ESI-Q-MS)、电喷雾三级四极杆飞行时间质谱(ESI-Q-TOF-MS)、电喷雾傅里叶回旋共振质谱(ESI-FTICR-MS)等。由于 ESI-MS 采用液相方式进样,可与液相色谱等仪器联用。蛋白质或多肽经过 HPLC 分离后,直接进入质谱测定。

2) 基质辅助激光解吸离子化质谱(MALDI-MS)   基质辅助的激光解吸离子化源(MALDI)是将样品均匀包埋在固体基质中,基质吸收激光提供的能量而蒸发,携带部分样品分子进入气相,并将一部分能量传递给样品分子,使其离子化,如图 11-8 所示。对于蛋白质和多肽样品,激光波长通常为 337nm,常用的基质如芥子酸、α-氰基-4-羟肉桂酸和 2,5-二羟基苯甲酸等。MALDI 最大的特点是离子通常带有 1 个或 2 个电荷,而不像 ESI 离子化过程的离子带多个电荷,质谱图更容易解析。目前常见的是基质辅助激光解吸离子化飞行时间质谱(MALDI-TOF-MS,MALDI-TOF/TOF-MS)、基质辅助激光解吸离子三级四极飞行时间质谱(MALDI-Q-TOF-MS)等。

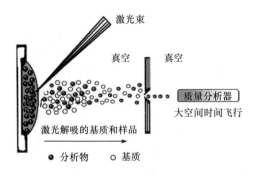

图 11-8   基质辅助的激光解吸离子化源(MALDI)离子化过程示意图

3) 串联质谱技术   指用质谱作质量分离的质谱分析方法,也称质谱-质谱法、多级质谱法、二维质谱法和序贯质谱法。串联质谱仪的组合方式包括多种,但主要分为空间串联和时间串联两种方式。

（1）空间串联质谱：空间串联质谱是由两个或两个以上质量分析器串联而成，两个质量分析器之间有一个碰撞室，目的是将前一级质谱筛选的离子进一步打碎，然后再由下一级质谱进行分析。例如，四级杆质谱（Q-MS）与飞行时间质谱（TOF-MS）串联形成的串联质谱（Q-TOF-MS），MALDI-Q-TOF-TOF-MS 则是将 MALDI 离子源与两个 TOF 质量检测器串联在一起，不但具有 MALDI-Q-TOF-MS 的优点，同时还具有高能碰撞诱导解离能力，使 MS 真正成为高通量的蛋白质测序工具。

（2）时间串联质谱：与空间串联质谱不同，时间串联质谱只有一个质量分析器，在前一个时刻选定研究的离子，在质量分析器中打碎后，在后一个时刻再进行分析。时间串联质谱的代表是傅里叶变换离子回旋共振质谱（FTICR-MS）和离子阱质谱。

近年来，串联质谱分析仪测定蛋白质序列技术也突飞猛进，极大提高了检测的自动化程度及敏感性，如二维色谱-串联质谱（2D-HPLC-MS/MS）可以大规模分离鉴定蛋白质，在鉴定膜蛋白、低丰度蛋白质及大分子蛋白质方面显示出独特的优势，也是蛋白质组研究的有力手段，但串联质谱技术得到的肽序列图谱相对复杂，从图谱进行完整的序列分析难度较大。

11.3.2.2 与质谱相关的蛋白质快速鉴定技术

高分辨二维电泳能将蛋白质高效分离，甚至呈现数以千计万计的蛋白斑点，如何将分离的蛋白质快速和高通量鉴定，是蛋白质组研究重要点解决的问题。随着生物大分子质谱技术的高分辨率、高通量、自动化、智能化发展，已成为目前鉴定已知蛋白质的主流技术。

1）**肽质量指纹图谱** 肽质量指纹图谱（peptide mass fingerprinting，PMF）是 Henzel 等（1993）建立的，是目前蛋白质组研究中较为常用的鉴定方法。PMF 是指蛋白质被酶切位点专一的蛋白酶（最常用的是胰酶）水解后，经质谱测定得到的肽片段质量图谱。质谱测定的肽质量指纹图谱与数据库中的图谱比对，寻找最相似肽指纹图谱的蛋白质，即实现了蛋白质鉴定。PMF 鉴定蛋白质基本程序如图 11-9 所示，具体步骤大致为：蛋白质样品经过 2-DE 或 SDS-PAGE，挖取蛋白斑点的凝胶，依次进行脱色、清洗、胰蛋白酶消化、提取多肽和干燥处理，测定肽质量指纹图谱，图谱与数据库数据比对，实现蛋白质鉴定。

测定 PMF 最有效的质谱仪是 MALDI-MS，灵敏度高，谱峰简单，每个谱峰代表一种肽段。由于测定的蛋白质可能存在翻译后修饰，或者电泳过程中某些氨基酸会引入质量修饰（如半胱氨酸烷基化、甲硫氨酸氧化）等，使测定蛋白质的 PMF 中会有一些肽段质量数与理论值不符，但 PMF 鉴定的最大优点是不需要全部肽质量数都与理论值相符，即可对蛋白质进行鉴定。图 11-10 为双向电泳分离蛋白质鉴定的实例，该蛋白质来源于人白血病细胞，经胰蛋白酶酶切，MALDI-MS 测定 PMF，与数据库检索比对，可鉴定为人丙酮酸激酶。图中标有 * 的质谱峰，是与数据库中丙酮酸激酶肽质量数理论值相符的肽。PMF 方法可同时处理大量样品，是大规模蛋白质鉴定的首选方法。

2）**肽片段部分测序** PMF 本身并没有揭示肽片段或蛋白质的序列，为进一步对蛋白质进行鉴定，出现了一系列描述肽片段的质谱方法。①用酶或化学方法从 N 端或 C 端按顺序去除氨基酸残基，形成一系列阶梯状的肽片段，用 MALDI-TOF-MS 测定肽片段质量图谱，可推算出肽序列。高分辨质谱的分辨率足够高，甚至能够良好地分辨赖氨酸（128.09）和谷氨酰胺（128.06）的质量。②在串联质谱中，首先用第一级质谱测定肽质量指纹图谱（PMF），选择

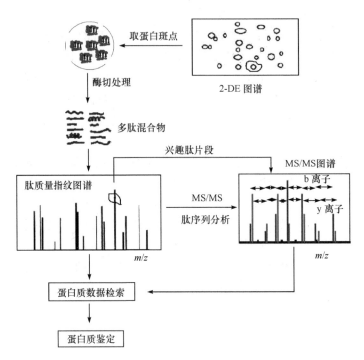

图 11-9   肽质量指纹图谱(PMF)鉴定蛋白质的基本过程

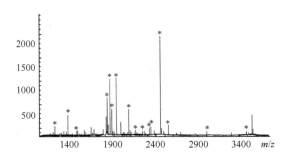

图 11-10   2-DE 胶某一蛋白点 PMF(引自钱小红和贺福初,2003)

经鉴定该斑点为丙酮酸激酶,＊与数据库数据相符

某一有意义的肽片段,在质谱仪内应用源后衰变(post-source cecay,PSD)或经过碰撞诱导解离(collision-induced dissociation,CID),获得该肽片段的肽键断裂碎片图谱,用于肽序列的解析。

3) 氨基酸组成分析   1977 年首次用于蛋白质鉴定,它是利用蛋白质异质性氨基酸组成的特征,通过氨基酸组成分析,对蛋白质进行鉴定。Latter 首次用于 2-DE 凝胶上蛋白质的鉴定,将蛋白质从凝胶中取出,经 155℃ 酸水解 1h,经过自动衍生和色谱分析,约 40min 可检测一个样品。通过与数据库氨基酸组分比对,对蛋白质进行鉴定。其缺点是酸水解不足或部分氨基酸降解,产生氨基酸变化,故需要联合其他方法对蛋白质进行鉴定。

4) 微量测序分析   蛋白质的微量测序法是蛋白质分析和鉴定的最基本的方法。基于 Edman 降解的 N 端测序是常规蛋白质鉴定的方法,虽然测序速度较慢,费用较高,但测定的序列非常准确,依然是蛋白质鉴定的重要依据。如果 2-DE 凝胶中有少数感兴趣的蛋白质或其他方法无法鉴定的蛋白质,而且又需要克隆这些蛋白质的基因,就应该选择 Edman 降解法测序。目前,Edman 降解微量测序已实现了自动化,采用微量 HPLC 进行降解氨基酸的鉴定,不但提高了测序的效率和灵敏度,而且能自动化上样、平行测序,加快了测序进程、降低了测序费用。随着高通量测序技术的突破,微量测序法在蛋白质鉴定中将发挥重要的作用。

11.3.2.3　稳定同位素亲和标签

同位素亲和标签(isotope coded-affinity tags,ICAT)是能够精确分析蛋白质表达量差异的技术。ICAT 是人工合成的化学试剂,可以合成多种专一性标记。ICAT 与质谱技术相结合,能够分析不同样品中蛋白质表达的差异。Aebersold 等首次合成了一种 ICAT,该试剂主要由三部分组成:头部是与蛋白质巯基反应的基团,中间连接子用于同位素标记,尾部是与生物素结合的基团(图 11-11)。其连接子分别用 8 个氢原子(H)或 8 个氘(D)分别标记,构成两种氢同位素亲和标签,这两种 ICAT 相对分子质量相差 8。当不同处理条件的细胞或组织裂解后,分别用这两种 ICAT 标记总蛋白,ICAT 专一地与蛋白质的半胱氨酸巯基共价结合,待反应结束后,将这两种 ICAT 标记的蛋白样品等量混合,用胰酶消化,再经过亲和层析,得到 ICAT 标记蛋白质的酶解片段,进一步通过 LC-MS/MS 肽序列分析,如图 11-12 所示。由于一对 ICAT 标记的两个样品中的肽段相同,LC 图谱的某一色谱峰,在质谱图上总是一前一后出现,且质量数相差 8。比较这两个质谱峰强度,就可以清楚地观察到差异表达的蛋白质,进一步选择表达差异的蛋白质用 MS/MS 进行鉴定。

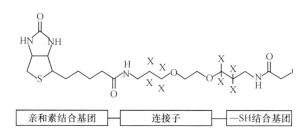

图 11-11　具有巯基结合活性的 ICAT 试剂的结构

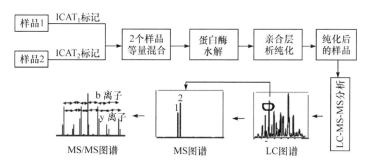

图 11-12　ICAT 标记样品的相对含量分析和肽序列分析流程

近年来发展了多种 ICAT 试剂。如相对和绝对定量的等量异位标签(ITRAQ)、cleavable ICAT、选择性亲和吸附蛋白质氨基或其他基团的 ICAT 及使用固相的 ICAT。除此之外,还有非同位素的 ICAT 系列标记试剂,又称为质量编码的丰度标记(MCAT)等。除了研究蛋白质表达差异以外,还有用于定量研究蛋白质磷酸化、大规模研究 N 端糖基化和规模化分析蛋白质丰度的串联质量标签等。同位素标签定量分析质谱技术使定量蛋白质组分析技术更趋向于简单、准确和快速。今后发展的方向之一依然是开发价格低廉、操作更简便、更灵敏、更准确、与质谱兼容性更好、更稳定的 ICAT,在准确地大规模分析蛋白质差异的基础上,尽量减少质谱分析的工作量。

11.3.2.4　表面增强激光解吸电离飞行时间质谱

表面增强激光解吸电离飞行时间质谱(surface enhanced laser desorption/ionizaticn time-of-flight MS,SELDI-TOF-MS),是利用系统设计的具有特异性的化学表面或生物分子共价偶联的芯片来捕获样品中的蛋白质,经过适当强度的洗涤,去除非特异性结合的蛋白质。在芯片表面添加能量吸收分子(energy absorption molecule,EAM),它能与芯片表面的目标蛋白一起形成一个粗结晶体,该结构能够介导芯片表面结合分子的离子化。根据芯片表面的成分,SELDI-TOF-MS 的蛋白质芯片可分为化学表面芯片和生物表面芯片。其结合机制包括正相的多数蛋白质结合表面、反相吸附的疏水表面、正负离子交换表面、吸附结合金属蛋白的固定金属亲和吸附表面(IMAC)和预激活表面的芯片等。

培养的细胞、组织或体液样品不能直接进行质谱分析,经典的蛋白质差异表达研究,需经过有效的样品纯化和制备再进行质谱分析。SELDI 技术将蛋白质芯片与飞行时间质谱相结合,能够从未经处理的生物样品直接获取蛋白质图谱,可显示样品中各种蛋白质的相对分子质量、含量、等电点、磷酸化位点等信息,识别相对分子质量范围从小于 1000 的多肽至 500kDa 以上的蛋白质,对于低丰度蛋白质有低至 -18 ～ -10 摩尔数量级的灵敏度,速度和处理的信息量远远大于二维电泳。目前,SELDI 技术广泛应用于很多疾病,特别是肿瘤标志物的筛选和鉴定、补充 mRNA 分析等,在蛋白质水平和翻译后修饰方面提供关键信息。

11.4　蛋白质组学的应用与发展趋势

蛋白质组学是对细胞或生物体全部蛋白质的系统鉴定、定量并阐释其生物学功能的学科。自 21 世纪以来,随着高精度、高灵敏度和快速扫描质谱的快速发展及微量蛋白质组样品高效分离技术的进步,蛋白质组学发展迅速,在生理过程与病理机制研究等几乎所有生命科学研究领域得到了广泛的应用,并取得了巨大成就。

11.4.1　蛋白质组学的应用

随着蛋白质组学技术的高速发展,蛋白质组研究技术已应用于生命科学的各个领域,如细胞生物学、神经生物学、临床蛋白质组学、药理蛋白质组学、毒理蛋白质组学等。在研究对象上,覆盖了原核微生物、真核微生物、植物和动物等范围。在基础研究方面,蛋白质组学涉及各种重要生物学现象机制的研究,如细胞分化与胚胎发育中的蛋白质表达图谱、信号转导和蛋白质修饰图谱等。在药物开发及药物作用机制研究方面,蛋白质组学已成为寻找疾病分子标记和药物靶标最有效的方法之一,目前已针对诸如癌症、老年痴呆症(阿尔茨海默病)、心血管病、脑血管病、肿瘤、肝脏疾病、神经、传染病等重大疾病及其发病和治疗机制进行了深入研究,发现了脂肪肝、肝细胞病毒感染、癌变及转移相关的蛋白质标志物群、潜在药靶和候选药物,寻找到了一批与肝炎、肝癌等复杂疾病相关的易感基因,在毒理学、药理学、药学及环境与人类健康关系等领域发挥了重要的作用,这些成果为人类的健康事业和生命科学的发展作出了巨大贡献。

11.4.1.1　宏蛋白质组

宏蛋白质组学是应用蛋白质组学技术研究微生物群落功能基因表达的一项新策略和新技术,在特定的时间对微生物群落的所有蛋白质组成进行大规模的鉴定,弥补了宏基因组难以揭示重复基因、基因表达时空特异性和蛋白质修饰等弊端,目前已在特殊极端环境中功能基因表达、特殊功能蛋白质的开发、生态元素循环等领域,初步展示出其强大功能。例如,对土壤样品的宏蛋白组学分析表明,大多数蛋白质是细菌蛋白质;湖水表层水样中78%的蛋白质也来自细菌;森林采取的水样中,来自植物、真菌和脊椎动物的蛋白质含量约是湖水样品的2倍。有趣的是,森林土壤中的细菌蛋白质数量在冬天比夏天多;降解复杂分子的过氧化物酶只在来自森林土壤的水样品中发现,而与甲烷合成有关的酶只在湖水样品中发现。

11.4.1.2　国际人类蛋白质组计划

蛋白质组学的实质是大规模高通量地分析蛋白质,其最显著特点是依赖于研究技术手段的进步。从蛋白质组学诞生之日起,蛋白质组研究即引起了世界各国政府和学术界的重视,相继启动各具特色的大型蛋白质组学研究计划,试图在这场新世纪最激烈的生命科学竞争中取得先机,甚至许多跨国公司,尤其是制药企业和一些分析仪器公司纷纷投入巨资,相继加入到蛋白质组学的研究阵营,为蛋白质组研究提供了良好的平台和技术。特别是早在2001年,国际人类蛋白质组研究组织(HUPO)的成立,国际人类蛋白质组计划(HPP)的提出,以及陆续启动的一系列国际人类蛋白质组计划,如人类血浆蛋白质组计划、人类肝脏蛋白质组计划、人类抗体计划、糖蛋白质组计划、人类疾病的小鼠模型蛋白质组计划和重要疾病生物标志物计划等,汇聚了大量的人力、物力和财力,掀起了世界范围内蛋白质组研究的热潮,促进了各种技术的进步。至2006年,HPP进入了全面发展阶段,蛋白质组表达谱的构建已由最初数量上的竞争,向标准化、定量化、动态化和功能化发展,并且更加关注低丰度的蛋白质研究技术。同时,蛋白质组的修饰谱、相互作用网络及全细胞/亚细胞的定位研究也渐入佳境。迄今为止,HPP取得了重要的阶段性成果,系统解析出国际人类蛋白质组计划的"一组"(蛋白质组)、"两谱"(表达谱和修饰谱)、"两图"(亚细胞定位图和蛋白质相互作用网络图)和"三库"(样本库、抗体库、数据库)。

11.4.1.3　中国人类蛋白质组计划

在激烈的蛋白质组研究竞争中,我国蛋白质组研究基本与国际同步。2003年,中国人类蛋白质组组织(CNHUPO)成立,2014年6月,"中国人类蛋白质组计划"(China human proteome project,CNHPP)正式启动,标志着中国科学家开始向全面、精确地阐释人体全器官蛋白质组研究又迈出了新的一步,尤其是贺福初院士及其科研团队提出和实施的国际"人类肝脏蛋白质组国际计划",在以下三方面取得了阶段性新成果:①系统性地注释了肝脏蛋白质表达谱和蛋白质修饰谱(两谱);②最大纬度地绘制了肝脏蛋白质的亚细胞定位与相互作用网络图(两图);③建设了大规模的肝脏蛋白质组组织样本库、抗体库和质谱数据库(三库)。

11.4.2　蛋白质组学发展趋势

20 世纪 80 年代,2-DE 固相化 pH 凝胶胶条的发明和标准化、生物大分子质谱技术的发明及蛋白质二维电泳图谱的数字化和分析软件问世,这三项关键技术的突破,极大地推动了蛋白质组学的产生与发展。20 世纪 90 年代,蛋白质组学研究开始兴起,随着国际上蛋白质组研究机构的成立、人类国际蛋白质组计划的启动和发展,蛋白质组学研究技术研究内容日趋完善。目前,蛋白质组学研究已涉及蛋白质表达、转录后修饰蛋白质、功能蛋白质、蛋白质定位与分布、蛋白质相互作用,以及结构蛋白质组与数据库建立和挖掘等各个方面,并取得了很大进展。在国际权威数据库"Web of science"中,以"Proteome"为主题词,检索了 1994~2014 年蛋白质组学研究现状(图 11-13),从文献数量分析,自 21 世纪以来,发表文献数量逐年大幅度攀升,经过 20 年的发展,蛋白质组学已达到了鼎盛时期;从研究内容分析,涉及生物学和医学研究的各个领域,成为目前生命科学研究最热门的研究领域。

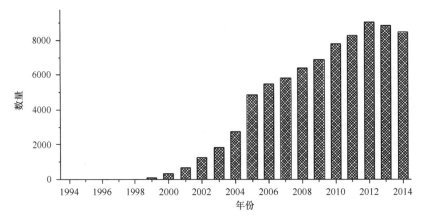

图 11-13　"Web of science"历年收录蛋白质组学研究文献数目

国际上蛋白质组学发展趋势主要集中在以下五个方面:①在现有研究的基础上,进一步以人类、主要粮食作物、经济作物和模式生物为对象,系统全面地进行蛋白质组学解析,阐释生理与病理过程的分子机制,为人类的健康事业和生命科学的发展奠定基础。②进一步发展新技术新方法,以解决蛋白质组研究出现的微量和痕量组分分析难题、蛋白质绝对定量分析难题、大规模分析蛋白质组难题等,今后发展的方向之一依然是开发价格低廉、操作更简便、更灵敏、更准确、与质谱兼容性更好、更稳定的 ICAT,在准确地大规模分析蛋白质差异的基础上,尽量减少质谱分析的工作量。③鉴于生物信息学在解决生物学问题上日益凸显的作用,开发更适合于蛋白质组分析和数据库分析的高性能超级计算机及分析软件,促进蛋白质组发展。④蛋白质组深入系统研究涉及的技术领域非常宽泛,一个团队难以精通所有的研究技术,因此加强国际国内研究团队之间的技术合作是蛋白质组研究的必然趋势。⑤蛋白质组学研究发展了 20 年,取得了巨大的研究成果,发现了大量的代谢标记、药物靶标和具有潜在药用价值的蛋白质,尽快将这些技术产业化并造福人类也是蛋白质组研究发展的必然趋势。

短短的 20 年,蛋白质组研究在全世界范围内如火如荼,已形成了一整套深入系统研究蛋白质组的思路、策略、技术体系和人才队伍,引领着蛋白质组学的发展,并取得了辉煌的成果。蛋白质组学研究的产业化和国际化特点也必将使其具有更加广阔的发展空间。但我们必须清醒地认识到,蛋白质组学的发展蕴藏着巨大的商机,这使蛋白质组学研究远远超出了科学家的实验室范畴,而是向整个生物技术产业渗透,并引发了相关产业的发展。总之,蛋白质组学作为一门新兴学科,给人类展示了一幅美好的前景,目前研究已取得了很大成就,这些研究成果必将为人类生活质量水平的提高和人类健康服务。

思考题

1. 简述蛋白质学诞生和发展的重要标志。
2. 简述蛋白质组及蛋白质组学的概念。
3. 蛋白质组研究重点解决的问题有哪些?
4. 与基因组学相比,蛋白质组学有哪些特点?
5. 蛋白质组学研究主要的支撑技术主要有哪些?
6. 简述高分辨二维电泳及其原理,二维电泳分析能获得哪些信息?
7. 何谓荧光差异凝胶电泳? 其优势和不足有哪些?
8. 如何理解蛋白质的丰度、动态性与时空性?
9. 何谓质谱,简述质谱仪的工作原理和主要组成,生物质谱技术最重要的特征是什么?
10. 简述肽质量指纹图谱鉴定蛋白质技术和蛋白质鉴定的基本程序。
11. 简述目前蛋白质组研究中存在的问题,并思考如何解决。

主要参考文献

菲格斯.2007.工业蛋白质组学.钱小红,贺福初译.北京:科学出版社

郭葆玉.2007.药物蛋白质组学.北京:人民卫生出版社

汉弗莱史密斯,黑克尔.2009.微生物蛋白质组学.王恒樑,岳俊杰,朱利等译.北京:化学工业出版社

贺福初.2013.大发现时代的"生命组学"(代序).中国科学:生命科学,43:1-15

黄迎春.2009.蛋白质工程简明教程.北京:化学工业出版社

李衍常,李宁,徐忠伟,等.2014.中国蛋白质组学研究进展.中国科学:生命科学,44(11):1099-1112

利布莱尔.2005.蛋白质组学导论.张继人译.北京:科学出版社

马首智,孙玉琳,赵晓航,等.2014.高精度相对和绝对定量的等量异位标签在定量蛋白质组学研究中的新进展.生物工程学报,30(7):1073-1082

钱小红,贺福初.2003.蛋白质组学:理论与方法.北京:科学出版社

饶子和.2012.蛋白质组学方法.北京:科学出版社

汪世华.2008.蛋白质工程.北京:科学出版社

杨礼富.2007.蛋白质组学研究技术与展望.热带农业科学,27(2):58-62

叶雯,刘凯于,洪华珠,等.2005.定量蛋白质组学中的同位素标记技术.中国生物工程杂志,(12):56-61

Bian Y,Ye M,Song C,et al.2012.Improve the coverage for the analysis of phosphoproteome of HeLa cells by a tandem digestion approach.J Proteome Research,11:2828-2837

Ding C,Jiang J,Wei J,et al.2013.A fast workflow for identification and quantification of protcomes.Mol Cell Proteomics,12:2370-2380

Guan KL,Yu W,Lin Y,et al.2010.Generation of acetyllysine antibodies and affinity enrichment of acetylated peptides.Nat Protoc,5:1583-1595

He F.2005.Human liver proteome project:plan,progress,and perspectives.Mol Cell Proteomics,4:1841-1848.

Leng F.2012.Opportunity and challenge:ten years of proteomics in china.SciChina Life Sci,55:837-839

Liu Q,Ding C,Liu W,et al.2013.In-depth proteomic characterization of endogenous nuclear receptors in mouse liver. Mol Cell Proteomics,12:473-484

Liu S,Chen H,Lu X,et al. 2010. Facile synthesis of copper(ii) im mobilized on magnetic mesoporous silica mi-
crospheres for selective enrichment of peptides for mass spectrometry analysis. Angew Chem Int Ed Enql,
49:7557-7561

Qin H,Gao P,Wang F,et al. 2011. Highly efficient extraction of serum peptides by ordered mesoporous car-
bon. Angew Chem Int Ed Enql,50:12218-12221

Qin H,Wang F,Zhang Y,et al. 2012. Isobaric cross-sequence labeling of peptides by using site-selective N-ter-
minus dimethylation. Chem Commun(Camb),48:6265-6267

Song C,Wang F,Ye M,et al. 2011. Improvement of the quantificat ion accuracy and throughput for phospho-
proteome analysis by a pseudo triplex stable isotope dimethyl labeling approach. Anal Chem,83:7755-7762

Song C,Ye M,Han G,et al. 2010. Reversed-phase-reversed-phase liquid chromatography approach with high
orthogonality for multidimensional separation of phosphopeptides. Anal Chem,82:53-56

Song C,Ye M,Liu Z,et al. 2012. Systematic analysis of protein phosphorylation networks from phosphopro-
teomic data. Mol Cell Proteomics,11:1070-1083

Wan H,Qin H,XiongZ,et al. 2013. Facile synthesis of yolk-shell magnetic mesoporous carbon microspheres for
efficient enrichment of low abundance peptides. Nanoscale,5:10936-10944

Zhang X,Zhu S,Xiong Y,et al. 2013. Development of a MALDI-TOF ms strategy for the high-throughput anal-
ysis of biomarkers:on-target aptamer immobilization and laser-accelerated proteolysis. Angew Chem Int Ed
Enql,52:6055-6058

12　蛋白质工程的应用

蛋白质工程的出现,为认识和改造蛋白质分子提供了强有力的手段,在揭示蛋白质结构形成和功能表达的关系研究中发挥了重要作用。它不仅可以带动生物技术进一步发展,还可以推动与人类生产、生活关系密切的相关学科的发展。已有研究表明,蛋白质工程在医药、农业、工业、组织工程、环境监测与保护等各行各业中均具有广阔的应用前景,随着蛋白质工程研究对象的扩大和技术的成熟,其应用领域也将不断拓宽。

12.1　在医学领域的应用

随着蛋白质工程技术日新月异的发展,蛋白质工程能够对蛋白质的催化活性、稳定性、最适 pH 范围及底物特异性等进行预期的设计改造,也可以延长蛋白质的储存寿命或提高蛋白质抗氧化的能力,为改造特殊蛋白质、制造特效药物开辟了新的途径。已有研究表明,蛋白质工程在医学领域取得了重要研究成果。

12.1.1　抗体工程

抗体(antibody)是抗原刺激人或动物机体的免疫系统后,由 B 淋巴细胞转化为浆细胞产生的、能与抗原特异性结合的免疫球蛋白。抗体可与细菌、病毒或毒素等抗原结合,并通过特定的方式清除异物。抗体工程(antibody engineering)是通过对抗体分子结构和功能关系的研究,有计划地对抗体蛋白序列进行改造,改善抗体某些功能的技术。抗体工程技术随着现代生物技术的发展而逐渐完善,并且是生物技术产业化的主力军,尤其在生物技术制药领域占有重要地位。通常根据抗体的制备方法和技术,将抗体分为多克隆抗体、单克隆抗体和基因工程抗体三类。抗体在生物医药方面有着广泛的应用,在疾病的诊断、治疗和预防等方面发挥了重要作用。

12.1.1.1　在抗体药物方面的应用

抗体类药物是指含有抗体基因片段的蛋白药物,因其与靶抗原结合的特异性、有效性和安全性等特点,在临床恶性肿瘤、自身免疫性疾病、感染、心血管疾病和器官移植排斥等重大疾病中取得了快速的发展。截至 2014 年已有 48 个抗体类药物上市(表 12-1),约 350 个单抗类药物处于临床研究阶段。由于抗体类药物具有巨大的经济和社会效益,它已成为 21 世纪生物制药领域中最重要的关注焦点之一。

表 12-1　到 2014 年已批准上市的抗体类药物(引自王兰等，2014)

序号	INN 命名	药物名称	抗体类型	靶点	适应证	批准日期
1	Muromonab-CD3	OKT3	Mouse	CD3	异体移植	1986
2	Abciximab	Reopro	Chimeric	Ⅲα、Ⅲβ	心血管疾病	1994
3	Edrecolomab	Panorex	Mouse	17-1A	直肠癌	1995
4	Rituximab	Rituxan	Chimeric	CD20	非霍奇金淋巴瘤	1997
5	Daclizumab	Zenapax	Humanized	CD25	肾脏移植	1997
6	Basiliximab	Simulect	Chimeric	CD25	肾脏移植	1998
7	Eternacept	Enbrel	Fusion Protein	TNFα	类风湿关节炎	1998
8	Palivizumab	Synagis	Humanized	RSV	呼吸道感染	1998
9	Trastuzumab	Herceptin	Humanized	HER2/neu	乳腺癌	1998
10	Infliximab	Remicade	Chimeric	TNFα	类风湿关节炎	1999
11	Gemtuzumabozogamicin	Mylotarg	Humanized	CD33	白血病	2000
12	Alemtuzumab	Campath	Humanized	CD52	淋巴癌	2001
13	Ibritumomabtuixetan	Zevalin	Mouse	CD20	淋巴癌	2002
14	Adalimumab	Humira	Humanized	TNFα	类风湿关节炎	2002
15	Alefacept	Amevive	Fusion Protein	CD2	银屑病	2003
16	Efalizumab	Raptiva	Humanized	CD11a	银屑病	2003
17	Omalizumab	Xolair	Humanized	IgE	过敏性哮喘	2003
18	^{131}I-Tositumomab	Bexxar	Mouse	CD20	淋巴瘤	2003
19	Natalizumab	Tysabri	Humanized	α4-integrin	多发性硬化症	2004
20	Cetuximab	Erbitux	Chimeric	EGFR	结直肠癌	2004
21	Nimotuzumab	泰欣生	Humanized	EGFR	神经胶质瘤	2004
22	Bevacizumab	Avastin	Humanized	VEGF	结直肠癌等	2004
23	Abatacept	Orentia	Fusion Protein	CTLA4	类风湿关节炎	2005
24	Panitumumab	Vectibix	Fully human	EGFR	结直肠癌等	2006
25	Ranibizumab	Lucentis	Humanized	VEGF	黄斑变性	2006
26	Eculizumab	bSoliris	Humanized	C5	血红蛋白尿症	2007
27	Certolizumab pegol	Cimzia	Humanized	TNFα	克罗恩病	2008
28	Golimumab	Simponi	Fully human	TNFα	类风湿关节炎	2009
29	Canakinumab	Ilaris	Fully human	IL1β	隐热蛋白相关周期综合征	2009
30	Ustekinumab	Stelara	Fully human	IL-12/23	银屑病	2009
31	Ofatumumab	Arzerra	Fully human	CD20	慢性淋巴性白血病	2009
32	Catumaxomab	Removab	Rat-mouse hybrid	CD3/ EpCAM	恶性腹水	2009
33	Tocilizumab	Actemra	Humanized	IL-6	类风湿性关节炎	2010
34	Denosumab	Prolia	Fully human	RANKL	骨质疏松	2010
35	Belimumab	Benlysta	Fully human	Bly-S	系统性红斑狼疮	2011
36	Belatacept	Nulojix	Fusion Protein	CTLA4	移植排斥	2011
37	Ipilimumab	Yervoy	Fully human	CTLA4	黑色素	2011

续表

序号	INN 命名	药物名称	抗体类型	靶点	适应证	批准日期
38	Brentuximab vedotin	Adcetris	Humanized	CD30	霍奇金淋巴瘤	2012
39	Pertuzumab	Perjeta	Humanized	Her2	乳腺癌	2012
40	Raxibacumab	Abthrax	Fully human	B. anthrasis PA	炭疽感染	2012
41	Ado-Trastuzumab emtansine	Kadcyla	Humanized	Her2	乳腺癌	2013
42	Obinutuzumab	Gazyva	Humanized	CD20	淋巴癌	2013
43	Itolizumab	Alzumab	Humanized	CD6	银屑病	2013
44	Vedolizumab	Entyvio	Humanized	Integrinα4β7	溃疡性结肠炎/克罗恩病	2014
45	Ramucirumab	Cyramza	Human	VEGFR2	胃癌	2014
46	Siltuximab	Sylvant	Chimeric	IL-6	卡斯特雷曼氏症	2014
47	Nivolumab	Opdivo	Fully human	PD-1	黑色素瘤	2014
48	Pembrolizumab	Keytruda	Humanized	PD-1	黑色素瘤	2014

近年来,抗体药物在中国市场保持着 50% 的平均增长率。截至 2013 年年底,我国批准用于临床的抗体药物达 21 种,其中进口抗体类药物 12 种,国内自主研发抗体药物 9 种(表 12-2)。预计到 2020 年,我国抗体药物市场价值将达到 1000 亿元。

表 12-2 我国批准上市的国产单克隆抗体类生物治疗药物(2015 年 6 月)

序号	药物名称	生产单位	靶点	抗体类型	批准年份	适应证
1	抗 CD3 单抗	武汉生物制品研究所	CD3	Mouse	1999	异体移植
2	抗人白介素-8 鼠单抗乳膏(恩博克)	东莞宏远逸士生物技术药业有限公司	IL-8	Mouse	2003	牛皮癣
3	注射用重组人 II 型肿瘤坏死因子受体-抗体融合蛋白(益赛普)	上海中信国健药业股份有限公司	TNFα	Fusion Protein	2005	类风湿性关节炎
4	碘[131]美妥昔单抗(利卡汀)	成都华神生物技术有限责任公司	CD147	Mouse,[131]I Labeled	2006	肝癌
5	碘[131]肿瘤细胞和人鼠嵌合单抗(唯美生)	上海美恩生物技术有限公司	Tumor cells Nucleus	Chimeric,[131]I Labeled	2006	肺癌
6	尼妥珠单抗(泰欣生)	百泰生物药业有限公司	EGFR	Humanized	2008	鼻咽癌
7	注射用重组人 II 型肿瘤坏死因子受体-抗体融合蛋白(强克)	上海赛金生物医药有限公司	TNFα	Fusion Protein	2011	类风湿性关节炎
8	重组抗 CD25 人源化单抗(健尼哌)	上海中信国健药业股份有限公司	CD25	Humanized	2011	肾脏移植
9	抗血管内皮生长因子-抗体融合蛋白(康柏西普)	成都康弘生物科技有限公司	VEGF	Fusion Protein	2013	湿性年龄相关性黄斑变性
10	注射用重组人 II 型肿瘤坏死因子受体-抗体融合蛋白	浙江海正药业股份有限公司	TNFα	Fusion Protein	2015	类风湿性关节炎

资料来源:马杉姗等,2015

12.1.1.2 在器官移植方面的应用

肾移植术后抗体介导的排斥(antibody mediated rejection,AMR)又称为体液性排斥,主要由受者体内的抗供体特异性抗体(DSA)介导的一类排斥反应。抗 CD20 单克隆抗体可以靶向性地与 B 细胞结合,通过抗原抗体反应,诱导 B 细胞加速凋亡,减少 B 细胞向浆细胞的转化,有效地清除 B 淋巴细胞,抑制体液免疫反应。因此国外有移植中心开始使用抗 CD20 单克隆抗体治疗 AMR,并取得了良好的效果。抗体在心脏和其他器官移植中的应用也有报道,国内已有多项研究在动物模型中取得了较好的效果。

12.1.1.3   在寄生虫病防治中的应用

研究者用弓形虫速殖子表面抗原 1(SAG1),筛选由弓形虫感染患者外周血淋巴细胞扩增得到的人抗 SAG1 Fab 基因库,得到可中和 SAG1 的人 Fab 抗体片段。免疫荧光实验显示,这种抗体片段能够将弓形虫的整个表面都染色,显示其优秀的抗原靶向能力。实验显示,预先用这种 Fab 处理过的弓形虫速增子侵入培养的 MDBK 细胞的能力显著降低。还有研究者将有效靶向布氏锥虫的保守 VSG 的纳米抗体基因,转入非洲锥虫宿主舌蝇的内共生菌 *Sodalis glossinidius* 中,由共生菌在舌蝇体内表达大量的特异性纳米抗体,使锥虫在舌蝇体内发育过程中被杀灭,从而形成一种具有潜力的体内药物传送机制。用这种方法可能将寄生虫消灭在中间宿主阶段,从而进一步降低人畜感染的可能。

12.1.2   抗体酶

抗体酶(abzyme)又称催化性抗体(catalytic antibody),是一类具有催化功能的抗体分子,在其可变区赋予了酶的属性,它既具有抗体的高度选择性又具有酶的高效催化效率。短短 20 年,抗体酶对多种学科展示了其较高的理论价值和应用价值。

12.1.2.1   理论研究中的应用

蛋白质工程法可以精确地改变蛋白质肽链上的任何一个氨基酸残基,因此该方法可用来阐明某一氨基酸残基在抗体结合和催化中的作用。对能和磷酸胆碱结合的抗体深入研究后发现,重链上的两个氨基酸残基 Arg^{H52} 及 Tyr^{H33} 在所有的能结合磷酸胆碱的抗体中均存在,因此可以判定这两个氨基酸残基在抗体的结合及催化过程中起关键作用。

12.1.2.2   有机合成中关键反应的催化

Diels-Alder 环加成反应是有机化学中形成 C—C 键的重要反应,自然界中没有相应的酶催化该反应。该反应需要经过高度有序及熵不利的过渡态反应,反应中化学键的断裂和生成同时进行。此反应的过渡态和产物相似,易引起产物抑制而降低转化速率。研究者利用半抗原诱导获得的抗体酶不仅能显著加速反应,还消除了产物抑制作用。除此之外,抗体酶在催化天然产物合成、周环反应、顺-反脯氨酸异构化等反应中都获得了成功。

12.1.2.3   手性药物合成及拆分

手性药物是指只含有一种对映体的药物,但由于对映体药物性质上的相似而难以拆分,过去手性药物多数以其消旋体形式出售。抗体酶对底物的高度立体专一性,使得它在手性药物合成或外消旋体拆分方面具有重要的应用价值。利用对映体专一性脂肪酶能拆分外消旋醇混合物。第一个商品化的抗体酶是具有醛缩酶活性的抗体 38C2,该抗体可以催化醛缩反应或逆醛缩反应,具有广泛的底物特异性和与天然醛缩酶相似的催化效力。

12.1.2.4 在前药设计中的应用

抗体酶具有特异性结合和催化活性,在前药活化体系研究中具有广阔的应用前景。研究者设计了由两部分构成的氨基甲酸酯的药物前体,在抗体酶作用下该药物前体发生酶解作用,转化为细胞毒性形式。他们制备了几种可以水解氨基甲酸酯酯键的抗体酶,这些抗体酶可以将氮芥药物(一种抗癌药)前体转化为具有细胞毒活性的化合物。药物活化反应发生在原始药物和氨基甲酸酯之间,抗体酶识别整个药物前体结构,用于制备抗体酶的过渡态类似物在结构上与药物前体相似。抗体酶可以活化连接在同一个接头上的不同的药物前体,因此,同一个抗体酶可用于不同癌症的治疗。

12.1.2.5 其他方面的应用

科研人员在研究抗体酶浓度与败血症预后关系时发现,患者 IgG 催化活性比死者的高,IgG 可以水解凝血因子而发挥溶栓作用。该研究结果暗示具有水解酶活性的抗体有可能在出血性疾病的预后方面发挥重要作用。除此之外,抗体酶在治疗有机磷神经毒剂中毒、清理血中代谢废物及预防感染方面也可发挥作用。

12.1.3 抗体偶联物

抗体偶联物(antibody-drug conjugates,ADCs)是将抗体和细胞毒药物通过偶联剂连接起来,利用抗体的特异性靶向作用将高效细胞毒药物传递进入肿瘤,从而达到抗肿瘤的作用。ADC 由单克隆抗体与有治疗作用的小分子药物两部分构成,小分子药物通常是药物或毒素。通过抗体的靶向作用,ADC 对肿瘤细胞表面抗原特异性识别并结合,通过细胞内吞作用进入肿瘤细胞内部,细胞内部的水解酶将 ADC 裂解,释放出小分子药物,引起肿瘤细胞凋亡。ADC 在血液中稳定性高,药物分子不会脱落,因而毒性作用较小,而对肿瘤细胞的抑制作用远远高于裸抗体。截至目前,FDA 已经批准了数十个 ADC 药物进入临床研究,表 12-3 列举了部分处于临床研究阶段的 ADC 药物。

表 12-3　FDA 批准上市和临床研究的主要抗体偶联药物(引自李壮林和姚雪静,2014)

商品名或代号	研发单位	药物结构	靶点	适应证	研发进度
Mylotarg	Wyeth	Gemtuzumab-hydrazone-calicheamicin	CD33	白血病	2000 年 FDA 批准,2010 年撤市
Adcetris/SGN-35	Seattle Genetics	Brentuximab-MC-VC-MMAE	CD30	霍奇金淋巴瘤,复发性间变性大细胞瘤	2011 年 FDA 批准
Kadcyla/T-DM1	Genentech/Roche/ImmunoGen	Trastuzumab-MCC-DM1	HER2/neu	HER2 阳性乳腺癌	2013 年 FDA 批准
CMC-544	Wyeth	Inotuzumab-hydrazone-calicheamicin	CD22	非霍奇金淋巴瘤,淋巴细胞白血病	Ⅲ期临床
IMGN901	ImmunoGen	HuN901-SPP-DM1	CD56	小细胞肺癌,多发性骨髓瘤,卵巢癌等	Ⅱ期临床
CDX-011	Celldex Therapeutics/Seattle Genetics	CDX-011-MC-VC-MMAE	糖蛋白	NMB 黑色素瘤,乳腺癌	Ⅱ期临床

商品名或代号	研发单位	药物结构	靶点	适应证	研发进度
hLL1-DOX	Immunomedics	Milatuzumab-doxorubicin	CD74	多发性骨髓瘤	Ⅱ期临床
IMGN242	ImmunoGen	HuC242-DM4	黏液素 CanAg	胃癌	Ⅱ期临床
SAR3419/huB4-DM4	Sanofi/ImmunoGen	HuB4-SPDB-DM4	CD19	B 细胞淋巴瘤	Ⅱ期临床
BT-062	Biotest/ImmunoGen	Anti-CD138-SPDB-DM4	CD138	多发性骨髓瘤	Ⅰ/Ⅱ期临床
IMGN388	J&J/Centocor/ImmunoGen	Antibody-SPDB-DM4	整合素	实体瘤	Ⅰ期临床
BIIB-015	Biogen-Idec/ImmunoGen	Antibody-SPDB-DM4	Cripto	实体瘤	Ⅰ期临床
SAR566658	Sanofi/ImmunoGen	HuDS6-DM4	CA6	实体瘤	Ⅰ期临床
IMGN853	ImmunoGen	Antibody-DM4	folate 受体 1	FOLR-1 阳性实体瘤	Ⅰ期临床
IMGN529	ImmunoGen	Antibody-SMCC-DM1	CD37	非霍奇金淋巴瘤,慢性淋巴细胞白血病	Ⅰ期临床
BAY 79-4620	Bayer/Seattle Genetics	3ee9-MMAE	CAIX(MN)	实体瘤	Ⅰ期临床
MDX-1203	Bristol-Myers Squibb	MDX-1203-MC-VC-MG-BA(duocarmycin)	CD70	肾癌,非霍奇金淋巴瘤	Ⅰ期临床
MEDI-547	AstraZeneca MedImmune/Seattle Genetics	1 C1-MC-MMAF	EphA2	实体瘤	Ⅰ期临床
SGN-75	Seattle Genetics	SGN-70-MC-VC-MMAF	CD70	肾癌,非霍奇金淋巴瘤	Ⅰ期临床
PSMA-ADC	Progenics/Seattle Genetics	Anti-PSMA-MMAE	前列腺特异性膜抗原	前列腺癌	Ⅰ期临床
ASG-5ME	Astellas Pharma	Anti-AGS-5-MMAE	AGS-5	前列腺癌,胰腺癌,胃癌	Ⅰ期临床
AGS-16M8F	Astellas Pharma	Anti-AGS-16-MMAE	AGS-16	肾癌	Ⅰ期临床

12.2　在药物研发领域的应用

　　蛋白质工程技术可为生物药物合成或改造提供设计方案,并通过有针对性的改造,使合成的重组蛋白药物的活性、稳定性、生物利用度、半衰期、免疫原性等得到改善。该技术在生物药物创新研究领域的应用价值日益凸显。

12.2.1　白细胞介素-2 的改造

　　白细胞介素-2(IL-2),又称 T 细胞生长因子,是一种具有广泛生物活性的细胞因子。它是中国第一个基因工程生产的蛋白质药物,临床上可用于恶性肿瘤治疗、感染性疾病的治疗、阵痛的治疗等。然而 IL2 相对分子质量小,极易通过肾小球滤过而排出,导致血浆半衰期很短。为了克服上述缺点,国内外研究者对 IL-2 进行了分子改造,使其具有高效低毒性,以获得更好的临床应用。

　　1. 定点突变　　人 IL-2 有 3 个半胱氨酸(Cys)残基,其中 Cys58 和 Cys105 形成分子内二硫键,而 125 位的巯基游离。通过定点突变的方法用丝氨酸(Ser)取代 Cys125,得到的变异重组人 IL-2 比活性提高 30%,稳定性增强,解决了 IL-2 复性过程中易 S—S 错配导致无活性异构体或多聚体产生的问题。Fallon 等发现 IL-2 相邻两个位点的突变体 L18M/L19S 在结构完整性及与高亲和力受体结合能力两方面均与野生型 IL-2 相同。因此，为了提高重组人 IL-2(rh IL-2)的稳定性及活性，常将野生型 IL-2 改造成三重突变体(C125A/L18M/L19S)。

2. 化学修饰 研究者等采用聚乙二醇活性酯(PEG5000)修饰重组人白细胞介素-2(rIL-2)，得 25kDa 修饰产物 PEG-rIL-2，生物活性保留 69.7%，PEG-rIL-2 激活的 LAK 细胞对人体肝癌细胞 BEL-7 和 K562 细胞的杀伤作用和 rIL-2 相近甚至强于 rIL-2。小鼠体内的药代动力学研究表明，经静脉给药后，PEG-rIL-2 较 rIL-2 的系统清除率降低了 7.7 倍，清除半衰期延长了 12 倍。选用 MPEG 硝基苯基碳酸盐作为 rhIL-2 的修饰剂得到的 PEG-rhIL-2(W28000)在 25℃和 70℃条件下的稳定性均优于 rhIL-2，同时抗胰酶能力也有明显提高，而且水溶性得到了极大增强。

3. 构建融合蛋白 利用基因重组技术将 IL-2 基因与其他蛋白质分子基因嵌合，表达出 IL-2 的融合蛋白。研究者发现，T 细胞抗原受体融合蛋白具有结合细胞表面 IL-2 受体和刺激 NK 细胞反应的活性，该融合蛋白通过促进免疫细胞结合肿瘤细胞表面 HLA 复合物而发挥抗肿瘤的效果。研究者利用人血清白蛋白融合技术构建了 IL-2 和人血清白蛋白的融合基因，将该融合基因整合进毕赤酵母染色体，在信号肽的作用下分泌表达融合蛋白 rIL-2-HSA，所表达融合蛋白具有较高的天然 IL-2 的生物活性，并具有很好的光稳定性。和对照相比没有明显的降解现象发生，4℃保存半年后仍有大于 97% 的纯度和最高的活性，为进一步研究开发长效白介素-2 相关药物奠定了基础。

12.2.2 干扰素的改造

干扰素(interferon, IFN)是一类重要的家族性细胞因子，具有广谱的抗病毒、抗细胞增殖和免疫调节作用。IFN-α 为第一个广泛应用于临床并取得明显疗效的细胞因子，然而干扰素相对分子质量较小，易被肾小球滤过，易被血清蛋白酶降解，半衰期短等缺点限制了它的临床应用。近年来，一系列蛋白质工程手段被用于改造干扰素并取得了良好的结果。

1. 延长半衰期

(1) 聚乙二醇修饰：美国先灵葆雅公司于 2000 年推出世界上第一个长效干扰素佩乐能(通用名聚乙二醇干扰素 α2b 注射剂)，用于慢性丙型肝炎的治疗，在全球长效干扰素中处方量排名第一。其作用原理是使用甲氧基聚乙二醇琥珀酰亚胺碳酸酯(NHS-mPEG)修饰 IFN 的 His 残基和 Lys 残基，由于 NHS-mPEG 与 His 成键不稳定，在体内会断裂并释放 IFN-α2b，从而起到缓释作用。2002 年瑞士罗氏公司使用含两条 PEG 链的 NHS-mPEG 修饰 IFN-α2a 的 Lys 残基，得到了含稳定酰胺键的 PEG-IFN-α2a，即派罗欣(通用名聚乙二醇干扰素 α2a 注射液)，获得了 FDA 批准，适用于治疗成人慢性乙型肝炎和慢性丙型肝炎，静脉注射后半衰期为 80h，保留 1% 活性。

(2) 糖基化修饰：研究者向重组 hIFN-α2b 序列中插入 4 个 N 端糖基化保守序列，构造了潜在 N 端糖基化位点 Asn-X-Ser/Thr。通过中国仓鼠卵巢细胞(CHO)表达后，N 端可自行完成糖基化修饰，得到 4N 糖基化干扰素(4N-IFN)。4N-IFN 保留了未修饰 IFN 体外活性的 10%，半衰期延长了 25 倍，体内清除率降低 20 倍，生物利用度提高 10 倍；小鼠静脉注射后线下面积增长 10 倍，体内分布也更广泛，并有显著的体内抗肿瘤活性。

(3) 构建蛋白融合：由人类基因科技公司和诺华公司合作开发的人血清白蛋白融合干扰素 ZALBIN(albinterferon alfa-2b，又名 Albuferon)已上市，主要用于治疗丙型肝炎。ZALBIN

为人血清白蛋白 HSA 的 C 端与 IFN-α2b 的 N 端直接融合形成的单链蛋白质分子 HSA-IFN-α2b,与 IFN-α 相比清除率降低 140 倍,半衰期延长 18 倍。临床 Ⅰ 期试验结果表明,其平均清除半衰期为 159h,有效性和安全性与佩乐能相当。

(4) 定点突变技术:利用定点突变技术,使蛋白酶位点改变成对蛋白酶不敏感的其他氨基酸,从而可减少血液中酶对其降解,延长体内半衰期。Nautilus 公司利用其专有的蛋白质进化技术获得一个长效 IFN-α 突变体 Belerofon™。该分子与天然 IFN-α 相比只有一个氨基酸发生了突变,但对血液和组织中蛋白水解酶的敏感性显著降低,其药代动力学特性优于 IFN-α,其毒性反应、耐受性和免疫原性与 IFN-α 相当。

2. 增强靶向性　早在 1996 年,研究者将 2～3 个半乳糖残基引入 IFN-α1 分子,制备了半乳糖基 α1-干扰素(IFN-α1-Gal),核素示踪结果显示 IFN-α1-Gal 较未修饰 IFN-α1 具有明显趋肝性,且效价提升了 2.77 倍。研究者通过双功能接头试剂将半乳糖化的血清白蛋白(含有 69 个 Lys)与 IFN 共价连接,得到了偶合物 G-HSA-IFN,该分子的抗病毒活性较 HSA-IFN 并未明显增加,但体内分布研究表明,G-HSA-IFN 具有显著趋肝性,同时具有 HSA-IFN 的长效性特点,临床前景良好。

随着化学修饰与基因工程、蛋白质工程等技术的不断提高,相信未来的干扰素制品会有更好的应用前景。文中所提到改善 IFN 特征的主要技术手段及其修饰后产品如表 12-4 所示。

表 12-4　改善干扰素特性的蛋白质工程手段及其修饰后产品(引自程天翼等,2011)

修饰技术手段	IFN 修饰后产品	特点	研发者,年份
PEG 非定点修饰 IFN	12KDPEG-IFN-α2b 佩乐能	第一个长效干扰素,半衰期 40h	先灵葆雅(美),2000 年
	40KDPEG-IFN-α2a 派罗欣	分支化修饰剂,半衰期 80h	罗氏公司(瑞士),2002 年
	43kDa 三联体 PEG3-IFN-α2a	三联体修饰剂,半衰期为未修饰的 40 倍	Jo 等,2008 年
PEG 定点修饰 IFN	PEG-IFN-M111C	活性保留高,为未修饰 IFN 的 1/2	Bell 等,2008 年
	PEG-IFN-Con-m2	定点单修饰体纯度高于 98%	牛晓霞等,2008 年
糖基化修饰 IFN	4N-IFN	半衰期为未修饰 IFN 的 25 倍,稳定	Ceaglio 等,2008 年
白蛋白修饰 IFN	ZALBIN(Albuferon)	基因融合技术,半衰期 159h	诺华公司,2006 年
	HSA-IFN(C345)	优化基因融合技术,复兴率高,稳定	Zhao 等,2009 年
IgG Fc 修饰 IFN	IFNα2b-Fcγ	半衰期为未修饰 IFN 的 9 倍	王磊等,2008 年
ASGP-R 介导修饰	G-HSA-IFN	有显著趋肝性,长效	Cai 等,2009 年
抗 HBs 抗体介导修饰	dsFv-IFN	单一质粒表达,HbsAg 靶向	江乐等,2010 年
腺相关病毒介导修饰	AAV-hTERT-IFN-β-TRAIL	联合病毒治疗优于单一治疗	Wang 等,2010 年

12.2.3　葡激酶的改造

葡激酶(staphylokinase,SAK)是一种具有极大临床应用前景的新型溶栓制剂,不仅具有高效的纤溶活性及对纤维蛋白有特异的识别作用,而且在溶栓过程中血纤维蛋白原降解少,不会引起全身纤溶亢进。但葡激酶进入机体后容易诱发免疫反应,且血浆半衰期短,仅持续 3min 左右。80% 以上的患者用药后 2 周机体会产生高滴度的 IgG 中和抗体,且抗体水平可以维持半个月到 1 年左右,严重影响了葡激酶的重复使用。

1. 表位研究与定点突变　用定点突变的方法去除其抗原表位,是获得新型低免疫原性溶栓药物的重要方法之一。研究者对 Arg77 和 Glu80 进行定点突变,用丙氨酸或丝氨酸替换 Glu80 可部分降低 T 细胞和 B 细胞表位;将 Arg77 替换成谷氨酸、精氨酸或赖氨酸也可部分降低 T 细胞表位。在获得的 6 个双突变体中,Sak(R77Q/E80A)和 Sak(R77Q/E80S)可有效降低部分 B 细胞和 T 细胞表位,同时显著降低它们的免疫原性,而其纤溶活性和催化效率与 γ-葡激酶相当。

2. 化学修饰　　葡激酶的特异性氨基酸残基定点突变为半胱氨酸后再经 PEG 修饰,可以延长药物在血液中的循环半衰期,并减少毒性作用。同时,PEG 修饰可以使葡激酶分子质量大大增加,增强其水溶性,增强抵抗蛋白酶水解的能力,并且降低肾脏对蛋白质的排泄作用。研究者用 PEG 修饰远离 SAK 活性区域的 C 端,结果显示,采用丙基和戊烷基作为接头分子时会使 SAK 形成比较松散的结构,采用疏水性且刚性较强的苯基作为接头分子可使 SAK 形成较为紧密的结构(图 12-1)。与松散结构的 PEG-SAK 相比,这种紧密结构的 PEG-SAK 能更有效地保留生物活性、延长血液中的半衰期、降低对蛋白酶的敏感性和免疫原性。

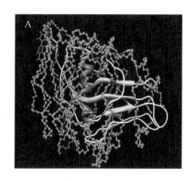 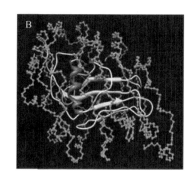

图 12-1　PEG 修饰的 SAK 的结构(引自 Xue et al.,2013)

A. 紧密结构;B. 松散结构

12.3　在工业和能源领域的应用

蛋白质工程技术能够根据酶分子结构与功能的关系,改变酶分子的结构,从而改善酶的功能,甚至创造出天然酶分子所没有的新功能,并使之适合于工业应用的需要。工程化的蛋白质已成功应用于工业、农业和能源环境等领域。

12.3.1　在工业生产中的应用

蛋白质工程在工业上应用很广,也非常成功。这里以葡萄糖异构酶和 L-谷氨酸脱羧酶的改造为例进行介绍。

12.3.1.1　葡萄糖异构酶的改造

葡萄糖异构酶(glucose isomerase,GI,EC. 5.3.1.5)能够催化 D-葡萄糖到 D-果糖和 D-木糖到 D-木酮糖的异构化反应,是工业上大规模从淀粉生产高果糖浆的关键酶,且该酶可将木聚糖异构化为木酮糖,再经微生物发酵生产乙醇。但在工业上大规模应用上还存在一定的缺陷,如高温环境中的稳定性不高、最适 pH 偏碱性(7.0～9.0)等。因此,采用蛋白质工程手段改善葡萄糖异构酶在工业应用中的性能十分必要。

1. 降低酶的最适 pH　　来源于锈赤霉链霉菌(*Streptomyces rubiginosus*)的木糖异构酶以稳定的同源四聚体形式存在,单亚基分子质量为 43kDa,活性中心呈深陷的口袋状,每个活性中心包括 M1 和 M2 两个二价金属离子结合位点。结构离子 M1 与 Glu181、Glu217、Asp245 和 Asp287 的羧基氧原子成四配位;催化离子 M2 与 Glu217、Asp255、Asp257 的羧基氧原子和 His220 的咪唑基团及一个溶剂分子的氧原子配位成键;糖底物位于 M1 和 M2 之间,催化残基为 His54(图 12-2),该酶活力及稳定性跟二价金属离子有重大关系。

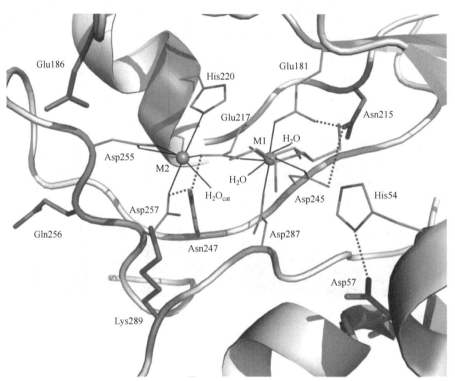

图 12-2　链霉菌木糖异构酶的活性中心(引自 Waltman et al.,2014)

研究者分别在该酶的 N 端添加了 6 个组氨酸标签和 12 个组氨酸标签,获得了重组酶 rWT-His$_6$ 和 rWT-His$_{12}$。在 pH7.7 时重组酶的活性较低,在 pH5.8 的条件下 2 个重组酶的催化活性均为野生酶的 2 倍,数据显示此环境下重组酶与底物 D-木糖的亲和性远远高于野生酶。对 rWT-His$_6$ 的研究发现,六聚体组氨酸位于 N 端,距离活性中心 30Å,在 pH 低于 6.0 时,六聚体组氨酸上的咪唑基发生质子化,产生的 +6 的电荷可以影响金属位点的结构,从而增加酶与底物的亲和性。当野生酶 N 端连接 12 个组氨酸标签后,在低 pH 条件下重组酶 rWT-His$_{12}$ 表现出更强的底物亲和性。

2. 改变底物的专一性,提高催化效率　　为了改善底物优先选择性,研究者对嗜热细菌 *Thermus thermophilus* 的木糖异构酶进行了位点特异性改造,将金属离子 M2 附近的 D254 和 D256 替换为精氨酸,获得了两个单突变体(D254R 和 D256R)和一个双突变体(D254R/D256R)。结果显示,D254R 和 D254R/D256R 完全丧失活性,D256R 表现出对非优势底物 D-来苏糖、L-阿拉伯糖和 D-甘露糖的优先选择性。通过模型分析进行解释,一是精氨酸与离子间的相互作用参与了催化反应;二是由于精氨酸的侧链比天冬氨酸长,精氨酸替换天冬氨酸后可改变底物结合口袋的方向,从而使底物更容易定向(图 12-3)。

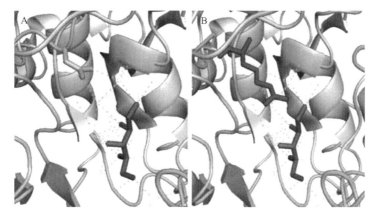

图 12-3 木糖异构酶与底物结合后的晶体结构(*S. rubiginosus*)(引自 Patel et al. ,2012)

A. 野生酶(D256);B. 突变酶(D256R)

3. 增强热稳定性 研究者构建了嗜热菌 *Thermobifida fusca* 葡萄糖异构酶(TFGI)的 3 个突变体:TFGI/T26P、TFGI/A30P 和 TFGI/T26P/A30P。结果表明突变体 TFGI/A30P 的热稳定性得到提高,70℃下半衰期从 14.9h 提高到 22.3h,且最适温度不变,最适温度下的比酶活保持不变。而突变体 TFGI/T26P 和 TFGI/T26P/A30P 在 70℃下半衰期都降到8.1h,最适温度和最适温度下的比酶活也都显著降低。TFGI 及其单突变体的三维结构模型叠加分析结果表明,突变体 A30P 没有产生其他分子间作用力,TFGI 的"Phe27 环"的基本结构没有改变,因脯氨酸残基降低了蛋白质解折叠的熵值,所以其热稳定性提高而比活力不变。

12.3.1.2 L-谷氨酸脱羧酶的改造

L-谷氨酸脱羧酶(L-glutamate decarboxylase,GAD)是 γ-氨基丁酸(γ-aminobutyric acid,GABA)生物合成过程中的关键酶。目前,GAD 在大规模生物合成 GABA 的应用方面主要有两个限制因素:第一,GAD 的最适 pH 通常为酸性,而底物 L-谷氨酸呈中性偏碱,为了达到GAD 的最适 pH 条件,生产时必须向反应体系中加入大量的盐酸或硫酸;第二,酶蛋白极易受热失活,不能通过提高温度的方式加快反应速率,不利于 GABA 的合成。

1. 改善 pH 特性 Pennacchietti 等(2009)发现大肠杆菌 GadB 中 His[465] 对酶活性状态的影响巨大,在碱性条件下 C 端倒数第二个氨基酸残基 His[465] 咪唑基上的 N 与 Lys[276] 上连接的 5-P-吡哆醛形成稳定作用,从而封闭了酶的活性位点,导致酶无活性(图 12-4)。Pennacchietti 对大肠杆菌 GAD β 端两个氨基酸进行了置换和缺失突变,获得了 2 个突变体 GadBH465A 和 GadB△HT(His[465] 和 Thr[466] 缺失)。结果显示,当 pH 在 5.9 时突变体的酶活是野生型酶活的 4 倍多;在 pH 为 6.7 时,GadBH465A 和 GadB△HT 仍能以较快的速率催化谷氨酸的脱羧,反应 2h 后突变体可催化 47% 的谷氨酸转化为 GABA,而野生型仅催化了 8% 的底物转化。

研究者从一株具有较高 GABA 发酵产量的短乳杆菌中克隆获得了一个编码谷氨酸脱羧酶 GAD1407 的基因,并在大肠杆菌中实现了该基因的重组表达。通过同源建模获得了GAD1407 的三维结构模型,构建了 GAD1407 的突变文库,经过筛选获得了突变酶 S307N(图12-5)。测定了 S307N 在不同 pH 下的比活力,结果显示在最适 pH 时突变酶催化活力有所下降,但是当 pH 大于 5.0 以后,其催化活力高于野生型;在 pH6.0 时,突变酶催化谷氨酸脱羧生成 GABA 的活力为野生型的 2 倍。

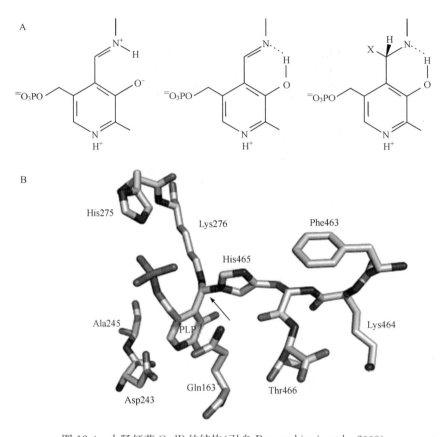

图 12-4　大肠杆菌 GadB 的结构(引自 Pennacchietti et al.,2009)

A. PLP-Lys[276]可能存在的几种形式酮式(左)、烯醇式(中)和稳定结构(右);B. PLP-Lys[276]与 His[465]之间的相互作用

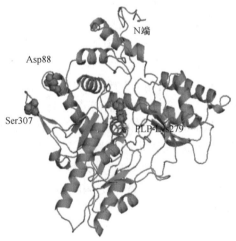

图 12-5　GAD1407 突变体 S307N 的结构(引自林玲等,2014)

2. 提高催化活性　　研究者采用同源模建技术构建了短乳杆菌 GAD1407 的结构模型,对酶活性中心进行分析后发现,酶的 C 端在中性 pH 下阻挡了底物入口从而抑制了酶活性。据此构建了 C 端缺失 14 个氨基酸的突变体 GADAC。GADAC 变体酶在 pH 6.0 下催化活性得到提高,反应 2h 后的 GABA 产量为野生型酶的 4.8 倍。结构分析显示,C 端的切除改变了

酶活性中心的微环境,解除了原先 C 端对活性口袋的"封闭"效应。该突变酶在生物转化法连续制备 GABA 方面表现出良好的应用前景。

3. 提高热稳定性　研究者通过定点突变,最终得到突变酶 C379V,其半失活温度 $T_{1/2}$ 比亲本酶提高了 5℃,并且酶的比活力比亲本提高了 19%。模型分析可知,C379 位点被 I369、L377 和 I420 三个疏水性氨基酸残基所包围,将原来的 Cys 替换为 Val 后增加了该位点与周围三个氨基酸残基的疏水作用力,提高了包装密度,填补了疏水空穴,这种疏水力的提高很可能是酶热稳定性提高的根源。同时 C379V 的引入有可能增加了底物入口处的疏水表面积,通过更好地维持底物在活性中心的正确取向、促进产物 CO_2 的释放而提高了酶的催化效率。

12.3.2　在能源领域的应用

纤维素是一种极佳的可再生资源生物质能,纤维素酶(cellulase)是一组可将木质纤维素降解为葡萄糖的复合酶,广泛应用于生物转化、食品、纺织、造纸、饲料和洗涤剂等多个行业中。纤维素酶由三类功能不同作用互补的酶系组成,分别是内切葡聚糖酶(endoglucanases,EG,EC 3.2.1.4),可作用于分子内的无定形区,随机水解 β-1,4 糖苷键,将长链纤维素分子降解成短链;外切葡聚糖酶(cellobiohydrolases,CBH,EC 3.2.1.91),作用于纤维素分子内的结晶区、无定形区;β-D-葡萄糖苷酶(β-glucosidases,BGL,EC 3.2.1.21),将纤维二糖水解成葡萄糖。

1. 提高酶的活性　研究者从 450 株海洋菌和陆地样品中克隆到能够表达出具有较高水解活性的内切葡聚糖酶基因 cel5A,之后采用易错 PCR 和体外定向进化技术建立了来源于 *Bacillus subtilis* BME-15 的内切葡聚糖酶基因 cel5A 突变体库。利用刚果红染色法对突变体库中的 71 000 株克隆进行筛选,得到的 3 株高活性突变株 M44-11、S75 和 S78,水解羧甲基纤维素钠的活性分别是野生型的 2.03、2.54 和 2.68 倍,此外 M44-11 的酸碱耐受性和热稳定性也得到提高。S75 的 V255A 突变位点位于活性中心,且非常接近催化位点 Glu257,分析显示,这一位点的改变可能不会引起附近其他氨基酸残基的氢键变化,但却可以减少活性中心的空间位阻,从而形成更大的活性口袋,提高催化效率(图 12-6)。

2. 提高酶的稳定性　研究者对 4 种同源的白蚁纤维素酶基因进行 DNA 改组,筛选得到若干个突变体。其中 PA68 的最高作用温度提高了 10℃,在 50℃下保温 150min 后仍可保持 54% 的酶活力。Voutilainen 等(2009)将来源于 *Melanocarpus albomyces* 的 Cel7 B 于酿酒酵母中表达,并通过随机突变对酶进行了定向进化,筛选得到了 2 个突变体 A30T 与 S290T,变性温度分别提高了 1.5℃ 和 3.5℃,S290T 在 70℃ 下的酶活性是野生酶的 2 倍,热稳定性得到了较大的提升。

3. 减弱产物抑制作用　研究者对 *Trichoderma reesei*(*Hypocrea jecorina*)的 Cel7A(*Tr*Cel7A)的突变位点,对 *Talaromyces emersonii* Cel7A(*Te*Cel7A)进行定点突变,研究了突变酶对微晶纤维素的水解活性及对纤维二糖抑制作用的抵抗能力。获得了 10 个突变体,其中突变体 Y385A 对纤维二糖的抵抗作用增强(19%),对底物纤维素的酶活性丧失最少(1%);突变体 R248K 对纤维二糖的抵抗作用增加(26%),但酶活性丧失较大(16%)。模型分析结果显示,当 *Te*Cel7A 水解纤维素底物生成纤维二糖后氨基酸残基 R248 和 Y385 可发生相互作用,形成封闭的、通道状的稳定结构阻碍产物纤维二糖的释放,从而产生了产物抑制作用(图 12-7)。当 385 位的酪氨酸突变成体积较小的丙氨酸(Y385A),或 248 位的精氨酸突变成赖氨酸(R248K)后,此处不能再形成上述所说的封闭结构,从而产物纤维二糖可顺利释放,降低了产物抑制作用。

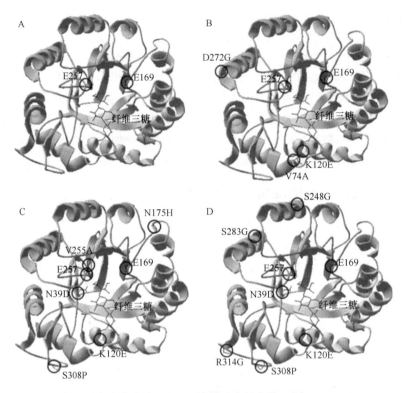

图 12-6　氨基酸突变位点在 GH5 三维模型中的定位(引自 Lin et al. ,2009)

A. Ce15A 的催化结构位点 Glu169 和 Glu257；B. M44-11 的突变位点；C. S75 的突变位点；D. S78 的突变位点

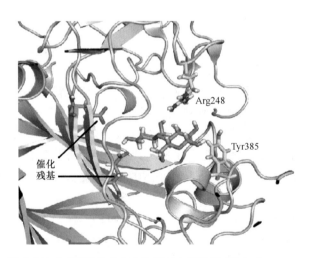

图 12-7　*Te*Cel7A 中 Y385 和 R248 的相对空间位置(引自 Atreya et al. ,2016)

12.4　在组织工程领域的应用

　　1987 年美国国家科学基金会正式提出了组织工程的概念，它是应用工程科学与生命科学的基本原理和方法，研究与开发生物替代物，从而恢复、维持和改进人体组织功能的一门新兴科学。目前被开发应用的天然蛋白基水凝胶主要有胶原蛋白、明胶、丝素蛋白、纤维蛋白、弹性蛋白和植物蛋白等。

12.4.1 胶原蛋白

胶原蛋白(collagen,Coll)是动物结缔组织的主要结构成分,具有低免疫原性、良好的细胞和组织相容性的特点,但 Coll 的材料力学性能较差、降解速率快等缺点降低了其修复效果。研究人员对 Coll 进行 L-赖氨酸(L-Lysine,Lys)化修饰,以京尼平(genipin,GN)为交联剂制备的新型 L-赖氨酸化胶原蛋白(Lys-Coll-GN)支架,较 Coll-GN 支架相比纤维结构增多、孔隙率高、断裂拉伸长度显著增加。由 Lys 修饰引进了更多的交联位点,使胶原分子间的酰胺键密度增加,提高了材料的稳定性,同时发现,Lys-Coll-GN 支架表现出低生物降解速率,更适合作为创伤修复材料。

研究者采用戊二醛交联并冷冻干燥制备多孔胶原海绵支架,纤维蛋白与载体的 PLGA 微球混合后加入凝血酶,注入胶原膜中制备复合支架。测定支架 S_{CFM} 代表性的 3 个部位的载体含量均匀,在含有低浓度的胶原酶和纤溶酶的降解液中孵育一定时间,支架 S_{CFM} 经重新冻干后肉眼观察都不同程度变得疏松柔软,且表面粗糙。扫描电镜观察(图 12-8)发现,48h 支架 S_{CFM} 仍保持较完整结构,其中分布的 PLGA 微球呈现轻微的变形,但仍包裹于支架中,96h 支架的空隙增大,其中微球已经变形,可观察到其中部分完整的微球及释放一段时间后变形及聚集的微球,并且微球数量也相应减少,降解介质中出现较多的絮状沉淀。研究结果表明胶原/纤维蛋白胶/载体微球复合支架(S_{CFM})是一种比较理想的组织工程支架材料。

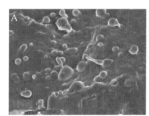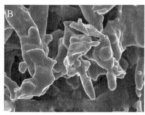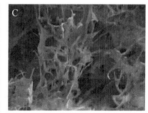

图 12-8 扫描电镜观察支架 S_{CFM} 的体外降解(引自陈红丽等,2014)
A. 48h;B. 96h;C. 144h

12.4.2 明胶

明胶(gelatin,G)是胶原经温和而不可逆的断裂后的主要产物,其在 30℃ 左右会发生溶胶-凝胶转变。然而明胶基水凝胶的机械性能对温度变化十分敏感,若所施加张力时间长些会出现蠕变或应力松弛现象,并产生不可恢复的形变。此外,明胶在体内的 pH 及温度环境中的降解速率很快,直接植入体内的明胶基水凝胶会因降解速率比组织愈合速率快而产生支架材料的塌陷问题。

明胶可以和天然高分子聚合制备成明胶基复合组织工程支架。研究者将明胶与天然高分子聚合物葡聚糖聚合制成的浓度为 10% 的葡聚糖/明胶复合水凝胶,兼具有适宜的三维多孔网络结构、稳定的力学结构及较好的细胞相容性,有利于内部细胞的增殖及特异性基因的表达,促进胞外基质的合成,适用于构建组织工程髓核。研究人员将 PLGA 与明胶制成 PLGA 微球复合明胶支架,并检测载体蛋白的释放情况。得到的复合支架如图 12-9 所示,该微球复合明胶支架可以改善一般组织工程支架蛋白药物的突释,提高蛋白药物在制剂、储存、释放过程中的稳定性。

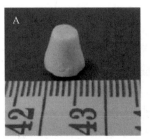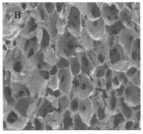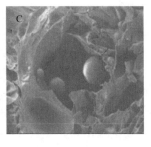

图 12-9　PLGA 微球复合明胶支架的基本形态及 SEM 照片(引自刘一浓等,2013)
A. 支架基本形态;B. 支架内部联通结构;C. 支架内部微球结构

12.4.3　丝素蛋白

丝素蛋白(silk fibroin,SF)是蚕丝中的重要成分,含量约占 70%,由 Gly、Ala、Ser 等 18 种氨基酸组成,具有两性电荷,是一种天然结构性蛋白。丝素蛋白无免疫原性,具有良好的生物相容性,生物降解性良好,在生物材料领域中应用广泛。但丝素蛋白的内部空间较小,细胞无法长入,降解速度慢;胶原蛋白力学强度不足、极易破裂,降解速度快。但将两种材料混合制备复合支架材料,可拓宽丝素蛋白的应用范围。

研究者按丝素蛋白:胶原蛋白不同质量比,采用真空冷冻干燥法制备三种复合支架,分别为 4:2(a 组)、4:4(b 组)和 4:8(c 组);将大鼠 BMSCs 细胞接种于各组复合支架中培养14d,采用 HE 染色和扫描电镜观察细胞在支架内部增殖、分布情况(图 12-10)。结果显示,丝素蛋白:胶原蛋白质量比为 4:2 时,支架的孔隙率、吸水膨胀率、力学性能、孔径及细胞增殖性均为最佳,为丝素蛋白在软骨组织工程支架材料方面的应用拓宽了方向。

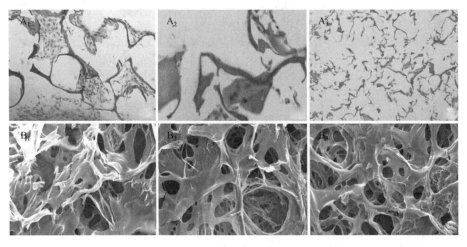

图 12-10　细胞-支架复合物培养 14d 后 HE 染色和扫描电镜观察(引自孙凯等,2014)
A. HE 染色观察;B. 扫描电镜观察;1、2、3 分别表示丝素蛋白和胶原蛋白的质量比为 4:2(a)、4:4(b)和 4:8(c)

12.4.4　弹性蛋白

弹性蛋白肽(elastin-derived peptide,EDP)是弹性蛋白的降解产物,它通过作用于细胞表面的受体——弹性蛋白结合蛋白(elastin-binding protein,EBP)而发挥多种生物学功能。类弹性蛋白多肽(elastin-like polypeptides,ELPs)是一类由 VPGXG 五肽重复序列串联而成的人工多聚物,在水溶液中具有良好的生物相容性,在体内有很好的生物适应性,在体内可降解成氨基酸,这些氨基酸可在体内进行代谢,除此之外 ELPs 可自组装,基本无毒、无免疫反应,不会产生炎症。这些优势使其广泛应用于软骨、椎间盘组织修复、血管移植、眼、肝组织再生和细胞层工程。

研究人员设计合成了能在水溶液中快速交联的 ELPs 多嵌块共聚物(block copolymers),结果表明,植入 ELPs 水凝胶的纤维原细胞至少能够在 ELPs 多嵌块共聚物交联过程中存活3d。进一步研究表明,ELPs 的水凝胶可促进人脐静脉内皮细胞固定,并且人脐静脉内皮细胞易于渗透到多孔 ELPs 水胶体中。还有人认为,由基因工程生产的 ELPs 与视角面(ocular surface)的细胞外基质相类似,因而 ELPs 可作为视角面细胞在体外培养的一种基质(substratum)。

12.4.5　羊毛角蛋白

羊毛中含有高达 99% 的蛋白质,其中以角蛋白最丰富。羊毛角蛋白结构很稳定,不溶于水,且抗氧化分解,结构中含有的二硫键使其具有较强的耐酸、碱和酶解的能力,当结构中90% 的二硫键被破坏时即可发生溶解。作为支架蛋白,羊毛角蛋白具有很多优势。然而,由于它的溶剂种类少,相容性差,因而限制了它的应用范围。

近年来,研究者为改善角蛋白的生物相容性,探索了制备角蛋白复合材料的有效途径,如将角蛋白与丝素蛋白制备成复合材料。通过将丝素蛋白和还原角蛋白的甲酸溶液混合,制备丝素蛋白/角蛋白复合膜,提高共混物表面的极性可使蛋白质的构象发生改变,从而改善角蛋白的生物相容性。另外,将丝素蛋白和羊毛角蛋白溶液以质量比 1:1 混合时,两组分间可产生稳定的分子间相互作用,该复合物不仅具有良好的热力学性能,而且在 pH=8.5 的条件下对 Cu^{2+} 的吸收率大大提高,显示出在水净化方面具有潜在的应用前景。

12.4.6　植物蛋白

牙周疾病可引起牙周组织缺损、牙齿功能下降甚至牙齿的丧失,严重影响人们的健康和生活质量。玉米醇溶蛋白应用于牙周组织工程为临床治疗牙周疾病开辟了新的途径。玉米醇溶蛋白是玉米中的主要蛋白质,具有独特的溶解特性、抑菌性、抗氧化性、耐热性和成膜性,可用于抗紫外线、防潮、隔氧等作用。玉米醇溶蛋白膜与脐静脉内皮细胞共培养时,膜本身及其降解产物均表现出良好的生物相容性,玉米醇溶蛋白支架可促进鼠骨髓基质细胞的生长、分化和黏附。研究还发现玉米醇溶蛋白支架浸提液不影响牙周膜细胞的增殖,无细胞毒反应;电镜观察显示牙周膜在支架表面贴附良好、伸展充分,与正常牙周膜细胞表现类似,显示出玉米醇溶蛋白支架在牙周组织工程中的应用价值。

12.5　在其他领域中的应用

蛋白质工程的应用领域极为广泛,除了工程化的蛋白质成功应用于工业、农业和医药产业外,蛋白质工程在基础理论研究领域也取得了惊人的成就,给生命科学研究带来了深刻的变化,为推动相关学科的发展起到了促进作用。随着蛋白质工程研究对象的扩大和技术的成熟,其应用领域也将不断拓宽。

12.5.1　基础理论研究

亮氨酸氨肽酶(LAP)是一种可使氨基酸从多肽链的 N 端逐个游离出来的肽链端解酶,广泛应用于医药工业和食品工业中。序列比对显示,枯草芽孢杆菌的 LAP(BkLAP)中保守的 Ala348 和 Gly350 残基紧靠协调配体(coordinated ligand)。研究者通过计算机模拟设计和定点突变技术进一步研究了这两个残基的作用,发现 Ala348 的羧基可与 Asn345 和 Asn435 相互作用,Gly350 的羧基则可与 Ile353 和 Leu354 相互作用,这些相互作用可能使锌协调残基(zinc-coordinated residues)保持在合适的位置(图 12-11)。Ala348 突变为 Arg 后,导致该酶活性的急剧下降,且除 A348R 外,Ala348 及 Gly350 两个位点的其他突变体酶,如 A348E、A348V、G350S、G350E 和 G350R 等的活性完全丧失。可见,无论在野生型 BkLAP 还是其突变体中,Ala348 和 Gly350 都是酶维持其催化活性所必需的。

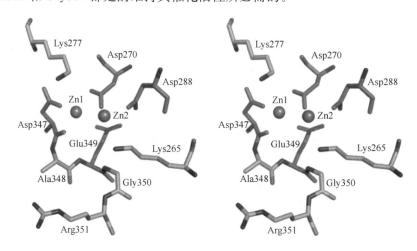

图 12-11　枯草芽孢杆菌亮氨酸氨肽酶(BkLAP)活性中心的结构(引自 Chi et al. ,2008)

12.5.2　其他

转座子(transposable elements,TEs)是基因组中能发生移动和自主复制的 DNA 片段,广泛存在于细菌、酵母和高等动植物基因组中,如在人基因组占 45%、在玉米(*Zea mays*)基因组中比例高达 85%以上。转座子在基因组进化及生物多样性形成过程中扮演着重要角色,然而天然转座子的转座能力不高,这是转座子的开发和利用的主要障碍。近几年来,科学家将生物信息学和蛋白质工程相结合,通过氨基酸优化的方法获得自然界不存在的超活性的转座酶,显著地提高了转座子的转座效率。

目前,应用蛋白质工程和生物信息学结合的方法已经成功改造多种转座酶,如 Sleeping Beauty 转座酶、PiggyBac 转座酶、Mos1 转座酶、Himar1 转座酶、Hsmar1 转座酶及玉米中 Activator 转座酶(AcTPase)、P 转座酶等。Himar1 是从黑角蝇属中分离得到的转座子,在人类的细胞中也有活性,但转座效率较低。研究者利用易错 PCR 获得 Himar1 的 9 个单位点突变体,突变区域集中在 HTH 结构和催化作用功能区(DD34D)。有 5 个位点的突变能增加转座酶的活性,其中 3 个位点的突变活性较高,H267R 能使转座酶的活性提高约 10 倍,Q131R 和 E137K 分别使转座酶的活性提高约 4 倍和 20 倍,把这两个位点结合起来则转座酶的活性提高约为野生型的 50 倍。基于 Q131R 和 E137K 结合的转座酶突变体可以作为基因治疗的有效载体。转座酶人工构建及改造的相关研究见表 12-5。

表 12-5 转座酶人工构建及改造的相关研究(引自周倩倩和周明兵,2014)

转座子	修饰方法	修饰位点	活性变化
SB transposase	片段融合 位点特异性突变		激活转座
	随机融合 位点特异性突变	K14R、K33A、F115H、214DAVQ、 M243H、T314N	120 倍
Hsmar 1	片段同源重组 位点特异性突变		激活转座
Himar 1	位点特异性突变	H267R	10 倍
		Q131R	4 倍
		E137K	20 倍
		Q131R、E137K	50 倍
Mos 1	位点特异性突变	Q91R	9 倍
		E137K	1.4 倍
		T216A	15 倍
		FET(F53Y,E137K,T216A)	200～800 倍
PB	位点特异性突变	M282V	2～7 倍
P	位点特异性突变	S129A	1.72 倍
		E249A	5 倍
		E336A	3 倍
		D459A	4 倍
AcTPase	位点特异性突变	D545A	3.5 倍
		E249A/E336A	11 倍
		D459A/D545A	13 倍
		E249A/E336A/D459A/D545A	100 倍

思考题

1. 抗体工程的含义是什么?

2. 举例说明基因工程抗体的应用。

3. 抗体酶的含义是什么?为什么要进行抗体酶的研究?

4. 简述抗体酶的优点和应用。

5. 组织工程的含义是什么?举例说明蛋白质工程在组织工程中的应用。

6. 举例说明蛋白质工程在基础理论研究中的应用。

7. 蛋白质工程的应用领域还有哪些?举例说明。

主要参考文献

毕金丽,刘娅,王建平,等.2014.大肠杆菌 L-谷氨酸脱羧酶定点突变及其酶学性质初步研究.食品工业科技,
　35(19):162-167

常瑞雪,颜天华,王秋娟,等.2011.白细胞介素-2 及其相关药物的应用研究进展.药学进展,35(1):1-7

陈红丽,吕洁丽,南文滨,等.2014.胶原/纤维蛋白胶/载 BSA 微球复合支架的制备及体外性能研究.中国生物
　医学工程学报,33(01):79-85

程天翼,靳维维,高向东,等.2011.蛋白质工程手段修饰干扰素的实际应用研究进展.国外医药抗生素分册,
　32(4):156-160

邓辉,陈晟,陈坚,等.2013.T26P 和 A30P 位点突变对 Thermobifida fusca 葡萄糖异构酶热稳定性及活性的影
　响.中国生物工程杂志,33(10):67-72

甘翼博,李培,周强,等.2015.不同浓度的葡聚糖/明胶复合水凝胶支架性能表征及其对体外构建组织工程髓
　核的影响.第三军医大学学报,37(8):707-712

贾锴.2011.葡激酶 T 细胞表位区域 18-34 关键氨基酸突变对其生物学活性的影响.石家庄:河北师范大学硕
　士学位论文

姜东林,杨骏宇,姜升阳,等.2014.京尼平交联 L-赖氨酸修饰胶原蛋白支架的性能和生物相容性.生物医学工
　程学杂志,31(04):816-821

金光泽,段作营,张莲芬,等.2010.重组融合人血清白蛋白-人白介素-2C125A 突变体在毕赤酵母中的表达.食
　品与生物技术学报,2010,29(4):595-601

李波,段作营,张红梅,等.2012.人白细胞介素 2-人血清白蛋白融合蛋白的纯化及活性鉴定.食品与生物技术
　学报,31(3):289-293

李维平.2013.蛋白质工程.北京:科学出版社

李壮林,姚雪静.2014.单克隆抗体药物研究进展.药物生物技术,21(05):456-461

林玲,胡升,郁凯,等.2014.饱和定点突变拓宽谷氨酸脱羧酶催化 pH 范围的研究.高校化学工程学报,28(6):
　1410-1414

林玲.2013.利用定向进化及半理性设计提高谷氨酸脱羧酶催化活性的研究.杭州:浙江大学硕士学位论文

刘健,吴景景,李娜,等.2010.玉米醇溶蛋白制备牙周组织工程支架材料.中国组织工程研究与临床康复,
　(42):7873-7877

刘一浓,秦明杰,卢映蓉,等.2013.PLGA 微球复合明胶组织工程支架缓释蛋白药物的研究.现代生物医学进
　展,13(33):6463-6465

陆源,李利云.2015.白介素分子改造的研究进展.中国生物制品学杂志,28(6):654-656,664

罗文,雷楗勇,金坚.2013.重组人白细胞介素 2-人血清白蛋白融合蛋白的液态稳定性.食品与生物技术学报,
　32(2):195-201

马杉姗,马素永,赵广荣.2015.中国抗体药物产业现状与发展前景.中国生物工程杂志,35(12):103-108

牛晓霞,周敏毅,刘金毅,等.2008.聚乙二醇定点修饰集成干扰素突变体.中国生物工程杂志,28(4):17-20

齐育平,孙蕾,刘琴英,等.2014.短乳杆菌谷氨酸脱羧酶的生物信息学分析.微生物学杂志,34(1):5-11

曲音波.2011.木质纤维素降解酶与生物炼制.北京:化学工业出版社

孙凯,年争好,徐成,等.2014.丝素蛋白复合胶原蛋白支架的制备及性能研究.中国修复重建外科杂志,
　28(07):903-908

唐自钟,刘默洋,李雨霏,等.2014.定点突变技术提高内切葡聚糖酶基因 F-10 酶活性.食品与生物技术学报,
　33(8):870-876

唐自钟,刘姗,韩学易,等.2013.易错 PCR 技术提高中性内切葡聚糖酶活性.食品与生物技术学报,32(7):
　754-761

汪世华. 2008. 蛋白质工程. 北京:科学出版社

王兰,朱磊,徐刚领,等. 2014. 单克隆抗体类生物治疗药物研究进展. 中国药学杂志,49(23):2058-2064

王磊,何剑,肖卫华. 2008. 人干扰素 α2b 和 IgG Fc 片段融合蛋白显著延长体内半衰期. 生物工程学报,24(1):53-62

谢一龙. 2014. 短乳杆菌 Lb85 谷氨酸脱羧酶的分子改造及其 γ-氨基丁酸的生物合成研究. 无锡:江南大学硕士学位论文

徐东岗,姚广印,邹民吉,等. 2009. P11 与 SAK 的融合蛋白及其制备方法和用途. 中国专利:CN100519585C [2009-07-29]

徐瑞克,贺进田,贾锴,等. 2011. Arg77 和 Glu80 定点突变同时去除葡激酶中的 T 和 B 细胞抗原表位. 微生物学报,51(5):692-703

郁凯. 2013. 利用定向进化及半理性设计提高谷氨酸脱羧酶催化活性的研究. 杭州:浙江大学硕士学位论文

张洪喜. 2007. 纤维素酶的定向进化、定点诱变及耐碱机理研究. 济南:山东大学硕士学位论文

张扬. 2014. 嗜热真菌热稳定纤维素酶的分子改造及特性研究. 泰安:山东农科大学硕士学位论文

赵定亮,单风平. 2013. 白细胞介素-2 最新研究进展. 微生物学杂志,33(4):77-83

周倩倩,周明兵. 2014. 转座酶的人工改造与修饰. 生物工程学报,30(10):1504-1514

邹险峰,马晓锋,李险峰,等. 2008. 聚乙二醇修饰重组人白细胞介素-2 纯化及体外理化性质. 广东技术师范学院学报,(12):68-71

Annabi N,Mithieux SM,Boughton EA,et al. 2009 Synthesis of highly porous crosslinked elastin hydrogels and their interaction with fibroblasts *in vitro*. Biomaterials,30(27):4550-4457

Atreya ME,Strobel KL,Clark DS. 2016. Alleviating product inhibition in cellulose enzyme Cel7A. Biotechnol Bioeng,113(2):330-338

Beall EL,Mahoney MB,Rio DC,et al. 2002. Identification and analysis of a hyperactive mutant form of Drosophila P-element transposase. Genetics,162(1):217-227

Beare PA,Howe D,Cockrell DC,et al. 2009. Characterization of a Coxiella burnetii ftsZ mutant generated by Himar1 transposon mutagenesis. J Bacteriol,191(5):1369-1381

Bell SJ,Fam CM,Chlipala EA,et al. 2008. Enhanced circulating half-life and antitumor activity of a site-specific pegylated interferon-alpha proteintherapeutic. Bioconjug Chem,19(1):299-305

Boon Ng GH,Gong Z. 2011. Maize Ac/Ds transposon system leads to highly efficient germline transmission of transgenes in medaka(Oryziaslatipes). Biochimie,93(10):1858-1864

Cai G,Jiang M,Zhang B,et al. 2009. Preparation and biological evaluation of a glycosylated fusion interferon directed to hepatic receptors. Biol Pharm Bull,32(3):440-443

Capitani G,Biase D D,Aurizi C,et al. 2003. Crystal structure and functional analysis of Escherichia coli glutamate decarboxylase. EMBO J,22(16):4027-4037

Ceaglio N,Etcheverrigaray M,Conradt HS,et al. 2010. Highly glycosylated human alpha interferon:An insight into a new therapeutic candidate. J Biotechnol,146(1-2):74-783

Ceaglio N,Etcheverrigaray M,Kratje R,et al. 2010. Influence of carbohydrates on the stability and structure of a hyperglycosylated human interferon alpha mutein. Biochimie,92(8):971-878

Chi MC,Liu JS,Wang WC,et al. 2008. Site-directed mutagenesis of the conserved Ala348 and Gly350 residues at the putative active site of *Bacillus kaustophilus* leucine aminopeptidase. Biochimie,90(5):811-819

Choi JH,May BCH,Govaerts C,et al. 2009. Site-directed mutagenesis demonstrates the plasticity of the β helix:implications for the structure of the misfolded prion protein. Structure,17(7):1014-1023

Collen D,Sinnaeve P,Demarsin E,et al. 2000. Polyethylene glycol-derivatized cysteine-substitution variants of recombinant staphylokinase for single-bolus treatment of acute myocardial infarction. Circulation,102(15):1766-1772.

De Vooght L, Caljon G, Stijlemans B, et al. 2012. Expression and extracellular release of a functional anti-trypanosome Nanobody® in Sodalis glossinidius, a bacterial symbiont of the tsetse fly. Microb Cell Fact, 11:23-28

Fu YF, Feng M, Ohnishi K, et al. 2011. Generation of a neutralizing human monoclonal antibody Fab fragment to surface antigen 1 of Toxoplasma gondii tachyzoites. Infect Immun, 79(1):512-517

Fukuda T, Kato-Murai M, Kadonosono T, et al. 2007. Enhancement of substrate recognition ability by combinatorial mutation of beta-glucosidase displayed on the yeast cell surface. Appl Microbiol Biotechnol, 76(5): 1027-33

Germon S, Bouchet N, Casteret S, et al. 2009. Mariner Mos1 transposase optimization by rational mutagenesis. Genetica, 137(3):265-276

Lazarow K, Du ML, Weimer R, et al. 2012. A hyperactive transposase of the maize transposable element activator(Ac). Genetics, 191(3):747-756

Lee CY, Yu KO, Kim SW, et al. 2010. Enhancement of the thermostability and activity of mesophilic Clostridium cellulovorans EngD by *in vitro* DNA recombination with Clostridium thermocellum CelE. J Biosci Bioeng, 109(4):331-336

Lee HL, Chang CK, Jeng WY, et al. 2012. Mutations in the substrate entrance region of β-glucosidase from *Trichoderma reesei* improve enzyme activity and thermostability. Protein Eng Des Sel, 25(11):733-740

Liang C, Fioroni M, Rodríguez-Ropero F, et al. 2011. Directed evolution of a thermophilic endoglucanase (Cel5A) into highly active Cel5A variants with an expanded temperature profile. J Biotechnol, 154(1):46-53

Lim DW, Nettles DL, Setton LA, et al. 2008. In situ cross-linking of elastin-like polypeptide block copolymers for tissue repair. Biomacromolecules, 9(1):222-230

Lin L, Hu S, Yu K, et al. 2014. Enhancing the activity of glutamate decarboxylase from *Lactobacillus brevis* by directed evolution. Chinese Journal of Chemical Engineering, 22:1322-1327

Lin L, Meng X, Liu P, et al. 2009. Improved catalytic efficiency of endo-beta-1,4-glucanase from *Bacillus subtilis* BME-15 by directed evolution. Appl Microbiol Biotechnol, 82(4):671-679

Luo WY, Shih YS, Hung CL, et al. 2012. Development of the hybrid Sleeping Beauty: baculovirus vector for sustained gene expression and cancer therapy. Gene Ther, 19(8):844-851

Martín L, Alonso M, Girotti A, et al. 2009. Synthesis and characterization of macroporous thermosensitive hydrogels from recombinant elastin-likepolymers. Biomacromolecules, 10(11):3015-3022

Miskey C, Papp B, Mátés L, et al. 2007. The ancient mariner sails again: transposition of the human Hsmar1 element by a reconstructed transposase and activities of the SETMAR protein on transposon ends. Mol Cell Biol, 27(12):4589-4600

Muranova TA, Ruzheinikov SN, Higginbottom A, et al. 2004. Crystallization of a carbamatase catalytic antibody Fab fragment and its complex with a transition-state analogue. Acta Crystallogr D Biol Crystallogr, 60(Pt 1):172-174

Ni J, Takehara M, Miyazawa M, et al. 2007. Random exchanges of non-conserved amino acid residues among four parental termite cellulases by familyshuffling improved thermostability. Protein Eng Des Sel, 20(11): 535-542

Ni J, Takehara M, Watanabe H. 2005. Heterologous overexpression of a mutant termite cellulase gene in Escherichia coli by DNA shuffling of four orthologous parental cDNAs. Biosci Biotechnol Biochem, 69(9): 1711-1720

Patel DH, Cho EJ, Kim HM, et al. 2012. Engineering of the catalytic site of xylose isomerase to enhance bioconversion of a non-preferential substrate. Protein Eng Des Sel, 25(7):331-336

Pennacchietti E, Lammens TM, Capitani G, et al. 2009. Mutation of His465 alters the pH-dependent spectroscopic properties of Escherichia coli glutamate decarboxylase and broadens the range of its activity toward more alkaline pH. J Biol Chem,284(46):31587-31596

Qin Y,Wei X,Song X,et al. 2008. Engineering endoglucanase Ⅱ from Trichoderma reesei to improve the catalytic efficiency at a higher pH optimum. J Biotechnol,135(2):190-195

Szemraj J,Zakrzeska A,Brown G,et al. 2011. New derivative of staphylokinase SAK-RGD-K2-Hirul exerts thrombolytic effects in the arterial thrombosis modelin rats. Pharmacol Rep,63(5):1169-1179

Tsukiyama T,Asano R,Kawaguchi T,et al. 2011. Simple and efficient method for generation of induced pluripotent stem cells using piggyback transposition of doxycycline-inducible factors and an EOS reporter system. Genes Cells,16(7):815-825

Urschitz J,Kawasumi M,Owens J,et al. 2010. Helper-independent piggyback plasmids for gene delivery approaches:strategies for avoiding potential genotoxic effects. Proc Natl Acad Sci USA,107(18):8117-8122

Voutilainen SP,Boer H,Alapuranen M,et al. 2009. Improving the thermostability and activity of Melanocarpus albomyces cellobiohydrolase Cel7B. Appl Microbiol Biotechnol,83(2):261-272

Waltman MJ,Yang ZK,Langan P,et al. 2014. Engineering acidic Streptomyces rubiginosus D-xylose isomerase by rational enzyme design. Protein Eng Des Sel,27(2):59-64

Wang T,Liu X,Yu Q,et al. 2005. Directed evolution for engineering pH profile of endoglucanase Ⅲ from Trichoderma reesei. Biomol Eng,22(1-3):89-94

Wang Y,He L,He G,et al. 2010. Enhanced antitumor effect of combining interferon beta with TRAIL mediated by tumor-targeting adeno-associated virus vector on A549 lung cancer xenograft. Sheng Wu Gong Cheng Xue Bao,26(6):780-788

Woltjen K,Michael IP,Mohseni P,et al. 2009. piggyback transposition reprograms fibroblasts to induced pluripotent stem cells. Nature,458(7239):766-770

Xu H,Shen D,Wu XQ,et al. 2014. Characterization of a mutant glucose isomerase from *Thermoanaerobacterium saccharolyticum*. J Ind Microbiol Biotechnol,41(10):1581-1589

Xue X,Li D,Yu J,et al. 2013. Phenyl linker-induced dense PEG conformation improves the efficacy of C-terminally monoPEGylated staphylokinase. Biomacromolecules,14(2):331-341

Yu K,Lin L,Hu S,et al. 2012. C-terminal truncation of glutamate decarboxylase from Lactobacillus brevis CG-MCC 1306 extends its activity toward near-neutral pH. Enzyme Microb Technol,50(4-5):263-269

Yusa K,Zhou L,Li MA,et al. 2011. A hyperactive piggyback transposase for mammalian applications. Proc Natl Acad Sci USA,108(4):1531-1536

Zhao HL,Xue C,Wang Y,et al. 2009. Elimination of the free sulfhydryl group in the human serum albumin (HSA) moiety of human interferon-alpha2b and HSA fusion protein increases its stability against mechanical and thermal stresses. Eur J Pharm Biopharm,72(2):405-411